广东省公路文化建设
理论与实践研究

顾青波　邹兴平　著

人民交通出版社股份有限公司
China Communications Press Co.,Ltd.

内 容 提 要

本书为广东省交通运输厅、广东省公路管理局2012年科技计划项目研究成果。主要内容包括,公路行业文化概述和文化建设的指导思想及主要任务,广东省公路行业文化建设回顾与总结、实践规划、建设模式、文化传播、建设评价和文化实践案例等。

本书可作为公路文化建设单位职员、公路文化建设理论研究工作者以及相关专业领域高校学生参考用书。

图书在版编目(CIP)数据

广东省公路文化建设理论与实践研究/顾青波,邹兴平著.
—北京:人民交通出版社股份有限公司,2015.10
ISBN 978-7-114-12384-9

Ⅰ.①广… Ⅱ.①顾… ②邹… Ⅲ.①道路建设—文化研究—广东省 Ⅳ.①F542.865

中国版本图书馆CIP数据核字(2014)第154570号

Guangdong Sheng Gonglu Wenhua Jianshe Lilun yu Shijian Yanjiu

书　　名:广东省公路文化建设理论与实践研究
著 作 者:顾青波　邹兴平
责任编辑:郭　跃
出版发行:人民交通出版社股份有限公司
地　　址:(100011)北京市朝阳区安定门外外馆斜街3号
网　　址:http://www.ccpress.com.cn
销售电话:(010)59757973
总 经 销:人民交通出版社股份有限公司发行部
经　　销:各地新华书店
印　　刷:北京市密东印刷有限公司
开　　本:787×1092　1/16
印　　张:15
字　　数:268千
版　　次:2015年10月　第1版
印　　次:2015年10月　第1次印刷
书　　号:ISBN 978-7-114-12384-9
定　　价:46.00元
(有印刷、装订质量问题的图书由本公司负责调换)

《广东省公路文化建设理论与实践研究》
编　委　会

主　　任： 顾青波

副 主 任： 邹兴平　张占伟

成　　员： 陈艺文　刘瀚飚　黄泽华　陈金坦　邓明蛟

编写人员： 张明海　许薛军　陈　峰　陈　曦　邓崛峰
艾楚君

文化顾问： 成松柳　吴茂芹　吴佳联　刘国贤

《广东省公路行业文化建设实践研究》
课　题　组

组　　长： 顾青波

副 组 长： 邹兴平　张占伟

成　　员： 陈艺文　刘瀚飚　张明海　陈　曦　邓崛峰
艾楚君　黄泽华　陈金坦　邓明蛟　陈　峰
许薛军　陈　东　叶　艳　费长江

《广东省公路行业文化建设实践研究》
课题研究单位

组织单位： 广东省公路管理局

承担单位： 长沙理工大学

协作单位： 广东省公路管理局路桥中心
广东省路桥规划研究中心
广东省公路管理局科技教育中心
广东省各市公路管理局

前　言

“观乎天文以察时变，观乎人文以化天下。”文化是民族的血脉、人民的精神家园，更是国家发展的长远方略。加强文化建设，是党中央培育社会主义核心价值观的重要举措，是新常态下开展行业文化建设的载体和途径。党的十八届三中全会通过的《中共中央关于全面深化改革若干重大问题的决定》提出：建设社会主义文化强国，增强国家文化软实力，必须坚持社会主义先进文化的前进方向。文化软实力越来越成为社会发展和文明进步的“硬支撑”。习近平总书记一再强调：没有文明的继承和发展，没有文化的弘扬和繁荣，就没有中国梦的实现。广泛开展文化建设工作，对“全面建成小康社会、全面深化改革、全面依法治国、全面从严治党”及实现中华民族伟大复兴具有极其重要的意义和作用。

公路行业是国民经济的基础行业，融社会性、服务性、技术性、综合性于一体。公路行业在支撑经济社会发展的同时，逐步形成了独特的行业文化，并被人们日益重视，成为推动公路事业发展的软实力。公路行业文化是在长期的公路建设、养护、管理等实践活动中，在一定的物质、制度基础上形成的影响行业凝聚力、创造力、适应力和持久力的精神、信念、道德、心理、智能等各种文化因素的总和，包括了公路人的价值观、管理特色、伦理道德、行业精神等，与践行社会主义核心价值观和“实现中华民族伟大复兴的中国梦”，在本质上是一致的。

交通运输部高度重视文化建设工作，一直把交通文化作为行业的灵魂和精神支柱。2006 年明确提出：“加强交通文化建设，努力增强行业软实力”，并印发了《交通文化建设实施纲要》，对交通文化建设的指导思想、目标任务、工作原则和工作措施作出了具体安排和部署。2013 年，交通运输部党组印发了《关于加强交通运输行业宣传思想文化工作的意见》，为加快发展现代交通运输业、服务全面建成小康社会提供强大的思想文化保证。过去 10 年中，交通运输部结合行业实际，加强顶层设计，大力宣传思想文化工程建设，发挥思想引领、舆论推动、精神激励和文化支撑保障的作用，切实做到唱响主旋律、凝聚正能量，交通文化传播日益深入基层，内涵不断丰富。在文化建设实践中，取得了一些有行业特点和时代特征的文化成果，涌现了一批优秀企业文化建设单位、一批知名服务品牌、一批理论研究成果，出版了《21世纪交通文化建设研究与实践》系列丛书。这些文化硕果，对交通行业坚持稳中求进工作总基调，提高交通运输发展质量和效益，解决突出矛盾问题，主动适应经济发展新常态，狠抓改革攻坚，强化法治建设，推动转型升级，推进综合交通运输体系深度融合，构建"两个公路体系"路网结构，服务国家"一带一路、京津冀协同发展、长江经济带"三大战略，必将起到重要的推动作用。

近年来，按照交通运输部总体部署和要求，广东省公路管理局大力弘扬社会主义核心价值观，积极探索公路文化建设的发展模式，充分发挥公路文化激励人、鼓舞人、引导人的作用，传播先进思想文化，释放正能量，弘扬主旋律，为公路行业塑造了一批又一批示范标杆。广东省公路管理局率先在全国公路系统成立了"公路文化与发展研究室"，深入实施文化建设"十百千"工程，组织了学习讲堂、书画、读书、摄影、论文征集、文明示范单位测评等活动。2006年以来，坚持"把心放在路上、把路放在心上"的理念，创建了《南方公路》杂志，出版了《标杆》《广东公路文化与发展》《公路文化探索》3部论文集，真实记录了广东公路文化建设的理论思考和实践探索，凝聚着一代又一代公路人艰苦奋斗、默默无闻、无私奉献的铺路石精神，展现了他们对广东经济建设的贡献。

为全面梳理和总结广东公路文化发展历程、文化特质和建设经验，广东省交通运输厅、广东省公路管理局将"广东省公路行业文化建设实践研究"列为2012年软科学研究课题。课题从物质文化、制度文化、行为文化、精神文化等层面，对广东省公路行业文化建设实践进行整体规划和设计，构建了"基础+主题"的公路文化建设模式，在国内首次提出了基于模糊综合评价的公路文化评价指标体系。课题研究取得了丰硕的成果，在《光明日报. 理论版》《中国交通报》《公路》《南方公路》等报刊杂志发表多篇论文。出版《广东省公路文化建设理论与实践研究》，是课题研究成果的重要组成部分。

本书确立以"公路"为核心，以"铺路石"为方向的公路文化价值体系，既传承了中华民族优秀的传统文化，又秉承了中国共产党在新的历史条件下先进的执政理念；既具有浓厚的社会文化共性，又体现了岭南文化的特性；总之，体现了公路行业核心价值与社会主义核心价值的统一。

公路文化的书写，是对公路从业者人生"规矩"的升华。"规"是曲线，代表着公路的弯道，"矩"是直线，描述了通往两地的距离；"规"是圆，跨越了高山峻岭的隧道，"矩"是方，展现了坐落在江河上的桥梁。公路文化的核心价值，其实就在公路的"规矩"中。直线的耿直，曲线的婉转，桥梁的端正，隧道的包容，谱写了一代又一代公路人披荆斩棘、开拓创新、不懈追求的生命壮歌。《广东省公路文化建设理论与实践研究》既是对广东公路建设成果的总结和梳理，也是对新常态下广东公路事业的期盼和祝愿。它的价值，除了盘点，更有延续和传承，蕴含着丰富而厚重的人文情怀和奋斗精神，让南粤大地的公路文化随公路网不断延伸，直接通向千家万户。

公路文化建设，传播着公路职工艰苦奋斗、无声无息、无私奉献的牺牲精神，诠释着“把心放在路上、把路放在心上”的思想深度和“铺路石”的精神高度！在本书出版之际，我们把最深的感谢，浓缩成一首诗，献给在平凡中追求卓越，默默中铸造辉煌的广大职工，特别是长期坚守在道班的养护工人，妄为序也。

公 路 颂

劈山架桥起宏图，路心一脉铸精魂。
古道延展承大业，新途筑就立奇功。
规圆婉曲浸柔情，矩方耿直壮赤诚。
甘愿无闻写春秋，代有传人占先声。

编者

2015 年 7 月

目 录

第一章
公路行业文化概述

文化“软实力”为国家发展提供“硬支撑”。党的十八大将经济建设、政治建设、文化建设、社会建设和生态文明建设作为中国特色社会主义事业“五位一体”的总体布局。习近平总书记指出:一个国家、一个民族的强盛,总是以文化兴盛为支撑的,中华民族伟大复兴需要以中华文化发展繁荣为条件;他在2013年12月31日中央政治局第十二次集体学习时强调:提高国家文化软实力,关系“两个一百年”奋斗目标和中华民族伟大复兴中国梦的实现。要弘扬社会主义先进文化,深化文化体制改革,推动社会主义文化大发展大繁荣。

“一个民族走向重新振兴的历程,离不开文化力量的牵引、推动和支撑;一个实现了重新振兴的民族,一定既拥有强大的物质力量,也拥有强大的精神力量,一定矗立于人类文化制高点。”❶中国特色社会主义文化日益成为综合国力的重要标志。

在加强文化建设的同时,各行各业也普遍认识到:行业文化同样是文化的发展之魂。交通运输行业历来十分重视文化建设,交通部2007年全面启动交通文化建设研究工作,并在全国交通系统开展“五个一文化工程”;随后,提出了构建交通运输行业核心价值体系,开始打造交通运输文化建设“十百千”工程。《交通运输行业核心价值体系建设实施纲要》中提出:积极推进独具特色、个性鲜明的公路、海事、救捞、船检、港口、航海、公安、公路执法、道路运输、事业单位等交通运输子系统文化建设,升华车、船、港、站、路、桥、航道、航标、廉政等交通运输专业文化建设,形成独具特色、符合交通运输行业核心价值体系要求的文化体系,促进全行业文化建设落地生根,统筹发展,稳步推进。

2013年,交通运输部部长杨传堂在传达学习全国宣传思想工作会议精神时提出:交通运输行业要结合行业实际,加强顶层设计,大力开展政治思想教育、核心价值践

❶ 沈壮海.创造中华文化新的辉煌[N].光明日报,2014-01-27。

行、宣传舆论引导、行业文明创建、文化建设示范、基础条件保障等工程建设,不断加大交通运输宣传力度,不断夯实交通运输行业文明创建活动的基础,不断丰富交通运输文化内涵。交通运输部副部长冯正霖在全国道路运输工作会上的讲话中指出:道路运输企业建立和弘扬健康向上的企业文化,集中体现着行业精神文明建设的成果,体现着交通行业为建设社会主义和谐社会所做的努力和贡献。2011 年冯正霖副部长在全国公路水运工程平安工地建设推进会上的讲话中还提出:要实现制度管人、文化育人、细化到人,把“打造百年平安企业”作为不懈追求和发展愿景。

近年来,随着交通运输行业文化的深入研究和发展,关于公路行业文化的理论探讨也一直方兴未艾,对公路行业文化的内涵、特征与功能的研究成果较为丰硕。但是由于研究者的视角和立场各异,公路行业文化理论研究的一些相关界定和基本观点还没有形成共识。为对公路行业文化做一个较为科学全面的概述,有必要先对“文化”、“行业文化”进行学理上的思辨。

第一节　文化的基本理论

文化是一个广泛的概念,既可以按照传统人类学的观点,认为它是包罗万象的人类生活;也可以是人文研究所指的具有美善意义的素养和技艺。因此,不少哲学家、社会学家、人类学家、历史学家和语言学家一直努力,试图从各自学科的角度来界定文化的概念。19 世纪中叶以来,文化成为一个经久不衰的热门课题。在世界性的文化研究热潮中,国内外学者们对文化问题进行了大量的研究,取得了丰硕的研究成就。但是,随着对文化研究的不断深入和各学科对文化概念的扩展,一个突出的问题摆在理论界面前,那就是有关文化研究中,对文化的定义众说纷纭,莫衷一是。到目前为止,国内外学术界对文化的概念还没有一个大体统一、能为各学科和领域所普遍接受并能深刻反映文化本质的界定。因此,在一定程度上制约文化研究的深入发展和文化学科体系的全面构建,而且还对行业文化的研究带来了一定的困难。

一、文化的界定

什么是文化?这是我们在思考行业文化和公路行业文化之前首先必须解决的,尽管这是一个见仁见智的问题。

据专家考证,“文化”是我国语言系统中古已有之的词汇。“文”的本义,指各色交错的纹理。《易·系辞下》载:“物相杂,故曰文”。《礼记·乐记》称:“五色成文而不乱”。《说文解字》称:“文,错画也,象交文”均指此义。在此基础上,“文”又有若干引申义。其一,为包括语言文字内的各种象征符号,进而具体为文物典籍、礼乐制度。《尚书·序》所载伏羲画八卦,造书契,“由是文籍生焉”,《论语·子罕》所载孔子说“文王既没,文不在兹乎”,是其实例。其二,由伦理之说导出彩画、装饰、人为修养之义,与“质”、“实”对称,所以《尚书·舜典》疏曰“经纬天地曰文”,《论语·雍也》称“质胜文则野,文胜质则史,文质彬彬,然后君子”。其三,在前两层意义之上,更导出美、善、德、行之义,这便是《礼记·乐记》所谓“礼减而进,以进为文”,郑玄注“文犹美也,善也”,《尚书·大禹谟》所谓“文命敷于四海,祇承于帝”。

“化”,本义为改易、生成、造化,如《庄子·逍遥游》:“化而为鸟,其名曰鹏”。《易·系辞下》:“男女构精,万物化生”。《黄帝内经·素问》:“化不可代,时不可违”。《礼记·中庸》:“可以赞天地之化育”等。归纳以上诸说,“化”指事物形态或性质的改变,同时“化”又引申为教行迁善之义。

“文”与“化”并联使用,最早见之于《易·贲卦·象传》:“观乎天文,以察时变;观乎人文,以化成天下”。西汉以后,“文”与“化”方合成一个整词,如:“文化不改,然后加诛”。

近现代以来我国诸多学人对文化进行了探讨和阐述。胡适认为“文化是一种文明所生成的生活方式。”梁启超曾说:“文化者,人类心能所开积出来之有价值共业也,易言之,凡人类心能所开创,历代积累起来,有助于正德、利用、厚生之物质和精神的,一切共同的业绩,都叫文化。”❶钱穆指出:“文化,指人类生活,指集体的、大众的人类生活。人类各方面、各种各样的生活总括汇合起来,就叫作文化。”❷梁漱溟指出:“文化并非别的,乃是人类生活的样法。文化之本义,应在经济、政治乃至一切无所不包。”❸《现代汉语词典》把文化解释为:一是人类在社会历史发展中所创造的物质财富和精神财富的总和,如文学、艺术、教育、科学等;二是应用文字的能力及一般知识。

在西方的语言体系中,“文化”(Culture)一词来自拉丁文,它的原始含义是“耕作”。后来用于指人工的、技艺的活动及其成果,还扩展及风俗习惯、文明制度等。英国学者泰勒在《原始文化》一书中较早说明,文化或文明“乃是包括知识、信仰、艺术、道德、法律、习俗和任何人作为一名社会成员而获得的能力和习惯在内的复杂整体”;随后提出,文化是“一个复合的整体,其中包括知识、信仰、艺术、法律、道德、风俗以及人作为社会成员而获得的任何其他的能力和习惯”。❹ 后来美国克鲁克洪和克虏伯概

❶ 梁启超.梁启超讲文化[M].天津:天津古籍出版社,2005。

❷ 钱穆.中国文化史导论[M].北京:商务印书馆,2003。

❸ 梁漱溟.中国文化要义[M].济南:山东人民出版社,1990。

❹ (英)泰勒.原始文化[M].杭州:浙江人民出版社,1988。

括为:"文化是历史上所创造的生存式样的系统"。巴格比将文化定义为"社会成员的内在和外在的行为规则"❶,但强调其中不包括来自遗传性的那些规则。德国李凯尔特解释得更明白:"文化"是一个用来区别于"自然"的概念,"自然产物是自然而然地从土地里生长出来的东西。文化产物是人们播种之后从土地里生长出来的。"❷

学者们基于不同的研究立场和视角,对文化进行了不同的诠释。英国人类学家B·K·马林诺夫斯基在《文化论》中,把文化分为物质设备、精神文化、语言和社会组织四个方面,在制订的《文化表格》中提出文化的三因子和八个方面。法国人类学家C·列维斯特劳斯从行为规范和模式的角度把文化看作是"一组行为模式,在一定时期流行于一群人之中,并易于与其他人群之行为模式相区别,且显示出清楚的不连续性"。

目前,有关文化的定义已达200多种。比较权威并系统归纳起来的定义源于《大英百科全书》引用的美国著名文化人类学专家克罗伯的《文化:一个概念定义的考评》一书,这本书共收录了166条有关文化的定义,这些定义由世界著名的文化学家基于不同的学科和研究视阈所界定。

有关描述性的定义中,以泰勒的定义为代表:"所谓文化或文明乃是包括知识、信仰、艺术、道德、法律、习俗,以及包括作为社会成员的个人而获得的其他任何能力、习惯在内的一种综合体。"❸该定义的特点是把文化作为一个整体事物来概述,因此几乎所有的定义都包含了"复杂的整体"和"全部"这样的词语。

在历史性的定义中,主要强调文化的社会遗传与传统属性。其中最具代表性的是美国文化语言学的奠基人萨皮尔的定义:"文化被民族学家和文化史学家用来表达在人类生活中任何通过社会遗传下来的东西,这些包括物质和精神两方面"。❹ 这一定义从历史角度出发选择了文化的一个特性——"文化遗传"或"文化传统"来对文化进行阐述。

在结构性的定义中,以奥格本和尼姆科夫的定义为代表:"一个文化包括各种发明或文化特性,这些发明和特性彼此之间含有不同程度的相互关系,它们结合在一起构成了一个完整的体系。围绕满足人类基本需要而形成的物质和非物质特性使我们有了我们的社会制度,而这些制度就是文化的核心。一个文化的结构互相联结形成了每一个社会独特的模式"。❺ 这一定义从新的角度把文化定义带进了一个更深的层面,即把文化定义成"可分隔的但相互又有结构性联系的各要素的组合",这显然是一

❶ 李德顺.什么是文化[N].光明日报,2012-03-26。
❷ 李德顺.什么是文化[N].光明日报,2012-03-26。
❸ (英)泰勒.原始文化[M].杭州:浙江人民出版社,1988。
❹ (美)卡尔·齐墨.人类的道德直觉源于进化[N].参考消息,2004-04-19。
❺ 郭莲.文化的定义与综述[J].中共中央党校学报,2002,(2):115。

个巨大的进步。

由此我们可以看出，关于文化的描述，学术界的研究重心也在发生变化，已经逐步由传统人类学所说的包罗万象的人类生活方式，发展为关注文化所关联的人类精神生活。当前国际社会学、人类学界有一个比较通行的文化概念：文化是人类活动的意义层面。这个概念既包含了集中生产和传承意义上的制度、礼仪层面，也包括人类日常行为中可能辨识出的意义。文化研究和建设，归根结底，关注的是人的活动，必须始终坚持人的主体地位，以人为中心思考人与环境、人与制度、人与组织发展的关系。所以，文化在实际生活中的运行状况以及这种运行所揭示的价值取向，是文化建设的出发点，也应该是其最终指向。

二、文化的本质

文化是人类在长期的社会实践活动中创造出来的现象，文化的本质是人，这是毋庸置疑的。因此也有学者指出“文化”即“人化”。在人类产生以前，整个宇宙只是一个自然的世界。改造自然的社会实践使得人从自然界独立出来。于是，产生了一个与纯粹的自然世界不同的“人化的自然”，它打上了人的观念、思想、情感、意志的印记，这个“人化的世界”就是文化世界。

从以上对文化的界定可以看出，文化世界或者说文化成果可以分为三种基本形式：一是物态的文化，即人类在社会实践活动中创造生产的物质资料，如人所创造的劳动工具、满足物质生产需要的生活资料、经过人改造了的自然世界等。二是所形成的调节人与自然社会的社会规范和各种组织结构，当然这里还包含社会规范和组织结构所约束和要求的人类社会实践活动的生产、生活、交往行为。三是包括知识经验、价值观念、思想体系等在内的精神文化，如社会意识形态各领域中的宗教、哲学、艺术、科学方面的思想，以及社会心理、习惯、风俗等。这三者相互渗透、相互影响。任何物态文化渗透或承载着行为文化和精神文化，任何行为文化和精神文化最终都要物化为一种具体的物态形式。诸如，人创造劳动工具和衣、食、住、行的生活资料，均和劳动者的知识经验、审美趣味、价值意识等精神因素是联系在一起的。由于人们在创造物质资料过程中，倾注了人的精神情感因素，才使得这些产品具有了“文化”的内涵。

由此可见，尽管文化表现出不同的形式，但是，文化的本质特征是精神性的，它包括一切价值观念、思维方式、心理状态等各种精神因素的总和。人们往往主要以观念、意识等形态的文化作为主要的研究对象，其基本原因就是如此。观念形态的文化是人在社会实践中产生的。在社会实践过程中，作为主体的人与作为客体的世界有两种关系：一种是认识关系，即人对外部世界规律性的认识关系；一种是价值关系，即外部世界满足自己需要的目的性关系。文化的基本结构就是由人与外部世界的双重关系所构成。

首先,文化包含着人与外部世界的认识关系,也就是说,具有精神性特质的文化总是力求反映客观世界的真实本质、运动过程,这样才能保证人类在实践活动中达到自己的目的。人类能够创造出物质文化,创造出包括从事生产活动的生产工具、科学仪器,以及满足人们物质生活的生活资料,其前提是获得对客观世界的规律性的认识。没有对矿石、冶炼、锻铸等领域的科技知识,就不可能生产出铜器、铁器等生产工具;没有对农作物生长的知识,也不可能生产出满足人的衣食所需要的粮食、棉布。同样,人类所创造出的精神文化也力求反映客观世界,科学、哲学是对客观世界的本质与规律的反映,艺术是对客观世界的形象性的反映。在人类历史上,一切积极文化的成果,都是人类对其所处的客观世界的反映,并部分地包含着对世界的客观反映。

其次,文化也包含着人与外部世界的价值关系。对人类而言,文化世界不过是一种有意义的现象世界,人所以要创造出一个文化世界,是为了满足人类自己的各种需要。人类创造出的物质文化,是为了满足人类自己的各种需要,包括生产劳动需要与生活资料需要;人类创造出的精神文化,则是为了满足人们精神生活的需要。有许多文化现象不一定反映了客观世界的规律性,但是由于他们满足了人类的某种需求,故而成为一种重要的文化现象。譬如宗教、巫术等,他们均是人类对外部世界做了歪曲的、虚幻的反映。但是它在多方面满足了人们不能解释自然现象、不能战胜外部环境所带来的困扰和压力时的精神需要,因而成为十分重要的文化现象。

三、文化的结构

根据文化学家的研究,所谓文化结构,是指文化的架构。其包含两个方面的意义,一是不同的文化元素或文化丛之间具有一定秩序的关系;二是文化结构由文化特质、文化丛、文化区、文化模式等概念构成。著名的社会人类学家马林诺夫斯基将文化结构分解为三个部分,提出了著名的“文化三因子”说。该学说将文化划分为物质、社会组织、精神生活三个层次。著名历史学家钱穆将文化结构分为三个阶层:一是物质的,面对的是物世界;二是社会的,面对的是人世界;三是精神的,面对的是心世界[1]。

也有学者提出了文化是物质、制度、风俗习惯、思想与价值构成的四层次说;还有的学者提出了文化是物质、社会关系、精神、艺术、语言符号、风俗习惯构成的六大子系统说。

国内外的一些文化学者还习惯于从内、外部两个层面剖析文化的结构。如一些文

---

[1] (英)马林诺夫斯基.科学的文化理论[M].北京:商务印书馆,1944。

化学者通常认为文化分为三个领域，即内隐性结构、广义生活方式结构和外部结构。文化结构的剖析可以从内部结构和外部结构两个层次上进行。在文化的内部结构剖析中，将文化视为一个综合体或一个体系，文化的内部结构是由文化质点、文化结丛和文化模式三个层次组成的综合体。文化质点是指一种文化区别于他种文化的最小单位，既可以是具体的，也可以是抽象的；既可以是物质的，也可以是精神的。如中国的筷子、长袍、中山装，日本的和服等。文化结丛，是指许多文化质点按一定方式的聚合。它通常以某种文化质点为中心，在功能上与他种文化质点发生一系列的连带关系，或构成一连串的活动方式；它是人类活动的一种体系，也是社会行为的表现形式。文化模式，是指许多不同文化结丛有机联结而成的某个民族的生活环境、生活方式和生活习俗的总和。文化的外部结构又称文化的空间结构或区域结构，是指文化分散在一定的地域内的情形，或指文化的空间分布状态。具体而言，是指文化的各个部分在空间上是怎样结合在一起而形成一个文化区域，以及不同的文化区域之间的关系。文化的外部结构包括文化区、文化区域、文化中心和文化边际。文化区是指在较大的社区内，由文化背景相同的人们聚居而成的地区。在同一个文化区内聚居的人们，有着相同的生活环境、生活方式和生活习俗。文化区域是指在比文化区更大的社区内，由文化模式各异而又同受其中某一文化模式支配的人们聚居的地区。在同一文化区域内聚居的人们，文化模式各异，却同受其中某一文化模式的支配。文化中心是指在文化区域中占有重要地位的社区；是指在文化区域中某种文化的典型代表；是指在文化区域中起支配作用的文化模式的发源地或传播中心。文化边际是指某种文化模式与其他文化模式以比较直接的方式互相混合、互相交流、互相渗透的社区。任何文化模式，都有其文化边际。文化边际的存在和发展，也影响着文化模式的存在和发展。

以上是关于文化本身的结构解析。在将文化运用于其他领域和研究范畴时，大多数情况下，往往采用文化的四层次说，文化由四个层面组成即物质文化层、制度文化层、行为文化层、精神文化层。

物质文化层，是指由人类在认识和改造自然的长期实践过程中创制的各种器物和物质，即“物化的知识力量”构成。它是人类物质生产活动及其产品的总和，构成整个文化创造的基础。物质文化以满足人类最基本的生存需要——衣、食、住、行为目标，直接反映人与自然的关系，反映人类对自然界认识、把握、利用、改造的深入程度，反映社会生产力的发展水平。

制度文化层，是由人类在社会实践中组建的各种行为规范、准则及各种组织形式所构成的文化；是人类在物质生产过程中所结成的各种社会关系的总和。它是一种处理社会关系的文化产物，具体包括政治、经济、文化、教育、法律、家族、婚姻、军事等制度，社会的法律制度、政治制度、经济制度以及人与人之间的各种关系准则等，都是制度文化的反映。

行为文化层，是由人类在各种社会实践活动中，尤其是在人与自然、人与社会、人与人之间形成的行为规范，即习惯性定势的风俗构成的文化层。它包括活动规范和方式，以风俗习惯和行为规范的形态出现，见之于日常起居生活之中，具有鲜明的民族、地域特色。

精神文化层，也可称之为心态文化层，是由人类在社会实践和意识活动中长期沉淀和孕育出来的价值理念、思想观念、审美情趣、思维方式等构成。这是文化的核心部分和高级形态，也是我们从事文化建设需要重点关注的地方。

四、文化的功能

党的十八大报告指出："文化是民族的血脉，是人民的精神家园，全面建成小康社会，实现中华民族伟大复兴，必须推动社会主义文化大发展大繁荣，兴起社会主义文化建设新高潮，提高国家文化软实力，发挥文化引领风尚、教育人民、服务社会、推动发展的作用。"文化的功能，有时也称文化价值或文化的作用，是指文化对个人、群体和社会所产生的作用和价值。"文化的功能可以从不同的层面观察。从个人层面上看，文化起着塑造个人人格，实现社会化的功能；从团体层面上看，文化起着目标、规范、意见和行动整合的作用；从整个社会层面上看，文化起着社会整合和社会导进的作用。"❶因本书重点探讨的是公路行业文化，我们侧重于文化对群体和社会或者说是对组织的功能研究。

1. 文化的传播功能

一部人类文化的发展史，也就是一部人类文化的传播史。文化属于人类共用的物质精神财富，不能为文化创造者所独享，否则不能发挥其应有的价值功能。文化和其他物质一样，已经产生具有传播扩散的属性与功能。文化向群体或社会传播扩散，被他们采纳或者接受，这就是文化传播。一定的主体借助言语或姿势、表情、图像、文字等符号系统，传递或交流，使一定的受传播者得到影响的过程就是文化传播的过程。从人类历史的发展来看，被传播的往往是一个或者几个文化元素，甚至一个文化集丛。例如我国古代的四大发明向世界各国传播，引起在功能上相关的元素随之传播；电从欧洲传入中国，随之电灯、电话、电车、电报等也传播过来。

文化传播带来了社会沟通。文化信息是人为生存而创造的，创造文化信息首先是为满足人类沟通的需要，社会上每一个人，都不可能是独立于社会之外的，它既要通过

---

❶ 王诚. 文化的功能[M]. 北京：电子工业出版社，2005。

文化传播协调个体内部关系，又要通过文化传播协调外部关系。文化传播也促进了社会教化。社会化是社会沟通的直接目的，文化传播作为人的社会沟通，不仅在沟通人们的关系，更主要的是在协调和统一人们的社会行为，确定人们的行为规范，达到社会化。人们从家庭走向社会，从个体走向群体，要不断地通过文化接触了解这些文化内容，以防止违反社会规范，而人的社会化过程又不是一次所能完成的，要通过文化传播不断地接受社会教化。反之，如果人们不进行文化沟通，就不可能完全摆脱"自然人"而成为"现代人"。

文化传播还带来了文化的增值。文化传播的实现有利于人们创造新文化，并对文化价值有所认识。文化传播进程，一方面会发生损耗，就是丢掉了一些信息内容；另一方面，又会增加一些新的信息。一般来说，文化传播结果使得文化的信息量有所增加。

文化传播对人一方面起着信息消费的显性作用，另一方面起着平衡心理的隐性作用。作为文化信息传播的平衡作用，主要是通过调适行为、平衡心理和社会控制来实现。同时，通过强大的文化传播系统，还可以完善社会机体，因为社会机体独立地认识自己和改造自己是非常困难的。只有通过文化传播才能实现对社会认识和社会的不断完善。

2. 文化的整合功能

人类在物质生产过程中所结成的各种社会关系的总和，是由于文化是人类在社会实践活动中创造的，而且在实践中的各种行为规范、准则及各种组织形式是约定俗成的。因此，文化具有社会的整合功能，其整合功能主要包括价值整合、规范整合、结构整合。

价值整合，是整合功能中最基本亦是最重要的一种功能。只有价值一致，才有结构的统一与行为的协调，才会有共同的社会生活以及由此衍生而来的共同秩序。任何社会中的人们在价值观上都会有差异，但经由统一文化的熏陶和教化，必然在社会生活中形成大体一致和相同的观念。例如，被社会文化所肯定的行为和价值，必定是社会绝大多数成员所追求的；而被社会文化所排斥的事物与行为，则为大多数人所鄙弃。文化使得全社会成员的价值追求、公共秩序、日常行为按照大多数社会成员的取向趋于一致，并为社会文化所认同。

规范整合，在一定意义上可以说是因价值需要而产生和存在的，因文化的整合而系统化且协调一致。整合功能使规范内化为个人的行为准则，进而将社会成员的行为纳入一定的轨道和模式，以维持一定的社会秩序。

结构整合，人类社会是一个多元结构的系统。社会的异质性愈强，分化的程度就愈高；多元结构愈复杂，功能整合的作用愈重要。一个复杂的多元社会，是由众多互相分离而又互相联结的部分和单位组成的,每一个部分和单位都具有自己的功能,但这种功能的发挥,必须和其他部分的功能联结起来才能实现,才能对整个社会的运行发挥作用,即所谓功能互补。由于统一文化的作用,使社会结构成为一个协调的功能体系。

文化整合功能是群体团结和社会秩序的基础。文化学者和社会管理者都强调文化的整合功能。一个社会,如果缺乏一种主流文化的整合,必将裂土分疆;一个民族,没有一种文化的整合,则可能四分五裂。中华民族正是由于共享民族文化,所以才有了我们民族的认同感和在心理上、行为上的一致性特征。诚如有学者从文化对个人作用的分析角度指出:人在日常生活中各种生活秩序的运营、行动程序及其模式,都取决于文化。生活时空的分节与综合化,大体上也是依据文化的结构。

3. 文化的导向功能

所谓文化的导向功能,就是通过文化在行为和精神层面的文化要素,对社会起着引导作用,能对社会、组织和其他整体系统的价值取向及行为规范起导向作用。这种导向与管理中单纯强调硬性的纪律或制度不同,它强调通过文化的塑造、熏陶、感召、教化来引导人们的行为,使人们在一种文化的潜移默化中接受共同的价值观念。文化在社会导向中的功能主要表现在以下三个方面:

一是知识的生产和提供。社会的发展和导向要以不断生产出新的知识为动力,新的知识包括新的理论、科学、技术等,这些都依赖于文化上的进步。二是协调社会工程管理。有计划地推动社会的进步,是一项负责的系统工程,它包括决策、规划、组织实施等阶段。在总体系统工程中,又包括许许多多的子系统。各阶段和各子系统的协调配合有赖于文化的调适。首先是目标调适,使社会全体成员认可社会导向的总目标和分阶段目标,使个人和群体目标与社会导向的总目标一致起来。其次是机构和制度的调适。为了达到社会导向的目标,要建立有效的机构和制度,对旧的机构和制度进行调整和改革。再次是行为调适。它使社会成员在行为上协调一致,确定共同的社会导向目标。三是巩固社会导向的成果。文化是一份逐步积累的社会遗产。每一次社会改革和社会进步所取得的成果,都有赖于新制度的巩固。文化在新制度建设过程中以及建成以后,起着协调整合作用,以维持新制度的秩序和稳定。

4. 文化的凝聚功能

文化作为在实践活动中积淀的能认识改造世界的各种知识经验、价值观念、思想体系等的精神财富,决定了文化的本质属性是人的精神性。文化的本质属性又决定了文化作为一种主观实践的精神成果,表现出凝聚功能。这也是人之所以称为社会性动物的显著标志。文化的凝聚功能有别于文化的整合功能。文化凝聚是在文化认同的基础上，某一文化体系对其文化共同体成员所形成的统摄力、吸引力、感召力，这种力量促使文化共同体成员紧密地团结起来，自觉维护其文化共同体的利益。文化是民族凝聚力和创造力历史与现实的基础。历史的文化发展成果，如哲学、宗教、道德、文学、艺术、科学等，无不成为民族的文化传统，塑造着民族的精神、价值观念、思维方式、审美标准、科学素养等。现实的文化发展成果，凝结着时代精神，反映了社会进步，聚焦于实践课题，推动了文化创新，成为民族凝聚力和创造力新的源泉。民族的文化积淀越为深厚、文化精神越为先进，民族凝聚力和创造力的源泉就越丰富、越能持续。

文化的凝聚功能还表现为它唤起人们的理想追求，提炼出民族思维的精华，引导整体向上的价值取向，激发人们自强不息的奋斗精神；产生一种巨大的向心力和凝聚力。文化产生强烈的认同感、归属感和使个体成员对社会发展有责任感、使命感和自信心，将形成持续、坚强的团队精神和持续的激励力量，使全体成员与社会结成命运共同体。它能使全体成员在时代使命、社会发展目标等方面达成基本共识，并内化为自己的责任，从而增强社会的凝聚力。

但是，我们也应该注意到，文化不仅有正向功能，也存在负向功能。美国社会学家R·K·默顿认为，社会并非总是处于整合状态，非整合状态也时常存在。个人或群体并不总是顺从社会规范，违反规范的情形也是时常发生的。这种非整合状态和违规行为并不是偶然的，而是文化功能的一种表现。例如，社会的机会结构是一种文化安排，这种机会结构使一部分人通过合法的方式去追求自己的目标，而使另一些人通过非法的方式去追求自己的目标。前者是文化的正向整合功能的表现，后者是负向的非整合功能的表现。正向功能保持社会体系的平衡，负向功能破坏这种平衡。文化的负功能通常在两种情形下发生：一是文化滞后，二是负文化。

第二节　行业文化的相关解析

在全面推进文化建设的新时期，行业文化建设已经成为我国文化发展的重要环节，也是促进国家强盛、提升国家文化软实力的重要力量源泉。要促进行业文化建设，发挥其在建设社会主义先进文化中的作用，我们首先要弄清楚什么是行业文化。

一、行业文化的定义

在日常话语体系中经常提及文化、某种文化、某某文化。这其实就是文化的内涵分布蕴藏在人类社会的各领域，反映在行业中即为行业文化。对行业文化科学解析、进行定位并揭示其内涵，涉及三个方面的问题：一是行业文化是从哪里来，是怎样形成的。二是它有哪些特性、特色或特征。三是它的内涵是什么,有哪些内涵。

因此,我们认为:行业文化是指该行业在人类文化、社会文化和经济文化背景下,在长期的发展过程中,形成的具有本行业特色、并为全行业所认同遵循的价值理念、共同信念、经营思想、道德准则和行业规范,以及由此产生的思维方式、行为方式、品牌效应的综合体现。这一表达较好地回答了以上三个问题,把三个方面的内容组合到了一起。任何一个行业的文化,都应当是在本行业的发展历程中(包含本行业的企业生产经营管理实践活动中)所积淀、凝结而形成的。在前面,我们认同了国际社会学、人类学界关于文化的一个通行概念。在文化是人类活动的意义层面,我们觉得在行业文化建设中,这个概念也很契合。因为行业是现代生产中人的聚合体,集中生产、传承意义的制度、礼仪、风俗都会对企业员工的认知产生影响;同时,行业员工一起长时间的互动,他们的习惯、活动和交往也能辨识出意义,这种意义空间和意义层面,对于行业共同价值观的培养是具有作用的。因为文化建设与企业基础建设、制度建设是有区别的,它要尽可能减少强制,获得认同,它要让员工对制度和行业发展的认同变成自觉行为,使员工由他律走向自律。所以,现代企业文化,实际上应该是建筑于现代企业制度背景上的精神力量,从事企业文化建设,我们应该将关注点集中在这一层面,这样才会避免"企业文化是个筐,什么都能往里装。"

因此,在综合前人研究成果的基础上,结合我们多年的文化研究和建设实践,我们认为:行业文化是行业发展和行业员工活动的意义层面,它与行业的物质和制度环境密切相关,它的核心是行业发展中形成的价值观念、行为取向、思想体系等精神财富。

行业文化的内涵是丰富多样、多姿多彩的,它包括行业战略思维、行业价值观、行业精神、经营思想、道德规范、行为方式、行为习惯,还有行业文化氛围、传统与风气等。但是,进行概念界定、做出抽象概括,就只能是揭示其最主要最重要的内容,包含两个方面:一是价值观念,二是行为规范,即理念文化加上行为文化。这并不排斥行业文化中其他方面的内容,而只是为了突出其最主要的要素,鲜明突出地说明行业文化就是价值理念和行为规范的综合,这个表达体现了价值理念与行为规范的有机统一。

对于行业文化概念的表达,价值理念是其最核心的层面,没有这个核心内容,行业文化就是无源之水。交通运输部 2011 年印发的《交通运输行业核心价值体系建设实施纲要》中指出:交通行业的核心价值观:人便于行,货畅其流,服务群众,奉献社会。这是社会主义核心价值体系在交通运输行业中的具体体现,为交通行业文化建设指明了基本方向。同时指出"行业核心价值观、行业使命、共同愿景、交通精神、职业道德构成了交通运输行业核心价值体系的基本内容,明确了交通运输行业的发展方向、时代责任、价值取向，以及精神动力、职业操守等内容。”从交通运输的行业属性来说，这一提法和表述是完整和合适的。行业文化中不能只有价值理念部分，而没有行为规范部分。有了行为规范，才能使价值理念为全行业内的企业和全体员工认可、信奉和实践，才能使价值理念转化为行业行为、企业行为、管理者行为和广大员工的行为。

有了行为文化，有了行为规范，才能使价值理念、理念文化转化为全行业企业领导人与广大员工的思维方式、行为方式、行为规范和行为习惯，才叫作行业文化“落地”。在行业文化中，理念文化与行为文化是内在逻辑一致的关系。从价值理念中可以看到，应有什么样的行为规范；而行为规范要体现价值理念的引领、引导，它们之间有内在一致关系，而不是互不相干、相互割裂的孤立存在。就行业文化中的价值理念体系来说，其中核心价值观是行业文化的基石，行业精神是在行业的生产经营管理实践的沃土之中，在行业价值观这个基石之上盛开的精神之花。这朵精神之花，向世人展示的是富有感染力、吸引力、影响力、公信力的行业群体的理想追求、价值取向和全行业人奋发有为、积极向上的精神魅力与气质风范。

如果说文化作为一种“软实力”，日益成为一个国家和地区综合实力的重要组成部分，同样，一个行业的文化发达程度和特质内涵，也深刻地影响着行业的发展模式、制度选择、政策取向以及各种资源开发和生产要素组合的水平，从而也就深刻地影响着行业发展的速度、质量和水平。

二、行业文化的结构

总体上说，行业文化结构是指行业文化系统内各要素之间的时空顺序、主次地位与结合方式。行业文化结构就是行业文化的构成、形式、层次、内容、类型等比例关系和位置关系。它表明各个要素如何链接，形成行业文化的整体模式。按照文化构成的四个层次，行业文化同样由行业物质文化、行业制度文化、行业行为文化、行业精神文化构成，其中物质文化、制度文化的建设密切关联，而行为文化、精神文化则是行业文化建设的重心。

行业物质文化。它是行业在长期的实践活动中创造的产品和各种物质设施等构成的器物文化，是一种以物质形态为主要研究对象的表层行业文化。行业生产的产品和提供的服务是行业生产经营的成果，它是行业物质文化的首要内容。其次是行业创造的生产环境、行业建设、行业广告、生产活动的包装与设计等，它们都是行业物质文化的主要内容。

行业制度文化。它主要包括在规范各类生产实践活动中形成的领导体制、行业组织机构和行业管理制度三个方面。行业领导体制的产生、发展、变化，是行业生产适应社会发展的必然结果，也是文化进步的产物。行业组织机构，是行业文化的载体，包括正式组织机构和非正式组织。行业管理制度是行业在生产经营管理时所制定的、起规范保证作用的各项规章制度、管理规定、政策法规和各种条例等。行业制度文化是行业文化的重要组成部分，制度文化是一定精神文化的产物，它必须适应精神文化的要求。人们总是在一定的价值观指导下去完善和改革行业各项制度，行业的组织机构如果不与行业发展目标的要求相适应，行业目标就无法实现。卓越的行业总是经常用适应发展目标的行业组织结构去迎接未来，从而在竞争中获胜。

行业的行为文化。它主要是指行业员工在生产经营、实践活动以及除此之外的学习娱乐、人际交往中产生的各类活动文化。包括行业经营、教育宣传、人际关系活动、文娱体育活动中产生的文化现象。它是行业经营作风、精神面貌、人际关系的动态体现，也是行业精神、价值取向等的折射。主要包括行业领导者的行为、行业先进模范人物行为、行业员工行为。需要加以说明的是行业的行为文化需要行业的制度文化作为贯彻的保障。因为行业职工生产、学习、娱乐、生活等方面直接发生联系的行为文化建设得如何，行业经营作风是否具有活力、是否严谨，人际关系是否和谐、职工文明程度是否得到提高等，无不与制度文化的保障作用有关。

行业的精神文化。它是相对于行业物质文化和行为文化来说的，行业精神文化是一种深层次的文化现象，在整个行业文化系统中，处于核心的地位，是行业文化的核心和灵魂。主要是指行业组织领导和全体成员共同信守的基本信念、价值标准、职业道德和精神风貌。它主要包括以下几个方面的内容。

行业或行业组织的最高目标。它是行业或组织全体成员的共同追求，是行业或组织全体成员凝聚力的焦点，是行业或组织共同价值观的集中表现，反映了行业或组织领导者和成员的追求层次和理想抱负，是行业文化建设的出发点和归属。

组织策略。组织策略就是行业组织领导者为实现发展目标而在整个管理活动中的基本信念，是组织领导者对行业长远发展目标、发展战略和策略的思考。

行业精神。所谓行业精神，是行业有意识地提倡、培养其成员群体的优良风貌，它是对行业现有的观念意识、传统习惯、行为方式中的积极因素进行总结、提炼及倡导的结果，通过全体成员有意识地实践体现出来。

行业风尚。一般意义上的行业风尚是指行业及其成员在行业的生产实践活动中逐步形成的一种带有普遍性的、重复出现且相对稳定的行为心理状态，是影响整个行业生活的重要因素。

道德操守。道德操守是指行业内部调整人与人、单位与单位、个人与集体、个人与社会、行业与社会之间关系的行为准则。就其内容结构来看，主要包含调节成员与成员、成员与行业、行业与社会三方面关系的行为准则和规范。

三、行业文化的功能

行业文化是行业的核心和灵魂，是推动行业发展的不竭动力。概括地说，行业文化具有五大功能。

1. 导向功能

导向功能就是对行业起引导作用，能对行业整体组织以及每个成员的价值取向及行为取向起导向作用。这种导向与传统管理中单纯强调硬性的纪律或制度不同，它强调通过文化的塑造来引导职工的行为，使人们在潜移默化中接受共同的价值观念。行业文化的导向功能主要体现在两个方面。

一是发展哲学和价值观念的指导。发展哲学决定了行业的思维方式和处理问题的法则，这些方式和法则指导职工进行正确的决策，采用科学的方法从事行业管理和行业生产活动。行业共同的价值观念规定了行业的价值取向，使行业职工对事物的评判形成共识，有着共同的价值目标。二是目标的指引。行业目标代表着行业发展的方向，没有正确的目标就等于迷失了方向。完善的行业文化应从实际出发，以科学的态度去制订行业的发展目标。这种目标一定具有可行性和科学性，指导行业发展。

2. 凝聚功能

行业文化的凝聚功能是指当一种价值观被行业职工共同认可后，它就会成为一种黏合力，从各个方面把其成员聚合起来，从而产生一种巨大的向心力和凝聚力。行业中的经营生产、实践活动、人际关系等受到多方面的调控，其中既有强制性的“硬调控”，如制度、命令等；也有说服教育式的“软调控”，如舆论、道德等。行业文化属于软调控，它能使全体职工在行业的使命、战略目标、规划建设、重点任务、制度措施等基本方面达成共识，这就从根本上保证了行业发展的和谐性、稳定性和健康性，从而增强了凝聚力。集体力量的大小取决于该组织的凝聚力，内部的协调状况及控制能力。共同的价值观、信念、行为准则能更有效提升行业凝聚力。

3. 激励功能

行业文化的激励功能是指通过各组成要素来激发职工积极性与潜在能力的作用，它属于精神激励的范畴。具体来说，行业文化能够满足职工的精神需要，调动职工的精神力量，使他们产生归属感和成就感，从而充分发挥他们的巨大潜力。关键是职工对行业文化的理解和认同程度，一旦职工对行业文化产生了强烈的共鸣，那么行业文化的激励功能就具有了持久性、整体性和全员性的特点和优势。积极向上的思想观念及行为准则，可以形成强烈的使命感和持久的驱动力。积极向上的行业文化就是一把职工自我激励的标尺，他们通过这把标尺对照自己的行为，找出差距，可以产生改进工作的驱动力。同时，行业共同的价值观、信念及行为准则又是一种强大的精神支柱，能使人产生认同感、归属感及安全感，起到相互激励的作用。

首先，行业文化能够为职工提供一个良好的组织环境。职工身处其中受到感染，具有执着的事业追求和高尚的道德情操，能把对行业的发展与自己的成就密切连在一起，从而能够以良好的心态进行工作。同时，在良好的行业文化氛围内，员工的贡献能够得到肯定、赞赏和奖励，从而使员工产生极大的满足感、荣誉感和责任心，以极大的热情投入到工作中，激励效果显著。其次，行业文化能够满足员工的精神需求，起到精神激励的作用。优良的行业文化实质上是一种内在激励，它能够发挥其他激励手段所起不到的激励作用。例如，行业文化能够综合发挥目标激励、竞争激励、奖惩激励等多种激励手段的作用，从而激发出行业内部和员工的积极性。

4. 约束功能

行业文化的约束功能，是指对每个行业职工的思想、心理和行为具有约束和规范的作用。行业文化的约束，不是强制性的约束，而是一种软约束，产生在行业文化氛围里，形成一个群体的行为准则和道德规范，并且通过职工的思想和行为形成来自心理的、自我约束的控制作用。

行业制度是行业精神文化的表现形式，也是实现物质文化的重要保证，作为行业内部的法规，对成员的行为带有强制性，保证行业活动有序地组织运行起来。行业文化建设过程中形成的精神、价值观念、道德规范、团队意识等，对成员具有强烈的感染力，并会逐渐地形成无形的自我约束力。

5. 塑造功能

在行业竞争较为激烈的当下，行业形象是决定行业在竞争中生存发展的关键性因素之一，行业形象的构成，即它的内涵，可分为以下三种表现形式：

物质表现形式。包括办公设施、办公环境、职工福利等，它是树立行业形象的核心，是给人的第一印象。

社会表现形式。包括行业职工队伍，人才结构，技术力量，经济社会效益，工作效率，公众关系，管理水平等。

精神表现形式。包括行业的信念，道德水准，服务精神，社会责任等。行业文化的塑造功能主要体现在通过组织与外界的接触，起到向社会大众展示行业的管理风格，积极的精神风貌等方面的作用，从而为行业塑造良好的现象。行业文化是一个行业的无形资产，可以给行业带来美誉度和社会占有率。

第三节 公路行业文化

公路行业是国民经济的基础支柱行业，融社会性、服务性、基础性、技术性、综合性于一体。新中国成立以来尤其是改革开放以后，我国公路行业取得了长足的发展，为推动经济社会的发展发挥了基础的支撑作用。一个先进社会的发展是一个复杂的系统工程，政治、经济、文化等各种因素不仅要全面发展，不可缺少，而且要协调发展，相互促进。历经半个多世纪，公路行业在支撑经济社会发展的同时，也逐步形成了独特的公路行业文化，并被人们日益重视，成为推动公路事业发展的软实力。

公路事业的蓬勃发展为国民经济的发展和社会进步做出了特殊的贡献，在公路事业的发展过程中也逐步形成具有行业特色的公路行业，它涵盖在公路行业的各个方面，融汇在公路经营管理活动中，造就了公路独特的精神风格，增强了公路的内在活力，促进了公路行业的发展。在对“文化”、“行业文化”进行了梳理和诠释，对其结构进行了剖析对其功能进行了分析后，本节主要讨论“公路行业文化”的相关理论。

一、公路行业文化的内涵

公路行业文化随着公路事业的发展而发展，与公路行业相伴而生，共其始终。公路行业文化是公路行业软实力的体现，加强其建设对于增强公路行业内部的凝聚力、提升公路行业社会的影响力、促进公路事业又好又快地发展，有着非常重要的作用。

近年来，公路行业文化的讨论逐渐兴起，到目前为止有许多种定义。对公路行业文化的理解也因人而异、见仁见智。有把公路文化与教育娱乐活动等同起来的“文化教育娱乐说”；有将公路文化等同于公路精神的“精神现象说”；还有人认为：“公路文化是一种行业文化，属于先进文化的分支，是一种柔性生产力，从其存在的形态上分析，一般包括表层的物质文化、浅层的行为文化、中层的制度文化和深层的精神文化”；有人认为：“公路文化是劳动者在公路建设、养护、管理的实践活动中所创造的物质财富和精神财富的总和，由公路物质文化、公路制度行为文化和公路精神文化三个层面构成”；也有人认为：“公路文化是现代文化与传统文化兼顾，动态文化资源与静态文化资源的结合，是公路人所提供快捷便利的通道，与人车相融合的过程中形成的价值观念、行为方式等”。这些认识或只看到公路文化的外在表现，忽略了它的本质，或只注重公路文化的内在实质，而淡化了它的表现形式，都不够全面。

根据前面对“文化”、“行业文化”的解析，我们认为：公路行业文化是公路从业人员的行为与一般文化相融合的产物，体现了公路行业在发展过程中逐步形成的行为规范和价值追求的总和;它与公路行业员工在公路建设、养护和管理等实践活动中创造的物质财富和制度有着密切的关系,公路的通达水平、技术等级、管理状况等综合服务功能的体现,揭示了公路文化的物质和技术形态,公路员工行为方式、群体意识和价值观念,则综合反映了公路文化的建设水平。同时,公路行业文化也是社会文化的有机组成部分,依赖于社会文化而存在发展、丰富和完善。从中国公路的建设过程来看,我们可以将其分为公路建设文化、公路养护文化、公路安全文化、公路廉政文化等模块,在统一的行业文化建设理念的指导下,分模块开展公路行业文化建设。

公路文化建设,我们无法回避物质文化和制度文化的建设,这是公路文化建设的基础。物质文化是公路的物质状态(公路、路容、路貌、职工物质生活条件等)以及公路的通行能力、效益水平等反映出来的公路物质文化现象,它是整个公路文化的载体和外在标志。公路制度文化是公路行业的组织机构、规章制度,包括行业领导体制、内部管理体系、各种规章制度、管理条例等,体现了公路行业的管理水平和行业模式,包括价值观念、行业精神、职业道德、行业形象、职工素质、文娱活动等,是公路行业的精神支柱和凝聚力所在,公路制度文化是公路物质文化和公路精神文化的中介,起着把二者联系起来的作用。

然而公路文化建设的重心则是精神文化和行为文化。公路行为文化是在公路实践、学习娱乐等活动中产生的行动文化,也是公路精神、公路行业价值观的折射。包括行业管理、教育宣传、人际关系活动及文娱体育活动中产生的文化现象。公路精神文化是劳动者在公路建设、养护、管理的实践活动中所创造的精神财富的总和,既是公路的技术状况、服务水平的体现,也是公路职工行为方式、群体意识、价值观念的反映。从根本上讲,公路文化是指公路行业的意识形态,以及与之相适应的体制和组织机构,它是一个理念、是一种哲学;是公路职工在公路建设、养护、管理活动中逐步形成的,并且被全体职工所认可,遵循具有行业特点的发展目标、价值观念、精神思想、行业方式和职业道德等现象的总和。

二、公路行业文化的结构

也可以这样理解,公路行业文化是指公路行业在公路的建设、养护、管理等实践活动中,在一定的物质、制度基础上形成的影响行业凝聚力、创造力、适应力和持久力的精神、信念、道德、心理、智能等各种文化因素的总和,它是一个包括价值观、管理特色、伦理道德、行业精神等内容的复合体。同样按照文化的四层次说来理解公路行业文化,那么可认定公路文化是一个包含着四个层次的同心圆结构。

1. 公路物质文化

公路物质文化是指公路行业创造的产品和各种物质设施等构成的器物文化,是公路人在物质生产活动中所创造的全部物质成果,以及公路人在社会、生产活动中创造这些物质成果的手段、工艺、方法、行为等反映出来的公路物质文化现象,是展现公路行业外在形象的工作环境和形象标识。它是公路文化的物质载体,也是反映公路行业生产力水平、科技水平的物质标志,是人类文明的客观标志。公路物质文化主要包括公路桥梁建筑物、筑养路环境、科研装备、文体设施、机械设备、应急设施以及路政执法窗口服务等。

现代市场经济社会的快速发展需要更加便捷、安全、舒适的公路环境,“畅安舒美”公路环境新理念应运而生。新的公路环境理念是对公路物质文化建设提出了新的要求。“畅”,不仅包含公路质量达到坚实畅通的标准,还包含在特殊季节、天气下,公路设施自身排水畅通、通行信息畅通和保通预案合理到位等。“安”,不仅是对公路建设质量、养护质量的要求,也是对公路安全畅通及防护措施的要求,既包含安全的行车环境,也包括公路工作人员的安全管理、安全培训。“舒”,既指行车路上感觉舒适,也指公路周围环境让司乘人员感受舒适。“美”,包括感观美、和谐美、生态美,遵循自然群落结构的互惠共生原理,发挥综合生态功能。

2. 公路制度文化

公路制度文化是公路行业为整合、调控社会关系和内部关系而建立的一整套管理体系和行为规范体系。简言之,公路制度文化是体现公路行业价值理念,规范公路行业行为的规章制度。公路制度文化是公路物质文化和公路精神文化的中介和建设的制度保障,起着把二者联系起来的作用。公路制度文化体现了公路行业的管理水平和行业模式,它包括公路行业政策法规、管理体制、组织机构、规章制度、行为规范等。

公路制度文化是公路文化建设的重要组成部分之一。公路制度文化建设是公路文化建设的关键性保证措施。通过建立和完善公路行业的各项制度(组织制度、管理制度、责任制度、分配制度、民主制度等),使公路文化所倡导的价值观念和行为方式规范化、制度化,使公路员工的行为更趋于合理化、科学化,从而保证公路文化建设成果的巩固和发展。公路物质文化和精神文化都离不开公路制度文化的保障。

交通运输部在《交通文化建设实施纲要》中明确指出:“注重加强交通制度文化建设。开展现有制度清理工作,完善交通职业道德规范、岗位行为规范、文明服务标准等,组织编写职工行为手册,建立科学、规范的内部制度体系;逐步完善自律与他律相互补充和促进的运行机制,有效地引导职工思想,规范职工行为,努力将各项制度转化为自觉遵循的行为准则,精心打造一批新的知名服务品牌。”

公路制度文化建设集中体现在其规范化、标准化、制度化、科学化管理方面。具体分为两大方面:一是全面普及公路建设、养护的常规知识,掌握办事的程序流程,提升行业标准和专业知识在公路从业人员中的覆盖面和普及率。二是规范化基层制度汇编建设,建立、完善操作性强的规章制度,既包括工程建设、公路养护等行政制度,也包括一系列党建制度以及管理制度、工作细则等。

3. 公路行为文化

公路行为文化是指公路行业员工在公路建设、管理、养护等实践活动以及学习娱乐、人际交往等活动中产生的各类活动文化现象。行为文化是公路行业员工价值取向、工作作风、精神面貌、人际关系的动态体现,也是公路精神、公路行业价值观的折射。从内容上来看包括公路行业在公路建设、管理、养护、路政执法,各类宣传教育活动,日常人际交往等活动中的言谈风貌、着装礼仪、行为举止等;从人员结构上划分,其行为文化又包括领导者行为、先模人物行为和普通职工行为等。

4. 公路精神文化

公路精神文化是深层文化,也称精神层或心理观念层文化;是公路文化的核心和灵魂;是在公路历史实践过程中所形成的意识形态、价值理念、道德规范、思维方式、行为准则等;是公路行业充满生机和活力的保证。公路精神文化是衡量公路行业是否有组织文化的关键所在;是公路行业全体员工共同遵守的基本信念、价值标准等,是公路行业意识形态的总和。公路精神文化包括公路精神、管理哲学、行业目标、行业风气、职业道德及服务宗旨等诸多方面,它们在本质上都是协调一致的。精神文化是公路文化的核心,是制度文化、行为文化、物质文化的集中反映。

公路精神文化建设,要不断丰富"铺路石精神"的内涵,使"铺路石精神"从公路建设层面扩充到公路行业的规划、建设、养护和管理等各个环节。在谈及公路精神文化时,需要简单对"铺路石精神"做一介绍。因为"铺路石精神"是公路行业文化中最大闪光点之一。把公路人誉为"铺路石",把公路人长期以来集体实践积累的精神誉为"铺路石精神",史从何时始,典出何处,现有文献资料无从考证,但是我们检索资料时发现全国许多公路部门在进行文化建设,在提炼行业精神的时候,"铺路石精神"的使用频率是最高的。结合公路行业的工作性质和生产方式、工作和生活环境与条件,用"铺路石精神"来描绘也很贴切和形象。"铺路石"成为公路事业发展的写照,成为被公路行业员工普遍认可的精神特质,已是不争的事实。

"铺路石精神"的形成与发展直到成为公路行业精神文化的核心组成部分,也如同其他各种文化形式一样,经历了朴素的行业情感,行业责任感,行业道德,行业生产生活方式等多方面,一代代公路人长期的体验、实践、取舍、积累、丰富、完善的历程。"铺路石精神"的形成与发展过程,充满了公路人的激情、心血与汗水,主要集中体现在不畏艰辛、任劳任怨、无私奉献，执着守业、拼搏创业等方面。这一精神是由公路部门领导倡导，职工认同并能理解的群众意识，在实践中形成的职业理想、敬业精神和职业道德，是公路行业及其职工价值观的集中表现。

“铺路石精神”蕴含着五个方面的内容，即：爱路、爱岗的主人翁精神；尊重知识、重视人才，坚持“高严细”的科学精神；积极探索、参与竞争、勇于创新的拼搏精神；求真务实、艰苦奋斗、任劳任怨的奉献精神；顾全大局、同心同德、争创一流的协作精神。公路人用忠诚、用青春、用行动践行并维护着“铺路石精神”。

三、公路行业文化的功能

公路文化作为一种组织文化，从理论上讲，它的一般特征包括共同的价值观、独特的行为表现、文化组成的多样性和文化的持续性等。从实践上看，公路行业文化的功能体现在以下几个方面。

1. 导向功能

公路行业文化的导向功能包括价值导向功能与行为导向功能。公路行业文化要以高度概括和富有哲理性的语言明示着行业发展的目标和方向，并逐步深入到职工的精神世界，使职工自觉把行业统一到行业所期望的方向上去，促使职工坚定而执着地为既定目标而奋斗。公路行业文化作为一种相对稳定的文化定势，通过把公路行业职工的个人目标，引导到行业的整体目标上来形成统一的行动，引导职工去追求和完成行业所制订的奋斗目标。

公路行业通过坚持经常开展时事政治、理论、法制、文明规范等培训，使公路行业精神在职工中形成共识，并引导职工齐心协力去实现共同信念。充分发挥行业文化的导向功能，通过行业和单位的集体倡导，树立行业及行业职工崇尚的目标，从而使职工的注意力转向集体所倡导的目标。公路行业文化为公路行业指明了公路的发展方向，把公路职工的理想和追求引导到公路管理局所确定的公路建设与发展目标上来。通过加强公路行业文化建设，自觉地、主动地运用各种宣传教育方法，把握正确的舆论导向，积极引导职工树立符合公路事业发展的、正确的价值观，以保证体制改革和公路养护、建设、管理各项工作的顺利进行。凭借公路行业精神、行业理念这个核心导向，结合公路行业具有点多、线长、面广、流动分散的特点，把各条战线、各个部门、各位职工的思想、组织、目标统一起来，共同构建和谐公路。

2. 约束功能

公路行业文化具有约束和调适职工行为规范的功能。公路行业工作具有“大分散、小集聚”的野外作业特点，给管理工作带来一定的难度，这就从客观上要求公路行业必须大力加强职业道德教育,使职工牢固树立以“爱路、爱岗”等为主要内容的职业道德,自觉坚守工作岗位,修好路,养好路,管好路。公路行业文化可以规范领导和员工的行为,使其能够为公路和社会发展着想,强化了员工的主人翁意识,可以提高工作效率,降低成本和能耗,提高行业的竞争力和创造力。在公路行业文化的推动和促进下,各级公路部门作为社会经济中最基本的组成细胞,认真履行其社会责任,依照法律,按科学规律开展公路规划、设计、建设、养护、管理等工作。为社会提供了更多、更好的公共基础和服务,逐步增强其市场影响力,树立良好的行业形象,扩大其知名度和美誉度。例如,为提高行业的知名度和美誉度,争创文明单位和先进个人,公路行业职工就会形成一种争创先进、不拖后腿的自我约束心理。在公路行业精神的导引下,公路行业能形成统一的思想与行为,并使这种行为成为集体和个人的自觉意识。在公路行业文化中,精神文化从价值观、道德规范上对职工进行“软”约束;制度文化通过落实、检查和奖惩对职工进行“硬”约束;物质文化通过为职工提供良好的工作、生活环境和丰富多彩的业余文化生活,更能调适职工心理,调动职工的积极性。

3. 凝聚功能

当一种行业文化价值观被整个行业认同后,就会像黏合剂一样,对内产生凝聚力,对外产生竞争力和影响力,形成强大的向心力,在统一的价值观引导下,对行业职工行为的规范起到一种非正式的控制作用,使职工之间彼此信任,相互认同,构成团结和谐的人际关系,全力以赴为共同目标而努力。公路行业文化具有使个体认同主体的归属功能和机制,能够使个人所在单位成为一个具有共同的价值观念、精神状态、理想追求及凝聚力的组织。同时,公路行业文化含有一种准则机制,它具体而灵活地规范、调整着人们的行为,能够把全体员工的力量凝聚成一个合力,从而使个人行为构成的集体行为产生出最大的功效,得到大力推广和一致认同的公路行业文化,把公路职工紧紧团结和凝聚在公路行业这面旗帜下,使他们思想统一,行为协调。公路行业文化之所以能够发挥凝聚员工的功能作用,就在于它能调节人与人之间、个人与团队之间、个人与单位之间的相互利益关系,从而形成公路文化对公路人的塑造和凝聚。

4. 激励功能

激励是人本管理的一项重要内容,激励强调的是一种人性化的文化引导作用。公路行业文化所形成的公路文化氛围和价值导向起到了良好的精神激励作用,将职工的积极性、主动性和创造性调动与激发出来,提高员工的自主管理能力和自主经营能力,形成强烈的使命感、持久的驱动力,成为员工自我激励的一把标尺。例如,公路行业精神和行业理念等从职工内心激发出一种昂扬向上、奋发进取的工作热情,就充分展示出公路行业的激励功能。公路行业文化通过倡导积极向上的思想观念和行为准则,树立构建和谐公路的远大目标，极大地满足了公路行业职工最高的精神需要，从而使职工在愉悦、奋斗的工作氛围中，产生自豪感、自尊感、成就感、归属感，进而调动职工的积极性，产生一种强大的精神力量。公路行业一方面赋予职工共同的目标、理想、志向和期望，倡导健康向上的价值标准，通过建立物质奖励和精神奖励机制，培养、树立典型，表彰先进人物，广泛宣传公路行业建立的“公路丰碑”，大力弘扬“铺路石精神”，极大地增强了职工从事公路事业的自豪感和工作、生产的热情，推动了公路事业的持续健康快速发展。

5. 辐射功能

公路行业文化存在于社会文化之中，是社会文化的有机组成部分。一方面，公路行业文化依赖社会文化而存在和发展，另一方面它又具有辐射功能，通过其物质、信息和能量的向外辐射，极大地影响着周围的社会文化。公路行业文化，以其自身的个性、特殊性，既表现在公路的技术状况、通行能力、服务水平等方面，也表现在公路职工的行为方式、群体意识、价值观念等方面，同时还表现在它对公路沿线区域的政治、经济、文化的影响等方面。公路文化虽然主要在行业内部发生作用，但形成规模并发展到一定程度后，就不可避免地会通过自身表现出来的公路精神、筑路者形象以及全体员工的各种具体的宣传形式，对所在区域乃至全社会产生影响，推动和谐社会建设。公路文化的发展影响着社会文化的发展。公众在享受公路带来的交通服务的同时，也在欣赏和吸收公路文化所辐射出来的“畅、洁、绿、美、安”等公路环境。公路行业文化以其自身的物质财富和精神财富，向社会大众展示其管理风格、服务状态、社会效益、职业风尚以及精神面貌等，不断辐射、充实、完善、丰富着其他社会文化，从而为公路塑造形象、扩大影响、提高信誉奠定了基础，推动了公路行业的社会主义物质文明和精神文明建设，促进社会政治、经济、文化的进步。

6. 提升功能

每一个历史时期公路的发展，无疑都是公路文化的进步，而这种文化进步对于维护国家统一，民族团结，繁荣经济和文化交流等方面都具有极其重要的历史意义。同时，公路文化理念的形成和提升，则往往直接催生精神动力和物质能量的形成。例如，在行业精神方面，伴随着“架桥铺路造福人类”等传统美德的升华，通常是忠于职守、艰苦创业、勇于进取、乐于奉献的精神风貌的形成。公路行业文化也不例外，它对公路形象和公路事业以及社会的进步都具有一定的提升功能。公路行业文化在各个层面上直接或间接地推动着公路事业的发展。行业的建设技术、工程质量、养护水平，以及职工素质、公路精神都是与公路事业和社会的发展进程直接相关的。在宏观上，它体现了公路行业在社会主义市场经济建设当中的地位和作用；在微观上，它凝聚着每个公路职工在日常的学习、工作、生活过程中思想修养、价值取向、整体意识及其自身的心理文化和个人价值。同时,在市场经济体制进一步完善与构建和谐社会的今天,公路行业不可能在孤立、封闭的状态下发展,将会与其他行业之间相互开放、交流和引进、吸收,并在参与和竞争中优化配置资源,巩固生存基础,提升发展层次,而先进的公路文化理念可以提高公路的形象品质、美誉度与知名度,极大地提升公路形象,提高社会大众对公路行业的整体评价,从而促进公路事业的健康快速持续发展与和谐社会的构建。

第二章
公路行业文化建设的指导思想和主要任务

第一节　公路行业文化建设的指导思想

指导思想是一个人、一个团队、一个行业对某项工作、某项事业的根本价值观与方法论。公路行业是中国特色社会主义事业的一个重要基础性行业,公路行业的发展也必须放到国家发展的全局大视野中来考量。行业文化是推动公路行业发展的核心力量,是促进公路事业又好又快科学发展的根本。因此,公路行业文化建设的指导思想,必须要有一定的战略高度,要有较强的时代责任感与历史使命感,要能够落实国家与民族发展对本行业的具体要求,要能够体现公路行业未来相当长一段时期的战略意志。故而公路行业文化建设的指导思想要把握以下四个方面:一是深刻把握实现中华民族伟大复兴"中国梦"对公路行业文化的要求;二是以科学发展观统领公路行业文化的建设与发展;三是遵循社会主义市场经济条件下的文化体系运作规律;四是客观认识公路行业文化的独特内涵。

综上,公路行业文化建设的指导思想可以确定为:以邓小平理论、"三个代表"重要思想、科学发展观为指导,以物质文化建设为基础,以行为文化建设为重点,以制度文化建设为保障,以精神文化建设为核心,稳步推进符合社会主义先进文化前进方向、具有鲜明时代特征和行业特色的公路文化体系建设,努力提高公路行业软实力,不断增强公路行业核心竞争力,着力促进公路行业为实现中华民族伟大复兴"中国梦"做出新的更大的贡献。

公路行业文化建设是一项长期工作、系统工程,在建设过程中必须坚持以下七项基本原则以保证其科学性、连续性、实效性。

1. 以人为本原则

人是文化中最活跃的因素,从某种程度上说,所谓行业文化,就是行业的"人化"。公路行业文化建设是一项系统工程,涵盖面非常之广,只有坚持"以人文本"原则,以实现人的理想为出发点和最终归宿，才能牢牢抓住公路行业文化建设的核心，才能带动公路行业文明的不断进步。

人是行业文化理论和实践的中心，行业文化建设与人息息相关。坚持以人为本的原则，首先是要树立广大公路干部职工是公路行业文化建设的源泉和动力这一观念。文化建设没有公路行业广大干部职工的热情参与，行业文化理念必然如空中楼阁般虚无缥缈，行业各类制度的执行力就会大打折扣，行业文化的物质载体就缺乏人文内涵，行业的行为规范就得不到高度统一。在行业文化建塑过程中，要正确处理好领导倡导与员工积极参与的关系，必须做到每一个环节都有员工参与，每一项政策出台都先得到广大员工认可，努力形成一个全员参与、相互交融的建设局面，这样的行业文化才能可持续健康发展，这样的行业才能有生命力。其次是要注重人的全面发展，以实现广大公路人的理想为出发点和最终归宿。行业的发展应该为了人，关心人，理解人，重视人，尊重人，凝聚人，培育人。行业文化作为一种管理文化，它需要强调对人的管理，并把强调“人”的重要性有机地融合到追求行业发展的目标中去，努力提高广大职工的身心素质，提升职工的幸福感，促进职工的全面发展，从而实现员工价值升华与行业蓬勃发展的有机统一。

2. 共识原则

行业文化建设能否获得成功、取得实效，关键在于是否取得行业内员工的普遍认同。公路行业文化建设的核心是行业价值观的形成，如果行业从业者能认同并遵循共同的价值观，行业就会产生强大的凝聚力、向心力和战斗力。

一方面，公路行业文化是一种追求可见性实效、追求直接建设成果和社会效应的务实性文化，以符合社会公众和从业者对该行业的普遍认识与期望，以对社会环境的适应程度为评价优劣的标志。人们对公路行业文化的认识，看重的是行业的核心价值观、思想理念，但是这种行业核心价值观、思想理念往往不是完整的思想体系，而表现为有效的原则、判断。作为一种无形的文化、力量，这些原则与判断深藏于从业者的内心深处，外化为工作实践中个体或群体的行为，而社会公众也正是从行业个体与群体的实际表现中认识此行业的核心价值观、思想理念的。

另一方面，公路行业的核心价值观只有得到绝大多数公路人的认可，才能付诸实践。行业核心价值观是人进入某个行业后，在行业实践中受到这个行业的思想理念、道德共识、行为规范熏陶，对行业中普遍实行的价值理念在内心深处有着深刻的认同，达成共识，自觉去遵从、实践自我的承诺。人对行业的核心价值的认可是一个潜移默化的过程，因为行业管理的主要对象是人，人是有感情、有思想的，仅仅依靠刚性的管理不能够激发员工的认同感和归属感，制度过于苛刻不仅达不到预想的效果，甚至会适得其反。因此,要通过有效的行业文化建设手段培养行业员工共同的价值观,通过良好的行业风气、行业精神、行业道德等非强制性的因素形成积极的群体压力和心理环境,进而形成对行业员工不可抗拒的推动力,最终达到共同的目标和愿景。

3. 继承传统与创新发展统一原则

公路文化形成于公路事业发展的历史与实践,并随着公路事业的发展而发展。没有经过一个渐进的过程,没有一定的量的积淀,就不可能有公路行业文化的特殊的质的确定性。公路行业文化传统经过较长时间的积累和发展,一旦形成就会薪火相传,不断延续下去。固然,随着时间推移、社会发展和时代进步,这种文化传统会被不断赋予新的内涵,但核心的文化既是行业从业人员共同拥有的精神财富,更是从业人员的基本行为规范和法则,是稳定的。在公路行业文化建设过程中,必须充分挖掘、深刻认识、大力传承公路行业文化中的优秀传统。

同时,"创新是一个民族进步的灵魂",对于公路行业来说同样如此。在日益激烈的国内外市场竞争中,不断促进行业文化创新,成为对提高公路行业竞争力具有决定性作用的新型经营管理方式。优秀的公路行业文化具有全方位开放的特征。一方面表现为其发展过程中与时俱进的扬弃,即消除消极的、落后的传统,继承积极的、进步的传统,培育、创造适应时代发展和社会进步的新传统。另一方面,与其他行业的文化,与不同民族、不同地区的公路行业文化相互开放、交流和引进、吸收,学习借鉴国内外一切先进的行业文化建设经验,博采众长、融合创新,在不同文化的融合中实现优势互补、共荣共进,形成既具有时代特征又独具个性魅力的公路行业文化。此外,行业文化中作为人类价值判断、精神境界、道德意识、思想修养的闪光的东西,代表和蕴含着精神、科学和技术等方面的未来因素,也会对构筑社会文化体系,推进精神文明建设发生积极影响。

总之,在新的历史时期,公路行业文化建设要按照创新型公路行业建设的要求,推陈出新、革故鼎新,又要充分继承公路行业传统文化的合理成分,广泛吸纳行业外部文化建设的优秀成果,以继承求发展,以创新促发展,不断丰富公路行业文化的科学内涵,不断增强公路行业文化的时代特征,大力发展具有鲜明的行业特点和时代特征的公路行业文化。

4. 讲求实效和循序渐进统一原则

公路行业文化建设成功与否,关键在于执行。在行业文化建设的过程中有两种常见的问题:一是文化建设的理念十分时髦,文辞华丽,形式精美,但管理层和员工的行为却是另一码事,行业的文化理念与行为背道而驰,患有文化虚脱症;二是员工心理契约的天然缺乏,导致行业制度成本高、管控复杂而无效。这些问题的根源在于缺乏有效贯彻和落实,仅仅是一种形式。我们必须认识到,行业文化建设不只是张贴海报、呼喊宣传口号、展览行业文化图册等表面文章,作为公路行业文化的建设者和执行者,行业领导和员工必须紧紧围绕公路行业的发展目标、战略来开拓创新,不断丰富公路行业文化的执行内容,不断推进公路行业文化的变革。进行行业文化建设,必须切合行业实际,符合行业定位和未来发展战略方向,一切从实际出发,踏踏实实,循序渐进,不搞形式主义;必须选择适当的突破口,寻找最佳的切入点开展建设,制订切实可行的行业文化建设方案,借助必要的载体和抓手建立规范的内部管控体系和相应的激励约束机制,逐步建立起完善的行业文化体系;必须以科学的态度,实事求是地进行行业文化的塑造,在实施中起点要高,要力求同国际接轨、同全国的交通行业接轨、同经济社会发展实际接轨,力求做精品工程,出精品力作,做到重点突出,稳步推进;必须做到物质文化、行为文化、制度文化、精神文化四大要素协调发展、务求实效,真正使行业文化建设能够为行业的科学管理和发展目标服务。

5. 整体推进与重点建设统一原则

行业文化建设作为一项战略性、长期性的工作,它是一项庞大的、复杂的系统工程,决不能凭空想象一蹴而就,要树立"打持久战"的理念。行业文化是行业的"铸基"和"铸魂"工程,需要坚持不懈的努力。公路行业文化各要素构成是一个有机的整体,相互之间关系密切,它的建设是一个循序渐进的过程,必须运用系统论的方法,搞好整体设计,分步推进,分层次落实。既要做好基础性的常规工作,又要特色鲜明、主题突出,明确总体目标和阶段性目标,管理层应该做什么、怎么做,实践层应该做什么、怎么做,只有上下合力同心,协调运作,才能把行业文化建设的任务落实到实际工作中去。

6. 共性与个性统一原则

公路行业文化建设既具有普遍性,又具有特殊性,行业内不同的地区、不同的部门、不同的制度、不同的民族都会影响行业文化建设。在坚持公路行业文化建设的整体原则的同时,各级公路管理部门的文化建设要从本单位、本辖区外部环境和内部条件出发,结合自身历史文化传统,立足于解决本单位的主要矛盾,创新文化建设的内涵,把共性和个性有机地结合起来,形成具有地方特色的行业价值观、行业愿景、行业发展战略、行业经营方针、行业道德、行业作风、管理观、效益观等等,在这些理念的指导下,不断提高行业管理水平和从业者综合素质,提升行业知名度、美誉度,整体推进公路行业文化建设。

7. 加强领导与依靠群众统一原则

公路行业文化在很大程度上表现为公路管理部门的执政文化,从一定意义上说,行业文化也是公路管理部门管理理念的升华,各层级管理者是行业文化的倡导者、缔造者、推行者,不仅管理者的理念要领先于他人,更重要的是能把领先的理念转化为行业的理念、行业的体制、行业的规则、行业的服务模式。但领导干部还必须要树立正确的群众观念,将群众路线作为开展行业文化建设最根本的工作路线、领导作风和工作方法,率先垂范,坚持"一切为了群众、一切依靠群众和从群众中来、到群众中去"的文化建设路线。只有坚持群众路线,才能保证吸引广大职工参与行业文化建设的热情,才能集中广大职工的智慧,才能真正依靠全员的力量投身行业文化建设,从而保证文化建设各项工作的顺利开展;只有坚持群众路线,公路行业共同的价值理念和行为规范才有牢固的群众基础,行业文化建设的最终成果才能让广大公路职工受益;只有坚持群众路线,才能使公路行业文化建设与公路事业各项管理紧密结合、相得益彰,确保整个行业的可持续健康发展。

第二节 公路行业文化建设的主要任务

公路行业文化建设是个系统工程,涉及物质文化、制度文化、行为文化、精神文化等方面,涵盖各级机关、基层单位、行业实体等层面,需要发动全体干部和职工的全员参与。就其主要任务而言,应包含以下几个方面。

一、凝练核心价值

公路行业精神文化又叫精神层(核心层)文化,相对于行业物质文化和行为文化来说,行业精神文化是一种深层次的文化现象,在整个行业文化体系中处于核心地位。它包括行业精神、行业经营哲学、行业道德、行业价值理念、行业风貌等内容,是行业意识形态的总和,是行业物质文化、制度文化、行为文化的升华,是行业的上层建筑。而行业核心价值观又是行业精神文化的核心,是行业文化的基础。管理学家切期特·巴纳德根据他在新泽西尔管理公司的管理经验指出,领导者的作用是塑造并引导行业组织的价值取向,一个好的管理者应当是行业价值观的创立者。

公路行业价值观是反映行业发展过程中价值取向的基本观点,它是一切工作的出发点和落脚点。公路行业核心价值观是行业的主导意识,它是行业发展过程中共同遵循的、为全体公路人所认同、具有行业特色的价值观念。核心价值观是行业制定发展战略的指导思想,是行业发展的指南,是行业文化的基石,核心价值观从思想观念上确定了行业生存和发展的方向,它具有经济、技术、制度和领导行为等其他要素无法替代的作用。共同的价值观所产生的凝聚力,使交通人在共同价值观的指导下,谋求同一目标、承担共同责任,自觉约束自身行为,减少矛盾和摩擦,维系关系融洽、团结和谐的文化氛围,实现共同的理想。核心价值观的形成是经过行业发展的检验,上下认真总结、精心提炼、慎重选择的结果。

核心价值观是整个行业理念体系的核心。公路行业文化建设最重要、最基础的工作,就是以公路行业核心价值观为指导,构建公路文化理念体系,即行业价值观系统。如果把行业价值观系统形象地看作一棵价值树,则它的树干是核心价值观,由树干派生的多个分枝则是行业领域内各个系统的价值观,由分枝生成的分枝则是系统内的组织理念,而埋藏在地下部分的树根则是孕育核心价值观的社会主流文化和丰富的文化积淀。

不同时期公路行业具有不同的核心价值观。新中国成立后,国民经济恢复时期的核心价值观是巩固国家政权、恢复国民经济;大跃进时期的核心价值观是依靠地方、依靠群众、以普及为主;改革开放初期的核心价值观是经济要发展、交通要先行;20 世纪 80 年代公路行业认同的价值理念是人便于行、货畅其流;20 世纪 90 年代提出依靠科技、振兴交通;21 世纪初期公路行业的价值取向是实现好、维护好、发展好公众利益、用户利益和员工利益。

随着时代的发展,公路行业的核心价值观也要随之发展,建设公路行业文化,首要的任务就是不断在实践中凝练行业核心价值观,用核心价值观凝聚干部职工、引导干部职工。与时俱进地凝练行业核心价值观,就是要按照科学、规范、完整的要求,构建具有鲜明行业特点和时代特征的行为文化和精神文化价值理念体系。其主要方法是,沿着公路事业发展主线,梳理公路行业文化发展脉络,从中发掘并提炼、评估并总结具有价值理念属性的文化资源或文化要素,在此基础上,再结合公路事业发展的要求,整合、创新交通文化的价值理念。发掘价值理念,就是发掘具有价值理念属性的文化资源或文化元素,这是构建公路行业文化价值理念体系的资料来源,是公路行业文化建设最根本、最重要的基础。评估价值理念,也就是评估具有价值理念属性的文化资源或文化元素,公路行业文化资源犹如一座丰富的宝藏,还需要进一步做的工作是盘点、归纳、分析、诊断和评估,即进行公路行业文化资源的评估。在此基础上对已发掘和评估的文化资源按照某种原则进行提炼和升华,形成更具时代特色和行业特色的核心价值观。

二、整合文化资源

核心价值理念形成后,我们就应当用其来审视行业的行为规范和制度环境,并以此为基础来整合、挖掘行业的文化资源。即对已开发的文化资源按照某种原则进行整理、组合、提炼和升华,达到最优化的整体效果,塑造具有现代意识和行业特色的公路行业文化体系。整合精神文化，旨在建立行业的价值理念系统；整合制度文化，旨在建立行业的行为规范系统；整合物质文化，旨在建立行业的品牌形象系统。

公路行业文化资源整合，既要注重其多样性、层次性、现代性，更要注重其科学性、特色性与创新性，既要使总结和提炼的各种使命、愿景、精神和价值观等价值理念具有丰富的科学内涵，又要简洁明了、通俗易懂，以便能为广大公路员工所认同和接受。公路行业是一个庞大的系统，行业构成比较复杂，将行业内的诸多职能部门进行归类总结，具有相同文化特点的行业部门应该放在一起进行研究。进行公路文化建设的基础是以合理的公路行业文化体系作为理论指导。体系的确定就好比是风向标，指导未来行业文化建设有序地进行。

公路文化资源是构建公路行业文化体系的一切思想文化来源，是公路文化建设最根本、最重要的基础。公路行业文化建设的首要任务是开发公路行业文化资源，主要包括公路行业的外部资源、内部资源和核心资源。

第一，外部资源的开发。公路行业文化的外部资源是指生成行业文化的外在环境或外在因素，如民族文化资源、国际文化资源，以及社会文化资源、经济文化资源等。其中，民族传统文化是建设现代公路文化最重要的资源。公路行业文化的许多核心理念都源于传统文化，对公路文化的形成和发展具有重要影响。开发公路文化的外部资源，还要注重开发国际文化、社会文化、经济文化等资源，尤其要注重与公路有关的国际文化资源研究。国外现代公路运输经过近 200 年的长期发展，积累了丰富的经验。在进入 21 世纪后，发达国家又相继制定了一系列旨在促进公路发展的新战略、新政策，其中都体现了一些重要的新理念、新思想、新认识。例如，美国交通运输部提出的“顾客至上、多样化、职业化、尊重他人、团结协作、业绩优良”的价值观；日本国土公路省提出的发展“安全、可靠、舒适且无障碍”公路的愿景；欧盟提出的“以人为本，用户至上，安全第一”的目标等。此外，还有发达国家长期信奉和倡导的创新精神、竞争意识、质量观念、团队精神、环保意识、节约意识等。这些理念对于中国公路建设和公路行业文化建设具有启示意义和借鉴作用。

第二，内部资源的开发。公路行业文化的内部资源是指生成行业文化的内在环境或内在因素，如公路行业的精神文化、制度文化和物质文化资源等。精神文化资源，是指公路行业各部门、各单位在其发展过程中所形成和传承的具有精神价值理念的各种文化要素，如所认同的使命、愿景、精神和价值观等。制度文化资源，是指公路行业各部门、各单位在制度安排或制度变革中所产生的具有价值理念的各种文化要素。物质文化资源，是指公路行业各部门、各单位改善工作环境、设计形象标识和建设文化传播网络等，从而展现个性化的外在形象所体现的具有价值理念的各种文化要素。

三、统一行业形象

行业形象是行业的普遍表征和个性化独特标志，能折射出行业的精神面貌，为创造新的行业文化、新的行业价值观提供社会条件和外部环境，因而，行业形象也必须契合行业文化的核心理念。

在进行公路行业文化建设的过程中，要根据交通事业发展的需要，兼顾经济条件的可能，适时和逐步推行公路行业形象统一战略，开展公路行业徽标征集和评选工作，改善工作环境和工作条件，统一规范公路行业工作场所、指示标志、公告栏、宣传牌、主要办公用品的外观，统一行业标准字、标准色。借助 CIS（Corporate Identity System，企业形象识别系统）理论的相关原理和推广原则，建立交通行业文化的物质系统，通过 VI（Visual Identity，视觉识别系统）向社会展示现代交通行业的良好形象。

理念体系的构建必须借助形象识别系统，它是公路行业文化理念构建上的重要工具。也构成了公路行业文化体系结构的组成要素。

1. 理念识别系统 MI（Mind Identity）

理念识别系统（MI）是形象识别系统（CIS）的核心，是公路行业文化的精髓，是整个行业的灵魂，体现了公路行业在精神文化方面有别于其他行业的核心价值理念，具有鲜明的行业特点和时代特征。

2. 行为识别系统 BI（Behavior Identity）

行为识别系统（BI）是整个行业组织与个人的行为准则和道德规范，是公路行业制度文化（包括行为文化）的重要体现，也是公路行业外在形象的重要体现。

3. 视觉识别系统 VI（Visual Identity）

视觉识别系统（VI）是公路行业所采用的统一徽标、着装、色彩、图案、语言、文字等，是在视觉上形式的统一、固定、易于识别的特殊效果，是公路行业文化的表达载体。

实际上，行为识别系统和视觉识别系统也必须有价值理念的指导，其中体现的仍然是价值理念的内涵。

四、树立行业典型

激励是调动职工工作积极性、激发职工潜能的重要手段。一个行业、一个单位要保持长久的活力，就必须建立健全良好的激励机制。激励可以分为物质激励和精神激励，包括鼓舞人心的奋斗目标、科学合理地分配原则，以及组织对职工个人工作表现准确公正的评价和物质、精神嘉奖等。

在加强制度建设的同时，要不断探索激励职工的方法措施，注重发挥文化效应。

要积极宣传鼓励富有责任感、善于学习、勇于创新的人物事迹，培养典型，宣传先进，加强爱国主义、集体主义教育，通过榜样示范和敬业精神教育，使广大职工在精神上有所追求，形成一种人人争当先进的文化氛围，增强荣誉感。积极提倡职工之间、部门之间的有序公平竞争，尊重和培育职工的荣誉感和成就感，提高创新竞争意识，营造良好的竞争环境。要结合行业文明创建活动，如"行业文明单位""青年文明号""模范职工之家""星级道班"等，大力开展品牌文化建设，向社会展示公路窗口的形象和公路人的价值观，让先进文化的力量深深鼓舞公路职工队伍，强化对职工的理想信念教育，树立公路行业良好的形象。对职工的激励还不仅限于表彰先进，还可以通过采纳合理化建议、委以重任等形式，多层次多侧面地激励职工，发挥最大工作热情，引导广大职工依靠自律意识来约束自己的行为，形成学先进、比贡献的群体效应，促进公路事业的健康发展。要加强对行业先进的挖掘与宣传工作，既树立标杆激发行业内干部职工的学习积极性，又向社会宣传公路人的先进事迹增强公路人的社会美誉度。

先进典型是行业文化建设的缩影，是行业的旗帜。长期以来，特别是改革开放以来，我国兴起了一轮又一轮公路建设的高潮，各项工程建设时间紧、任务重、要求高，成为锻炼和造就人才的大熔炉，一批老百姓耳熟能详的公路人代表几十年如一年地奉献在各类公路建设与养护岗位上，例如，清远市阳山公路局路政管理所陈纪林、广州市公路管理局东城分局赖海洋、韶关市坪石公路局田头养护中心李德耀等，在他们身上集中体现了无私奉献、追求卓越的优秀品格，激励了广大建设者和窗口服务人员学先进、讲奉献、立新功，这些宝贵的精神财富应当永久地成为引领行业前进的旗帜。在新的历史时期，必然有一批新内涵的先进人物有待我们去挖掘。这个新内涵至少体现在三个方面：一是体现行业核心价值体系，重点培育把个人价值与行业价值、社会价值有机结合、和谐发展的先进典型；二是具备应有的覆盖面，在建设、管理、服务、科技各个领域，总结、挖掘和培育先进典型，既要宣传埋头苦干，也要提倡灵活巧干，形成先进典型群体，为不同群体树立领军人物；三是挖掘先进典型的平凡事迹和感人细节，避免"高、大、全"的老做法，还原先进典型的真实原貌，树立能够被接受、被理解、被学习的先进典型。

五、培育文化品牌

公路行业文化品牌是公路行业物质、制度、行为、精神文化建设成果的综合体现，是最富有公路行业特点的文化载体，一个成功文化品牌对公路行业文化建设具有巨大的升华作用，比如被称为"自由之路""母亲之路"的美国 66 号公路，已经成为美国公路建设成就的象征。在力求普及化的基础上，行业文化也要追求品牌化。可以有机借鉴公共文化精品的制作经验，按照产品化设计、项目化推进、品牌化发展的流程，并按照项目管理的要求，分工负责，集成资源，整体推进，强势宣传，凝铸品牌，充分聚焦从业人员和社会群众的关注力，形成行业文化的品牌。

品牌文化是一种文化现象，一旦某个公路行业文化品牌和群众在文化层面达成良好的沟通和互动，该品牌将得到群众最大程度的理解和接受，而该品牌所代表的公路行业具体工作也将得到社会更广泛的认可。因此，当前行业文化建设应当引导创建服务品牌由重量向重质转变，向品牌文化建设的方向发展。一是突出行业文化品牌的社会功能，通过树立健康、和谐的品牌文化，在文化层面上与群众形成互动；二是重视对文化品牌的传播推荐，依据品牌的特点，设计合理的传播方案，在传播中扩大品牌文化的影响力。

六、拓宽传播渠道

公路行业文化能否得以真正的贯彻实施并对行业未来的发展产生积极的促进作用是行业文化塑造的关键所在。行业文化的建设并不是游离在行业日常生产活动和管理活动之外的一种行为，她必须植根于行业内部，渗透融合于行业的日常工作之中，形成行业文化传播载体广泛传播，加深员工对行业文化的认识和执行。

第一，课堂形式传播。行业文化博大精深，开展课堂形式的行业文化宣传，可以使员工从态度上重视行业文化建设，深入了解行业文化的内涵，积极参与行业文化的建设。课堂形式为员工提供了很好的互动平台，行业可以充分利用课堂，对员工技能等进行培训，提高员工综合素质，满足员工的成长需求，这些也都促进员工对行业文化的学习。

第二，内部网络、报刊等媒介。通过内部网络、报刊等媒介，用生动的语言和优美的画面宣传行业形象。通过新闻报道与专题研究传播公路行业文化。它具有信息量大、可信度高、说服力强、对社会影响深等优点，是提高行业美誉度必不可少的手段。这种以实物加讲解、操作等，向公众展示公路行业形象的手段最有说服力。

第三，编著行业文化手册或行业文化故事。行业价值观及理念体系，作为行业文化的核心内容，宣传贯彻是重要环节。抽象的理念，需要让员工在实践中能够感知和体会，并且有明确的学习榜样，就必须有鲜活的模范人物来将这种文化内涵形象地体现出来。宣传贯彻行业价值观和理念时，要注意从先进人物事迹和行业实际情况中找例子，同时将这些价值观和理念与员工相应的行为规范相联系。故事具有流传性，是文化流传的载体，人们总是对故事过目难忘或铭记于心。行业发展过程中，总会有一些事和一些人能鲜明代表行业精神，这些人物是行业文化的核心人物或行业文化的人格化，其作用在于作为一种活的样板，给行业中其他员工提供可供仿效的榜样，对行业文化的形成和强化起着极为重要的作用。将这些先进事迹写成书，使之成为行业精神、核心价值观的载体和化身，用公路职工先进事迹诠释行业理念和核心价值观，用这种讲述身边人故事的形式使广大员工加深对行业文化的理解和认同，自觉按照楷模的标准调整自己的行为。

第四，探索建立公路行业纪念馆。行业博物馆是行业精神文化、制度文化、物质文化的综合展示平台，是行业的历史凝结，收集公路行业发展历程中的各类历史文物，通过展示行业发展的脉络，加强与行业的互动，既珍藏行业历史，又记录行业发展，要谈古，更要论今，不断充实行业前进发展的文化元素，更为完整真实地演绎行业的进步历程和未来走向，使从业人员了解行业发展的历史，加倍珍惜当前来之不易的发展环境。同时，加强与社会的互动，提高行业文化资源的社会贡献率，不仅做好行业介绍，而且通过开展各类主题活动，普及科学知识、倡导文明风尚，通过向社会开放，使广大群众在参观浏览中加深了对行业的了解，更加理解、支持公路行业各项工作。

七、建立工作机制

公路行业制度文化又叫制度层（中间层）文化，主要包括行业领导体制、行业组织结构和行业管理制度三个方面。其中，行业领导体制的产生、发展、变化，是行业生产发展的必然结果，也是文化进步的产物；行业组织结构是行业文化的载体；行业管理制度是行业在生产经营管理时所制定的、起规范保证作用的各项规定或条例。只有正确的思想基础，而没有制度来规范约束，公路行业文化的创建将无法得到长足有效的保证。各种公路行业文化建设机制的形成，是建立优秀行业文化的制度保证。

培养、塑造一种公路行业共同的价值观和行业精神，需要一个相当长的过程。在这个过程中，必须有一个切实可行的、灵活可控的建设机制与之相配套，才有可能使公路行业文化建设顺利开展。在建立公路行业文化建设机制的过程中要注意做到：领导带头，身体力行。在塑造和维护公路行业文化的过程中，各级行政领导应该达成共识，互相协作，发挥表率作用，在每项具体工作中贯彻行业文化理念和价值观；积极发挥党、政、工、团、科协等组织的功能与作用；建立组织健全、协调公路行业文化建设的工作班子；确立科学的实施程序，建立相应的倡导机制，让行业文化的价值理念被全体职工所接受、认同。

要大胆进行制度创新、体制创新和机制创新，在开展现有制度清理的工作基础上，完善公路行业职业道德规范、岗位行为规范、文明服务标准等制度化文本的编制工作，从而建立起科学、规范的内部制度体系。在制定、完善有关制度的时候，既要注重体现

“以人为本”的价值观念和职业道德建设的要求,又要体现公路行业自身的特性和建设养护、管理工作的要求。

建设组织领导体系的两个关键问题:一是培养领导者高度的文化自觉,这是进行公路行业文化建设的前提;二是建立健全强有力的组织领导体系,这是进行公路行业文化建设的重要保证。影响公路行业发展的重要因素来自决策层和领导者素质,决策层和领导者的素质来自于自身的文化素养。决策层和领导者能不能成为行业文化建设的设计者、倡导者、示范者、整合者和变革者,是公路行业文化建设与发展的关键。

公路行业文化建设必须由各级政府交通管理部门领导亲自抓,有组织,有目标,有计划,有考核地进行。应建立二级目标责任体系:一是省级公路管理部门成立文化建设领导小组,并设立文化建设管理部门,全面负责文化建设的日常组织协调及管理工作,做好文化建设的规划,定期分析文化建设进展情况并研究部署阶段性工作,对各市公路局文化建设工作进行考核评价,协调文化建设重要事项。二是建立各市公路文化建设工作领导小组,建立起以公路部门行政领导牵头,党政领导共同负责,各相关职能部门分工协作、共同参与的组织领导体系。根据文化建设工作部署和要求,全面负责市公路行业文化建设规划和组织实施,定期研究和检查评估文化建设工作。

公路行业有其自身特点,在抓工作机制时应注意两个问题。首先是注重统筹性。工作机制的制度性主要体现在指导性、系统性和专业性三个方面,制定工作制度应当统筹兼顾这三个方面的需求:一是体现行业价值排序,不把制度简单作为约束人、管理人的工具,而是从帮助从业人员在岗位实现个人价值的角度,促进岗位成才、促进团队合作,促进个人价值与行业发展的有机结合;二是体现行业的集成优势,行业规范应当是对软件、硬件的综合要求、对人员服务和设施设备的统筹安排,偏颇一方都会导致制度成为不切实际的一纸空文;三是体现专业化、人性化、个性化的时代要求,针对不同区域、不同人群设定个性化的规范要求,并完善各类突发事件的应急体系,而且工作机制应当形成精确的流程体系,明确每个环节的专业水准。其次是要坚持开放性。行业工作机制与一般的制度安排不同,具有其自身的三个特点。一是延续性,行业机制不是空穴来风,而是多年管理和服务实践的精华,经过实践证明的行业机制应当进一步上升为行业质量标准,确保工作机制发挥长期稳定的指导作用;二是开放性,行业机制不是封闭体系,应当注意根据社会发展、行业进步和群众需求的变化而动态调整,并不断吸收全球、全国同行业的新鲜经验;三是创新性,行业机制是从实践中来、又回到实践中去的制度安排,这不是简单地反复轮回,而是把老经验的总结提升与新情况的研判创新有机结合,进行创造性的整合后,用来指导新一轮创新实践。

八、激发群众参与

在行业文化的推广模式上，要选择员工喜闻乐见的建设模式。文化建设的实质是对员工心灵的一次洗练和精神的升华，这种洗练和升华在公路行业文化建设的总体规划要求之内更多的是依靠员工自身的努力，其前提就是要员工乐于接受。因此公路行业文化建设要切忌空洞的说教和僵化的形式，要寓建设于活动中，用丰富的活动结合建设的意义吸引、鼓励员工参加，使员工乐于参加，积极参加，通过活动使公路行业的文化信念在员工心中生根开花。文化因人而存在，而有意义，行业文化是行业全体员工的文化，只有员工广泛参与和认可的文化才能成为“文化”，也才是有意义的文化。凝练行业文化理念是行业文化建设的一项重要工作，可以将理念的征集活动让员工广泛参与，调动员工参与积极性。通过理念征集活动，引导员工对行业文化建设有更深入的认识，可以在全体员工中开展知识竞赛活动和意见征集活动，还可以开展和谐文化大讨论活动，都应坚持全员参与，使得行业文化建设的各项工作都有热烈的回应，而不是几个同事在建设行业文化。

职工群众既是公路行业文化的创造者、发展者，又是公路行业文化建设的受益者。离开了广大干部群众的参与和支持，公路行业文化建设就会成为无水之源、无本之木，不可能取得成功。必要的活动平台和硬件支撑是广大职工参与公路行业文化建设的前提和保证。为此，一是在单位的会议室、活动室等公共场所设立版面，将单位的管理理念、年度目标、远景规划等公布在醒目位置上，使职工们在耳濡目染中逐步形成同单位步调一致的价值观。二是在条件允许的情况下，创建单位的荣誉室，汇集本单位成立以来的艰辛历程、辉煌业绩、先进事迹，体现在历史发展中形成的独特精神，激励职工奋发有为，再创辉煌。三是加强基层道班、收费站文化建设。如湛江公路局，对基层多个公路养护道班和收费站进行规范化、标准化建设，并按照园林化的要求绿化美化了庭院，使道班容貌焕然一新，既美化了职工的工作生活环境，增强了职工爱路敬业精神、凝聚力和荣誉感，又较好地树立了公路行业的文明形象。四是创建“职工之家”、图书阅览室、体育活动场所等，开展文体娱乐活动，提升公路行业文化品位，这样做既有利于广大职工学习文化，锻炼身体，丰富生活，又能促使公路职工培养积极向上、团结拼搏的团队精神，增强凝聚力和向心力。

贴近行业实际，群众广泛参与是公路行业文化深入开展、取得成效的关键。在公路行业文化建设中，应在决策上发扬民主，加强调查研究，倾听群众呼声，施行人性化管理，激发广大职工参与管理的积极性，提高管理的民主化进程，增强职工的主人翁精神。实践证明，这是一条行之有效的措施。公路行业注意充分发挥广大职工的作用，通过职工代表大会、工会组织等对管理制度、工作计划、工作目标等进行审议和监督，征求并采纳合理化建议，不断完善各项管理制度，提高了解决问题的针对性；实行了政务公开制度，对干部选拔、职称评定、工资晋升、机摊设备采购、职工招聘及其他涉及职工切身利益的重大问题及时进行公示，接受广大职工的监督，保障了他们的知情权，使得管理更加科学民主。

公路行业文化品位的提升，各项工作的开展，都要靠人来完成。社会越发展，人们的个性差异就越大，需求千差万别。怎样最大限度发挥每一个职工的优点和特长，做到用人所长，扬长避短，关键是要建立健全合理的选人用人机制，严格岗位职责和业绩考核，做到用制度管人。坚持以蓬勃发展的公路事业吸引人，以公平竞争的成才环境留住人，才能人气旺、单位兴。着眼于人的素质的提高和人的作用的发挥，积极倡导人人都能成才的人才理念。进一步完善和优化开发、培养、选拔、使用、考核、激励相配套的人才管理机制，把识人、用人、育人作为管理的核心业务，努力创造一种机制、一种制度、一种氛围，激发人的创造性，使每个岗位上的职工都能看到实现自身价值的希望。建立公开、公平、公正的赛马机制，使能者上、平者让、庸者下，给所有员工创造成才的机会和条件。努力营造尊重人、凝聚人、有利于人才成长的环境，为员工搭建发挥聪明才智、与公路行业共同发展的大舞台。大力实施人才战略，加强员工培训，为公路行业打造一支战斗力强、素质高的干部职工队伍。

人的需要可以分为物质、情感和自身发展需求，不同的需求具有不同的特点。只有坚持以人为本的思想，尊重和理解职工，注重他们的需求，真正地爱护他们，了解他们的思想状况，倾听他们的意见建议，解决他们的实际困难，才能激发他们的工作积极性、创造性和爱岗敬业精神。领导干部要在坚持深入基层调查研究的基础上，充分利用各种机会，倾听职工呼声，解决基层职工的实际困难，这样，既体现了对广大职工的关心，稳定了职工队伍，又能促使他们立足本职工作岗位，争做贡献，树立了公路行业“铺路石”精神的良好形象，形成和谐的工作氛围。

九、构建评价体系

在公路行业全面深入推进文化建设，还必须建立健全科学的绩效评估办法和配套的激励机制。建设这些机制，本身也是文化建设的组成部分和重要环节。科学化、制度化的绩效考评是促进公路行业文化建设形成良性循环的科学手段，具有承前启后的作用，是必不可少的重要环节，是对行业文化建设认识、实践、再认识、再实践的过程；绩效考核是推进公路行业文化建设的有效激励，激励是重要的思想方法和工作方法，有效的激励是发展的动力，可以很好地解决思想惰性和工作惰性，也是激励领导干部政绩的推动力；绩效考核是实现优秀文化成果共享的重要途径，绩效考评通常是纵向沟通、横向交流的过程。

开展绩效评估，旨在评估公路行业文化建设的进展和效果，完善建设工作，提升建设质量。绩效考核必须遵循科学性、客观性、系统性、实践性、有效性、行业性和权威性的原则，完成以下三项基本工作：一是建立公路行业文化建设绩效考评制度，要确定绩效评估的机构、对象、程序，同时，建立评估机制，明确绩效评估制度与文化建设的关系，将绩效评估作为公路行业文化修正、创新的参考依据。二是制定公路行业文化建设绩效测评体系，主要是根据绩效评估制度确定的评估内容，研究制定测评的指标、内容、权数、标准和方法等等。三是开展公路行业文化建设绩效评估工作，绩效评估工作要紧紧围绕公路行业文化体系的内容和相关活动进行评价，主要应该包括理念体系的考评、组织领导体系的考评和执行体系的考评。

做好公路行业文化建设绩效考评的实施，要组建一支专业队伍，通过培训使考核人员熟练掌握考评体系的内容、重点、原则、方法、程序和基本要求；要把握考评的科学性，主要包括考评方案是否能发挥有效的激励作用、考评的要求是否符合行业价值理念、考评的各项具体标准是否明确并可以操作执行、能够进行定量考核的内容是否制定了定量考核指标等；要把握考评的实践性，每次考核要保证实地调研充分；要把握考评的有效性，考评要防止形式主义和走过场，不但要讲效果还要讲效率；要做到考核资料档案化，各种考核记录要形成书面材料要归档；要将考评结果向考核单位如实反馈，通过沟通和交流促进整改提高。

第三章
广东省公路行业文化建设回顾与总结

第一节　广东公路发展历史回顾

一条公路的变迁就是一部人类发展的历史，交通事业的发展就是人类的进步，就是人类社会文明的变迁和进步。公路在中华文明绵延的发展过程中，改善了人的生存环境、扩大了人的活动范围、促进了民族形成和国家统一，在传播先进文化、推动社会进步方面，发挥了十分巨大的作用。秦修驰道，车同轨，书同文，在中国历史上第一次建立了统一的国家；汉通西域，张骞、班超沿丝绸之路，传播了中华文化，也带回了西域的文明，是早期中外文化交流史上的壮举。广东公路近百年的发展历程，为广东公路文化发展提供了肥沃的土壤。

一、改革开放之前广东公路发展概况

纵观改革开放之前广东公路发展历史，广东公路事业历经了早期公路的发展、抗日战争与解放战争时期公路的发展、新中国成立后国民经济恢复时期和第一个五年计划时期的发展、大跃进至"文化大革命"结束时期的发展等几个鲜明的阶段。

早期的公路发展。从1913年，广东在一些城市与城市的道路进行加宽整修以达到汽车通行的要求，到1922年建成较具规模的惠州至平山公路。这十年可以说是南粤大地修建公路的准备期，或者说是酝酿发展的时期。在这期间，一些为修建公路而设立的管理机构，应运而生，广东省成立了公路处，制定了《各属民办普通车路暂行章程》和《修筑公路建筑法则》，这些办法对以后一定时期的公路建设起了较大的促进作用。1913年至1936年，广东的公路建设是走在全国前列的，据南京政府1935年公布的《全国公路里程统计表》，全国的通车公路里程为96435公里，而广东当年则是11288公里，占全国公路通车里程的11.3%，为全国之首。这充分体现了广东公路人敢为人先的进取精神。

抗日战争与解放战争时期的公路发展。经过早期公路的发展，广东已经基本形成以省道为骨干，县道为基础的公路网络，不仅通达省内各地区，而且与外省相连的公路也建设得比较完好。健全的公路网络对广东经济的发展和人民生活的改善都起到了重要的作用，极大地促进了贸易的大发展。但这种现象好景不长，日本帝国主义入侵我国，抗日战争的爆发给公路造成了巨大的破坏，使公路进入了一个被摧毁和创伤的时期。

1938 年 10 月，日军在大鹏湾登陆，国民党军队无力抵抗，日军迅速占领广州。由于日军入侵，人民流离失所，公路也无法维持和运营，因此，到 1939 年广东全省能通车的公路只剩 2305 公里。为了保证主要干线的公路畅通，广东省公路处加强了战时公路养护，采取了一些必要的措施。如实行公路的统一管养，在必要时动员和组织沿线人民进行抢修，实行公路养路费统收统支等。抗战胜利后，广东省政府又出台了系列举措，积极修复旧路，加快发展交通。到 1946 年 5 月，全省公路的通车里程达到 6047 公里，1947 年达到 7433 公里。但是在解放战争时期，国民党统治区经济状况恶化，物价暴涨，很多公路由于缺乏保养，路面破烂不堪，桥涵损坏严重，加之洪涝灾害，全省能通车的公路里程迅速下降。据统计资料记载，到新中国成立前，广东省可以通车的公路只有 2523 公里。

新中国成立后国民经济恢复时期和第一个五年计划时期的公路发展。在国民经济恢复时期，1949 年 10 月 14 日，广州解放。11 月 6 日广东省人民政府成立，随后建立了广东省公路局。1950 年 1 月 19 日，广东省人民政府撤销了原有的交通接管委员会，正式成立广东省交通厅，下设公路局负责全省公路建设和公路养护工作。广东省交通厅和公路局成立后的首要任务是抢修公路，经过积极抢修，全省通车公路里程迅速上升。1953 年，我国开始了第一个五年计划。经过第一个五年计划的发展，到 1957 年底，全省的公路通车里程已经达到 17158 公里，比 1952 年年底增加了 8189 公里，增长 91.3%。1952 年，广东尚有九个县城不通公路，到 1957 年底全省除郁南的公路未与干线接通，还有南澳部分岛屿外，其余各县均与干线接通，全省 213 个镇已有 176 个镇通公路，占 82%。平心而论，“一五”期间广东公路建设成绩是巨大的。

大跃进至“文化大革命”时期的公路发展。在我国第一个五年计划取得巨大成绩的大好形势下，1958 年 2 月份，《人民日报》发表了“鼓足干劲，力争上游”的社论，明确提出国民经济要全面大跃进。据不完全统计，在中央的号召下，当年广东省共有 3300 万个劳动工人投入到修路当中去。一年下来，共修建公路 9393 公里，全县最突出的电白县，全县突击修路三天，出动 26 万人，修筑公路 558 公里。使 1958 年底全省公路的通车里程骤然增加到 26551 公里，创造了公路历史上的最高峰。1960 年底全省公路的通车里程达到 31479 公里，再次创造历史上第二个通车公路里程。由于贪大求全,该时期修筑的都是简易公路,标准极低,使用寿命不长。但是值得一提的是,广东从1958年开始,选择广韶线从化街口段的五公里进行了铺筑沥青表面处治的试验,省公路局还举办了沥青路面技术学习培训班。到1965年底,全省共铺筑沥青路面359公里,这标志着广东省公路开始进入"沥青路面时代"。虽然"文化大革命"十年时间内,公路事业饱受影响,但是广东公路人依然沉心致力于公路事业发展与改革。如1969年提出了要实现养路机械化的要求,制定了公路路面养护基本标准,建立了公路路况考核"优、良、次、差"等级指标体系,在公路施工中建立了岗位责任制等。截至1975年,全省的沥青路面里程就达到了2661公里。从大跃进至"文化大革命"时期的公路发展,可以看出,广东公路人长期以来心系公路、处变不惊、务实开拓的宏大胸襟和精神风貌。

二、改革开放之后广东公路发展新貌

1978年12月召开党的十一届三中全会,决定把全党的工作重心转移到社会主义现代化建设上来。广东公路也迎来了大的发展历史机遇期。改革开放的政策极大地促进了广东经济发展和全省交通和公路建设的改革。广东省的许多改革措施均走在全国前列,并开历史先河。

湛江疏港公路东海岛跨海大桥,全长4.38公里,双幅8车道,分远、近两期建设。右半幅4车道已通车使用,桥宽20.25米,2009年1月开工建设,2010年12月28日建成试通车,比合同期提前两个月,创造了"湛江速度"。该大桥的建设,对湛江市完善城市公路交通网络,拓展城市新区,提高湛江城市品位,推进实施"工业立市、港口兴市、生态建市"发展战略,具有十分重要的意义。

贷款建桥,收费偿还。广东公路建设第一项改革就是借债建桥。1981年8月,由广东省公路建设公司与澳门南联公司签订了《关于贷款建设广珠公路四座大桥协议书》,标志着"贷款建桥,收费偿还"的公路建设模式正式开始启动,这在全国引起了巨大的反响。从此,南粤大地掀起了筹集资金建设公路和桥梁的热潮。全省公路和桥梁的建设步伐快马加鞭,突飞猛进。

依靠地方集资建桥修路,多渠道筹集公路建设资金。广东是侨乡,港澳华侨众多。对于家乡的建设,港澳同胞和华侨都非常热心。80 年代,招商引资最突出的是番禺县和东莞,大石桥、洛溪桥、石龙桥、高涉桥等著名的大桥均是在港澳同胞和华侨以及当地政府的积极配合下投资建设的。此外多渠道筹集公路建设资金的举措也为广东公路建设注入了大量的资金,使全省公路建设进入了历史发展的快车道。

剑英绿道,是梅州市第一条按一级公路标准建设的公路,全长 21.91 公里,双向四车道,2007 年建成通车,是梅州城区通往叶剑英纪念园、雁南飞旅游度假村、雁鸣湖旅游度假村和灵光寺、阴那山旅游区等重点旅游景区的重要交通要道,是梅州重要的政治线和经济线。

修建高等级标准公路。1980 年广佛公路建成通车,这是广东省自己在公路养路费中安排的第一条二级路和铺设了反光标识的公路,被时任广东省委书任仲夷同志评价为"这是一条振奋精神的公路"。此后,广深、广珠等二级公路改建工程相继建成通车。由于二级公路建设的全面铺开,广东省公路网络整体硬件设施、道路景观和公路文化内涵均得到了较大提升,充分展示了广东作为中国改革开放前沿阵地的美好形象。

高速公路建设发展迅速。在我国,应该说最早提出建设高速公路的是广东。广佛高速公路是广东省第一条最先通车的高速公路,是连接广州、佛山两个大城市的主要公路。解放四十年来,透过广佛公路几个发展阶段的变迁,也可以看到广东四十年的变化和发展,更可以看到广东公路对运输和国民经济的重要作用。此后,广深高速公路、广韶高速公路等著名高速路线相继通车。目前广东省高速公路通车总里程排在全国第一位。截至 2014 年底,全省高速公路的通车总里程已达 6000 公里,根据《广东省 2013 - 2017 高速公路建设计划》,在实现全省县县通高速目标的基础上,至 2017 年底,全省高速公路通车总里程将达到 8140 公里。

江门崖门大桥,1998 年 9 月动工,2002 年 4 月通车。该桥为广东交通系统自行设计、自行施工、自行监理的一项精品工程,被广东省交通厅高度评价为“代表了广东省交通建设工程的综合素质”。大桥全长 1289.22 米,宽 26.8 米,双向四车道。主桥为塔、墩、梁固结双塔单索面预应混凝土斜拉桥,主塔连同桥墩高 132 米,主跨径 338 米,是国内此类桥梁中主跨最大的桥梁,在亚洲排名第二。

S277 线阳江海陵大堤段改建工程,2012 年 12 月动工,2014 年 4 月 18 日竣工通车,总投资 1.05 亿元,全长 4.19 公里。该工程竣工后,原道路升级为一级公路,由双向两车道扩展至双向四车道,通行能力得以大大提高。

总之,广东公路发展的历史,就是一部公路文化发展的历史。纵观广东公路百年发展历程,一条条高速公路和高等级公路,安全、舒适、美观而又极具现代气息;一座座大桥跨江越海,创造了一个又一个全国甚至全球之最。广东公路不仅在建设方面取得了举世瞩目的成就,在改革方面也引领全国,创造了独有的“广东模式”。这是“厚于德、诚于信、敏于行”的广东精神在公路人身上最完美的诠释。

第二节　广东省公路行业文化建设现状

中国的改革开放走过了 30 多年的伟大历程,广东作为先行地区,在改革开放和现代化建设中一直走在全国前列，充分发挥了“试验田”“窗口”和“示范区”作用。在精神文明建设方面，2003 年广东省就提出了“敢为人先、务实进取、开放兼容、敬业奉献”的“广东精神”。2012 年 5 月，广东省第十一次党代会上，又首次提出了新时期广东精神，即“厚于德、诚于信、敏于行”。中共中央政治局委员、原广东省委书记汪洋强调，要“大力弘扬岭南优秀文化，发挥优秀传统文化在民众生活和社会治理中的积极作用，大力宣传和实践新时期广东精神”。新时期广东精神提出以后，南粤大地形成了“厚于德、诚于信、敏于行”的思想共鸣。广东省公路行业各级领导一直以来高度重视文化建设，尤其是在全国掀起文化建设的新热潮之际，全省公路行业乘势而上认真开展了系列卓有成效的文化建设工作，初步形成了高度的文化自觉意识和文化创新意识，行业内聚力强，职工有着高度的行业归属感和行业使命感，行业文化特色日渐凸显。

一、确立了行业文化建设的目标和方向，形成了广东省公路行业文化建设工作的整体格局

在公路建设数量和规模取得巨大成就和公路交通事业发展到一定阶段后，广东省交通运输厅和公路局领导着眼时代要求，深刻把握了公路行业文化对于提升“三个服务”能力和行业软实力的重要意义，对行业文化建设的目标和方向进行了整体规划，并以《实施纲要》的形式对公路行业文化建设的主要任务、具体步骤、建设层面和建设重点工作进行安排部署，文化建设系统科学、步骤具体、规划详尽，体现了在顶层设计上的高瞻远瞩，文化建设的自觉和自信开始树立。

省道 S272 珠海金湾段（K189 + 592—K208 + 604），2008 年完成改建，铺筑沥青路面，双向六车道（局部路段为双向八车道）。作为连接珠海机场的干线公路，省道 S272 珠海金湾段改建的顺利完成，不但完善了珠海市的公路路网结构，而且对进一步促进沿线城镇及珠海西部地区的经济发展起到了巨大的推动作用。

省交通厅副厅长、省公路局党委书记顾青波在2011年广东省公路管理工作会议上就如何加强公路文化建设这一问题，提出了“主动应对、统筹兼顾、理念提升、制度保证、科技支撑、文化承载”的发展思路和“以人为本、积极进取、知足常乐”的“幸福公路”建设理念，不仅从宏观上指出了公路行业文化建设的重要意义、建设方向、原则和思路，也从微观上就公路行业文化建设的内容层面、主题文化建设的切入点及其文化建设保障机制的建立等方面提出了具体的指导意见，明确了广东省公路行业文化建设的指导思想、主要目标和实施路径。在2012年1月份召开的全省公路管理暨党风廉政建设工作会议上，顾书记再次将公路文化建设作为报告主题，指出要大力开展公路文化建设活动，初步构建公路文化建设基本框架，逐步建立具有鲜明时代特征、地域特色和行业特点的公路文化体系，并进一步提出了文化建设的具体措施，从思想上统一了全省公路系统对文化建设的认识。

在上述文化建设总体思路下，省公路局把2012年作为“公路文化建设年”，制定了《2012年广东省公路系统进一步加强和改进行业作风建设的工作意见》（以下简称《意见》），出台了《广东省公路行业精神文明建设规划》（2011～2015）（以下简称《规划》）。《规划》以提升公路行业发展软实力为目标，对公路行业文化建设进行了科学的具体规划：一是以行业核心价值体系为引导，着力巩固行业团结奋斗的思想基础；二是以推进文化建设与行业管理相融共进为手段，着力创新文化管理实践活动；三是以加强文化建设示范点培育为重点，着力打造影响力较强的行业文化品牌；四是以加强物质文化建设为基础，着力改善行业文化阵地的环境条件；五是以开展丰富多彩的群众文化活动为载体，着力营造奋发向上的浓厚氛围。

进一步加强和改进公路行业作风建设，提升公路行业软实力，实现行业可持续健康发展，突破口和落脚点就在于公路行业文化建设。只有让文化核心价值理念深植于全体干部职工内心，构建文化建设体系，健全文化建设机制，充分发挥公路文化的导向、凝聚、激励和辐射作用，才能广泛地凝聚人心，团结一致克难攻坚，才能振奋行业精神，树立崭新的精神风貌。因此，从这两个文件的设计理念和具体的目标任务看，广东省公路局既体现了开展公路文化建设的信心和决心，也形成了公路行业文化建设工作的整体格局。

二、行业内干部和职工文化自觉、自信意识强烈，对行业文化建设的重要意义和作用有着高度的共识

广东省公路行业通过持续不断地开展文化建设活动，全方位宣传公路文化理念和公路行业改革与发展的成果，广大职工都能较深刻地认识到文化建设在行业发展中的重要意义和重要作用。一项调查显示，几乎所有的地市公路局领导在接受专访中都强

调了“加强文化建设是行业长远发展的根本保证”。这一重要思想认为：文化是联系公路行业内部和外部的无形纽带，对内可以整合人心，营造和谐的人文环境，增强行业凝聚力，可以汇聚全行业智慧共同推动行业可持续健康发展；对外可以增强行业文化的辐射力和影响力，提升行业社会责任形象，营造和谐的外部发展环境。这表明广大职工对公路行业文化建设的重要意义是有着高度共识的。对于文化建设的大致思路，受调查领导和职工均认为，加强公路文化建设，必须坚持用科学发展观来统领，既要坚持以人为本、本着全面协调可持续发展的原则和统筹兼顾的方法，协调文化建设内部的各个环节、各个要素之间的关系，同时又要把文化建设放在公路事业发展的全局中来思考来部署，使文化建设同体制机制改革创新、员工教育和人才激励、日常文化活动、公路管养、党组织建设等工作相互支持、相互融合，从而避免出现文化建设与具体工作脱节的现象。

深圳市交通运输委强化交通设施智能化管理，开发了养护管理系统、桥梁管理系统、边坡管理系统、场站管理系统，做到道路养护、桥梁日常巡查及保养台账各项数据共享，实现了道路、桥梁日常养护业务信息化、智能化、无纸化。

目前，行业文化建设日益成为广东省公路行业各级组织（包括基层养护所和道班）的自觉行为，形成了广泛参与的浓厚氛围。各地市公路局结合实际，细化工作部署，通过多种形式大力宣传行业文化理念，广泛开展公路文化传播活动，营造了良好的舆论氛围。例如，茂名市公路管理局开展的文化进基层活动，很好地展现了茂名公路事业风雨历程的奋进画面，讴歌了茂名公路人的理想、责任、能力、形象以及积极向上的精神风貌，为公路事业的健康发展汇聚了良好的群众基础；湛江市公路管理局长期坚持的“四小园”幸福道班建设工程，不仅充分利用了道班现有物质资源，营造了良好的道班职工居住环境，也极大地改善了职工的生活水平，提升了职工幸福指数；深圳市交通运输委持续推进创新管理工程，强化交通设施智能化管理，开发了养护管理系统、桥梁管理系统、边坡管理系统、场站管理系统，实现了道路、桥梁日常养护业务信息化、智能化、无纸化，这是广东公路人敢于创新和科技兴路战略的完美诠释等。总之，公路行业文化理念体系中“人便于行，货畅其流，服务群众，奉献社会”的公路交通行业核心价值观,“路在心上,心在路上”的养护理念,“公路为公,清正廉洁”的廉政理念等,已经为大多数职工所熟知,职工的服务意识、责任意识、严谨干事的意识在无形中得到了升华,这正是公路行业文化潜移默化作用的体现。

汕尾市公路局“道德讲堂”活动现场。该局为创新干部职工修心养德载体,不断提升干部职工的道德修养和文明程度,营造崇善尚德的浓厚氛围,把局机关大楼八楼会议室定为定期开展道德讲堂活动建立专用阵地。

也正是由于这一高度的文化自觉、自信意识,广东省公路行业广大干部和职工非常关注行业的发展,公路事业对于多数职工有着较高的吸引力,职工归属感强,对未来的发展充满信心,这充分体现了公路行业具有较强的文化内聚力。譬如,一项问卷调查显示,在“您对广东省公路行业是否有归属感”的问卷调查中,近 70% 的职工选择“有,一直想干下去”,只有 5.02% 的选择“没有,很想换个单位”。如图 3-1 所示。

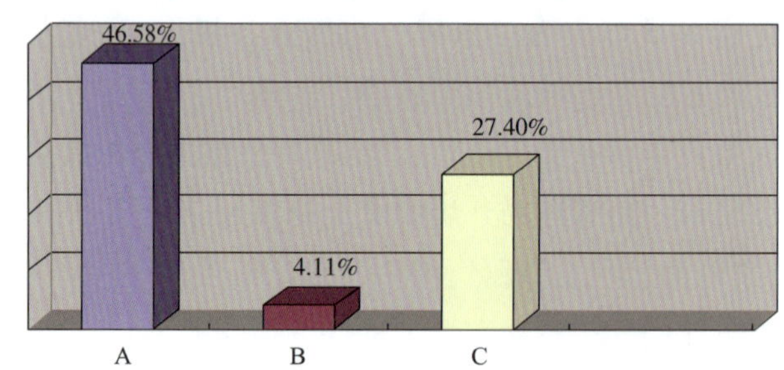

图 3-1　您对广东省公路行业是否有归属感调查结果

A-有,一直想干下去;B-没有,很想换个单位;C-如果受到重视,想干下去

三、文化建设工作机制健全,具体工作得到了扎实推进

在广东公路发展的历程中,广东公路人始终在思考与探索公路事业又好又快、可持续的发展之道,尤其是在近几年的行业改革与管理创新进程中,坚持在公路建设、养

护、管理实践中运用文化的力量促进行业的发展。广东公路行业文化建设理念从空泛的理论走向具体实践、从被动接受走向主动要求，这种实践性与主动性包括与行业发展目标相结合、与思想政治工作相结合、与路面养护管理工作相结合、与内修职工素质外树行业形象相结合，使切实加强文化建设的思想贯彻到行业的每一个细节深处。

江门局连续多年开展会员日活动。图为 2013 年 4 月 24 日，市公路局机关与市区局员工们迎着明媚的春光在市区养护中心共同举办“庆五一”会员日活动。此次活动设置了 4 个游戏及羽毛球、足球、网球、棋牌等丰富多彩的比赛项目，两个局共 70 多名员工参与了活动。

建立健全行业文化建设工作机制，是行业文化建设工作可持续开展和取得实效的基本保证。近年来，广东省公路局及各地市公路局都成立了文化建设工作领导机构和主管职能部门，明确了党政主要负责人是文化建设的第一责任人，并落实了工作部门、人员及工作职责。继省公路局成立了公路文化研究会以后，各地市局党组书记或局长亲自挂帅，也建立起了文化建设办公室，形成了部门主管、责任落实、各职能部门分工协作、密切配合、齐抓共管的工作机制，做到了文化工作有人管、有人抓。各地市局在文化建设工作中，文化建设长期规划和年度工作规划安排非常合理，注重过程管理，加强督促检查，狠抓工作落实，确保了文化建设工作的稳步推进。如中山市公路局的物质文化建设和职工文化活动，惠州市公路局的文化价值理念提炼与文化理念的宣传，肇庆市公路局的文化人才队伍建设和文化形象宣传，韶赣高速管理中心的服务文化建设，湛江市公路局的班组文化建设等，工作的开展都有条不紊，取得了较好的实效。

正是因为对行业文化建设有了统一的思想、周密的组织、完善的计划、扎实的推进，各地市公路局行业文化建设逐渐有机融入了公路建设、养护、管理的各个方面。各地认真履行行业社会责任，积极开展路政文化、养护文化、廉洁文化、安全文化和班组文化等子文化建设，把公路行业核心价值理念融入各项管理制度和具体工作中，切实提升了管理水平，改善了行业形象，提高了自身的竞争力。比如，近年来，各地市在省公路局的统一部署和组织下，各种常规的、创新的文化活动层出不穷。所有这些，都是行业文化在实践中深化的鲜活写照，都能让人感受到岭南文化的源流与时代精神中的优秀文化元素。

湛江公路局“四小”建设蓬勃发展。为了改善职工生活水平，20 世纪 80 年代末、90 年代初，该局提出在各个道班开展“四小”建设，旨在利用道班现有资源，自给自足改善职工生活。图为 20 世纪 90 年代吴川分局大桥道班的小花园、小果园、小鱼塘景貌。

四、行业文化建设重点突出，主题鲜明

尽管目前广东公路文化建设在物质文化、制度文化、行为文化、精神文化建设诸方面尚待进一步完善和促进，但客观地说，几年来，广东公路系统在以上四个方面给予了全方位的关注和建设，文化建设成果日渐增多，且重点突出，主题鲜明。

从全省来看，省公路局在全国率先成立公路文化研究会并设置为独立正处级部门；设计制作完成了广东公路视觉识别系统，规范了行业标识；注重公路文化品牌的塑造，提升公路文化品位，如创建以“畅安舒美”为标准的“双十”养护管理示范路；挖掘提炼公路文化建设中体现广东公路精神的独特品质；为提升文化理念内涵，省公路局还大力开展公路文化建设大讨论活动，出版《广东公路管理教育研究论文集》，收录广东省公路行业管理实践研究和活动的大部分成果；同时，省公路局还积极开展群众性文体创建活动和创优争先活动，如表彰“南粤公路红旗飘扬”百佳人物并将其先进事迹以《标杆》为名结集出版；拓展公路文化阵地，创办《南方公路》杂志，开设反映公路文化建设的栏目等。各地市局在这些方面的建设成就也可圈可点。

在行业物质文化建设方面，各地除了积极开展“广东公路”形象标识系统的宣传推广工作之外，其他环境文化方面的建设也如火如荼。以中山公路局为例，中山致力四个环境建设，即工作生产环境、用膳环境、住宿环境、文化娱乐环境，每个下属单位均设有员工饭堂、员工宿舍、职工之家。另外，建有体育活动场所 6 处，标准篮球场 6 个，

每个局属单位都设有乒乓球室、棋牌室等健身娱乐场所。2011 年投入使用的广东省公路职工之家中山活动中心,室内运动场地有近 1400 平方米,设有 1 个篮球场,5 个羽毛球场、5 张乒乓球桌及冷热水洗浴等设施。湛江公路局机关也设有乒乓球室、健身室,所属 6 个分局和各养护道班也根据客观条件,设有篮球场、乒乓球、桌球室和阅览室,为职工学习和体育活动提供良好的物质环境。

2012 年 11 月 - 12 月,江门市公路局针对全系统路政人员及养护中心协管路政人员组织开展了为期一个月的培训工作。图为路政队伍军事化训练,进一步加强了路政队伍的作风建设,规范了路政文明执法行为。

在文化建设的制度方面,大部分职工对现有工作制度设计满意度高,这反映出近年来广东省公路行业在制度化管理方面卓有成效,得到了大家的认同。在制定和完善各种基本制度的同时,各地还结合地方实际,开展了各具特色的制度建设,如惠州市公路局建立了"三同步、三结合"的科学管理体系,把公路文化建设工作一起布置、一起检查、一起考核和验收;肇庆公路局将"公路文化建设"列入培训内容,以制度来促进局属各单位深入开展公路文化建设,并制定了公路文化建设实施方案(2012 - 2015)、G321 线肇庆路段开展文化公路建设实施方案等;中山公路局建立了助难济困帮扶机制,设立"中山市公路局扶贫解困救助专项经费",体现人文关怀;韶赣高速公路管理中心制定了"文化建设实施方案(2012 - 2014)"和服务文化相关制度。

各级公路组织十分重视文化载体的建设。一是活动载体建设。各地通过围绕提高职工素质,陶冶人文情操,丰富业余文化活动,精心组织、策划、开展了形式多样的文体活动,从体育、书法、摄影、演讲比赛到技能比赛,从"集体生日"到"品味书香",从日常行为规范教育到开设"道德讲坛",可谓形式多样,生动活泼。通过开展文明健康、昂扬向上的文化活动,把公路文化辐射到工地、养护中心、家庭,延伸到八小时之外,使广大职工置身于公路文化的浓厚氛围之中,真正使公路文化不断渗透、潜移默化,做到寓教于文、寓教于乐,从而陶冶了员工的情操,展示了员工的才华,凝聚了员工的人心。

近年来，湛江市公路局党委对公路文化建设十分重视，各方面活动开展得很活跃，并把提升书法艺术水平写上局 2013－2015 年公路文化发展规划。图为市公路局和赤坎区文联联合举办公路文化暨书法艺术研习会。研习会以促进公路文化建设为主题，以书法为媒，相互切磋，共同推进湛江书法界的交流与合作。

二是文化宣传载体建设。如中山公路局着力完善文化宣传交流平台，将《中山市公路局信息》改版为《中山公路》，开辟"公路文化建设"专栏，并成立了中山市公路局网络舆情研讨小组，开辟"中山公路"微博，不断积淀中山公路文化，准备编辑出版《中山公路史话》《中山公路人—修身行》，同时根据交通运输部文化品牌的相关要求，积极打造具有中山公路文化特色的文化品牌；肇庆公路局定期出版《肇庆公路信息》和《肇庆公路养护》等刊物，开设了 OA 局域网和肇庆公路网，并陆续出版了《风雨历程六十载——肇庆公路辉煌》《情铸广贺二高速公路怀集至三水段建设纪实》画册等一系列反映工作成效，彰显干部职工良好精神风貌的刊物；揭阳公路局在 2007 年就创作了《情系公路——揭阳公路人之歌》；韶赣高速公路管理中心 2011 年结集出版了展现公路人的精神风貌的《谁持彩练穿山舞——韶赣高速公路建设纪实》等。三是注重树立典型人物，以榜样的力量推进文化建设。各地市公路局都努力挖掘典型，形成你追我赶的良好的精神风貌，涌现出了众多如"中国好人""全国五一劳动奖章""全国三八红旗手""全国女职工建功立业标兵""全国交通技术能手"、省市级劳动模范等先进典型，也打造出了如"全国五一巾帼标兵岗""全国模范职工之家""全国交通建设系统工人先锋号""全国标兵学会""党员示范岗""示范青年文明号"等文明品牌。

第三节　广东省公路行业文化建设路径

近年来，广东省公路局日益重视公路文化建设，并紧密联系行业转型发展的实际，把公路文化作为对内凝聚人心、激发活力，对外展示行业风貌、构建和谐公路的重要举措，取得了显著的成效，文化建设的具体路径为今后一段时期全省公路行业文化建设提供了明晰的方向和可借鉴的模式。

一、明确指导思想，确保行业文化健康发展

文化建设是实现中华民族伟大复兴这一梦想的内生动力，文化建设必须要有明确的指导思想。胡锦涛同志在中共十六届六中全会第一次全体会议上的讲话中指出，要保证我国改革开放和社会主义现代化建设顺利进行，必须坚持马克思主义在意识形态领域的指导地位，牢牢把握先进文化的前进方向，丰富人们的精神世界，鼓舞人民投身现代化建设的信心和斗志。邓小平理论、“三个代表”重要思想和科学发展观一脉相承，是推动经济社会发展、加快推进社会主义现代化必须长期坚持的重要指导思想，也是推进公路行业健康可持续发展、加强公路行业文化建设的根本指导方针，尤其是科学发展观所强调的以人为本、全面协调可持续发展的重要思想，对搞好公路行业文化建设更具针对性和指导性。

长期以来，广东省公路系统在开展文化建设过程中，始终把邓小平理论、“三个代表”重要思想和科学发展观作为推进行业改革发展、加强行业文化建设的根本指导方针，自觉地以社会主义核心价值体系为核心，弘扬以爱国主义为核心的民族精神和以改革创新为核心的时代精神。更为难得的是，在广东省提出新时期广东精神的第一时间就能敏锐地自觉把“厚于德、诚于信、敏于行”贯彻和落实到公路行业文化建设当中去，展现了广大公路职工为推动广东公路事业又好又快发展，实现中华民族伟大复兴的“中国梦”而艰苦奋斗、恪尽职守、无私奉献的高尚情怀。

在文化建设具体实践工作中，一方面，广东省公路局牢牢把握住了发展是第一要务这根准绳，通过丰富多彩、层次多样的文化活动形式，大力弘扬民族精神和时代精神，立足科学发展，增强行业可持续发展能力，努力实现全省公路事业又快又好的发展。另一方面，始终坚持以人为本的文化建设观念，牢固树立广大公路职工主体地位的意识，为了广大职工去发展，依靠广大职工去发展，发展成果由广大职工共享，有效凝聚广大职工的智慧和力量，获得源源不竭的发展动力，努力实现职工发展与行业发展相和谐。最后，自觉将发展的着力点建立在切实提高行业自主创新能力的基础上，视创新为行业的生命之源，大力锻造创新文化，弘扬敢为人先、敢冒风险的创新精神，坚决克服嫉贤妒能、因循守旧、不思进取、墨守成规等保守观念和落后思想的影响，充分发挥文化引导创新的导向功能和激励功能，努力实现依靠增强自主创新能力来促进行业又好又快发展。

二、融入地域文化，打造具有鲜明个性的文化气质

文化，是一个地区或民族存在的理由，一旦这个地区或民族失去了自己的特色文

化,她就会渐渐在强势文化中消失。公路行业文化是城市文化、地域文化的重要组成部分,因为无论是外地的,还是本地的人们,往往首先是通过“公路”来获取对一个地方、一个城市的“第一印象”。广东公路在长期的发展历程中,公路人以其独有的精神特质创造了广东公路发展史中的一个又一个奇迹,较好地诠释了南粤人独有的精神气质。

其一,肯务实。广东公路人秉承了岭南文化的优良传统,具有较强的现实取向和唯实精神,勤劳质朴,任劳任怨,甘当“铺路石”,长期坚守公路建设和养护一线,“晴天一身灰,雨天一身泥”是早期公路人工作和生活形象的真实写照。

其二,善变通。敢干、开放,思想不僵化、善于求变和时不我待的忧患意识是广东公路人最大的优点,这也与岭南文化特质一脉相承。多年来,广东公路人坚持与时俱进,不断总结实践经验,不断通过体制改革、制度创新和科技创新,实现了广东公路事业的健康持续发展。尤其是在大道班建设和养护体制改革创新方面,创建的先进道班管理理念和科学的运营模式在全国有着较大影响,受到了交通部领导的高度赞扬。

其三,敢担当。广东公路人有着强烈的大局意识和历史责任感,敢于担当。近年来,广东公路人在推动全省公路事业的又好又快发展,为全省经济社会发展尽职尽责的同时,还积极履行社会责任,承担社会道义。如韶赣高速管理中心,积极响应国家推行的“绿色通道”服务,惠州公路局塑造的“把路放在心上,把心放在路上”的公路养护理念,充分表达了广大公路人的历史责任感和使命感;再如湛江公路系统独特的军旅文化氛围,敢于担当和集体利益至上的精神品质,影响了一批又一批公路人热心投身公路事业的发展。

其四,能兼容。善变通的文化必然具有兼容的特点。广东是外来人口大省,在广东公路行业这个大熔炉中,各种地方文化能共存共生,一批又一批“新广东公路人”能在此很快安家落户,并以自己的行动验证、践行着“广东精神”。在广东省公路行业体制机制改革的关键时期,新的阶段性特征和问题层出不穷,完成省委所提出的“加快转型升级、建设幸福广东”这一贯穿“十二五”时期的核心任务,面临着一系列困难和挑战。在这一个过程中,新时期广东精神作为强大的精神动力和强有力的核心价值体系支撑,必将成为广东公路事业改革发展实际行动的引领。

广东公路人具备的以上四个特质,既是对岭南文化“新、实、活、变”的继承与发展,又是对新时期广东精神“厚于德、诚于信、敏于行”的生动实践。广东公路人这种独特的精神气质,是广东省公路行业长期以来高度重视精神文化建设,并将公路文化建设与地域传统文化完美融合的结果。在省公路局和地市公路局领导的关于“广东省公路行业文化建设内容重要性”的调查中,排名前三位的是“精神文化中的行业发展战略与思路”“彰显行业生命力的理念体系”“与理念体系和行业发展相适应的道德准则”,可见各级领导对精神文化的重视。

事实上,行业文化建设也只有行业内人的发展作为目标,紧紧围绕增强行业核心竞争力,确立保障行业改革发展顺利推进的战略定位,进一步凝练和升华行业使命、愿景、核心价值观,才能真正对员工起到引导、凝聚和激励的作用。在这一方面,各地市局也开展了卓有成效的工作,并取得了令人欣慰的成果。如惠州市公路局精心打造了“和衷共济、与时俱进、服务交通、敬业奉献”的惠州公路文化品牌,大力弘扬“把心放在路上、把路放在心上”和“铺路石”的惠州公路人精神,有力地促进了公路事业又好又快发展;中山局逐步形成、提炼出“创一流业绩、育优秀人才、炼健康身心”的公路事业核心价值体系;韶赣高速以公路行业价值观为基础,以历史文化底蕴为特色,提炼出“创和谐韶赣”的文化建设核心和“添粤北风采”的文化建设使命,展现出“敢闯敢干”的韶赣人精神。

三、培育文化品牌,树立良好的社会形象

品牌是承载行业文化的物质实体表象,既是一个行业或组织展现外在形象的价值载体,也是物质实体(产品)属性、名称、包装、价格、历史、声誉、广告等标识的总和与行业使命(精神文化体系)的象征。品牌文化与行业文化具有高度的关联性,如果没有行业文化,品牌文化就难以为继;如果没有品牌文化,行业文化的外部延展就会逐渐与社会发展脱节,形成文化孤岛。在行业或一个组织的文化的建设中,在完成核心价值体系提炼的同时,也需要打造一个文化品牌,设计出一张精美的、个性化、高度浓缩了行业使命、愿景、精神和核心价值观的行业文化理念名片。

加快转变发展方式、大力发展现代交通运输业,是当前和今后一个时期广东省交通运输发展的重大战略任务,完成这样一个战略任务需要得到全社会对公路行业的认可、支持和帮助。通过文化品牌的培育、建设和推广,可以提高社会对公路行业的认知程度,形成价值共识,有效化解发展中的社会风险和矛盾,可以塑造行业良好社会形象,提高公路行业的软实力。当全社会各行各业都在开展文化建设的时候,广东省公路行业的文化建设正在从文化自觉向文化自信转化,公路行业的核心价值理念正在逐渐升华成品牌的力量。

为了规范行业文化品牌应用,不断提升行业文化品牌价值,持续扩大行业文化品牌的社会影响力,树立行业良好的社会形象,广东公路近年来在文化建设方面陆续推出了系列文化品牌培育和推广措施。

其一是统一行业标识,塑造品牌公路整体形象。将公路文化价值理念和公路行业

形象通过整体的视觉形象设计,鲜明地传达给全体职工和社会公众,提升行业社会形象,是公路文化形象识别系统的基本任务。为此,广东省公路局按照遵循依法、分步实施、不浪费原则,利用两至三年时间在全省公路系统统一了行业标识,优化了现有全国统一路徽和"广东公路"中英文字样结合对外形象标识。

其二是深入实施"四个一"文化品牌培育和推广工程。即拍摄一部公路系统宣传片,以公路建设大场面及经典公路桥梁图片展现我省公路系统的辉煌成就;拍摄一部以公路为题材的电影,展现公路行业的苦与乐及公路人的坚守;创办《南方公路》杂志,拓展宣传阵地,提高行业知名度;举办一次以"我爱公路"为题材的全省摄影比赛并结集出版,丰富职工的文化生活。

其三是打造公路行业文化品牌内涵。文化品牌是文化软实力的重要标志,创建文化品牌是提升文化软实力的重要内容和手段。2010 年 9 月,李盛霖部长在全国交通运输行业精神文明建设工作会议上,总结了"十一五"的成绩,提出了"十二五"的总体思路、总体目标和重点工作。在总体目标中,提出了打造"十百千"的具体目标,即"打造在社会上有重要影响、全行业广泛认可的 10 个文化品牌、100 个文化建设示范单位和 1000 名先进典型"。广东省公路行业在培育公路文化品牌过程中既重视传承也十分强调创新,不仅传承和弘扬以"吃苦、坚忍、团结、奉献"为主要内容的传统精神,又大力倡导和践行以"创新、创造、包容、服务"为核心内容的现代观念。同时,还充分考虑服务职工的全局意识,既在路、桥、道班等物质文化上下功夫,也在精神文化、制度文化、行为文化、视觉文化等人文文化上有所提升。在公路行业文化的建设过程中,各地市公路局也都普遍意识到塑造文化品牌对于提升行业形象的重要性,总结和提炼出了本地区公路系统的精神风貌、价值追求等核心价值要素,积极培育和发展富有地域特色、行业特点、体现公路精神内涵和符合时代发展要求的路文化、收费服务文化、道班文化、执法文化、摄影文化等系列公路文化品牌,形成了文化品牌百花齐放的局面。

四、构建文化体系,积极承担建设"幸福广东"的历史重任

广东省于 2011 年 4 月编制了《幸福广东指标体系》。指标体系包括客观指标和主观指标,客观指标"建设幸福广东评价指标体系"包括就业与收入、教育与文化、医疗卫生与健康、社会保障、消费与住房、公用设施、社会安全、社会服务、权益保障、人居环境等 10 个一级指标 43 个二级指标;主观指标"广东群众幸福感测评指标体系"分别对个人幸福程度总体评价、个人发展、生活质量、精神生活、社会环境、社会公平、政府服务、生态环境等 8 个一级指标和 35 个二级指标进行测评,其中包括教育状况满意度、医疗服务水平满意度、住房状况满意度、交通出行状况满意度等。建设"幸福广

东”是广东省各行各业必须承担的最基本也是最核心的社会责任和义务。

原广东省委书记汪洋同志在论述“建设幸福广东”时提到多项指标，其中一项就是要“满足人民群众文化需求”，幸福是群众看得见、摸得着的具体事，“幸福广东”必须有“幸福文化”。从广东省公路行业未来发展趋势和广大职工生活内容变化的角度看，物质生活可以有一个指标来衡量，但是精神生活的空间非常大、难以衡量。可以说，越是行业快速发展，文化建设的任务就越重，有好的文化环境才能留住高素质人才、高科技人才。

2012 年，广东省公路局认真贯彻落实十七届六中全会《深化文化体制改革，推动社会主义文化大发展大繁荣》和中共十八大精神，结合省委建设“幸福广东”和《广东省建设文化强省规划纲要》的具体要求，以开展“公路文化建设年”活动为契机，在全省公路系统掀起了公路文化建设的新高潮，逐步建立起了具有鲜明时代特征、地域特色和行业特点的公路文化体系，为提升公路行业软实力和促进公路事业又好又快发展奠定了坚实基础。

第四节　广东省公路行业文化建设面临的困境

基于上述分析，近年来广东省公路行业文化建设在各级领导的重视下，构建了具有广东特色的公路行业文化理念体系，并被广大员工所逐步认同，开展的文化建设工作取得了良好的效果，行业文化的凝聚功能、教育功能、感召功能和辐射功能得到了进一步凸显。但是，行业文化的建设是一个长期而艰巨的任务，需要各个方面的大力配合，也需要不断面对广东省公路行业的发展现状和未来改革创新的要求，与飞速发展的广东交通事业和经济社会发展相比，公路行业文化建设还存在一定的滞后性，文化建设的预期效果没有得到充分体现，实践执行层面也还面临着许多困境。

一、文化建设机制和实践模式还有待进一步创新

我们在调研中发现，各级公路系统领导均高度重视文化建设，广大公路职工也普遍认识到公路行业文化建设的重要性，并能在工作实践中加以贯彻执行。市局领导对公路文化都有较为深刻的个人见解，但对文化建设机制、基本模式和整体思路尤其是公路文化建设的着力点以及考核评价指标的把握上，还存在一定的困惑，文化建设机制创新还不够活跃。

一是文化建设中人才队伍建设还面临困境。各地市公路局都建立了由主要局领导牵头的以“公路文化研究会”为主体的公路文化建设干部队伍，主抓全市公路文化

建设工作,并取得了一定的成效。但很大程度上还存在文化建设队伍与所肩负的工作任务和要求不相适应的地方,工作局限于党群部门和少数人员,还没有形成分工负责的工作体系和全员参与的工作局面,工作进展不够明显:一是干部来源机制不完善,研究会干部基本上都是由工会、团委、人事、纪检、办公室人员组成,来源情况不一,人员基本素质和对文化建设的理解不一;二是干部工作机制不完善,市级公路局研究会干部均为兼职,本职业务工作忙碌程度不一,致使其对公路文化建设投入的时间和精力程度不一;三是队伍保障机制不完善,部分市公路局对文化建设的制度支持不够,研究会干部职责不清晰,推动工作有难度。如肇庆市公路局党委书记也曾谈到,近年来在培养文化建设人才和打造文化建设队伍方面,做了不少探索,投入了大量的财力物力,但随着公路事业的快速发展和公路人对文化的需求越来越大、越来越高,依然存在文化建设人才相对匮乏的局面。

二是文化建设的实践还缺乏整体的战略思考,还没有形成具有广东公路行业特色的文化建设实践模式。体制机制创新应既注重实际操作又兼顾理性提炼,才能使行业文化能得以持续和长期地建设发展,广东公路行业文化建设目前在这一方面尚有欠缺。文化建设是一项系统工程,是长期而艰巨的任务,需要在理论的指导下不断实践,在实践中不断总结、提炼理论。由于缺少相关的专业人员,相当一部分单位在文化建设过程中,只是为了解决当前遇到的问题,临时性出台一些制度,功利性、目的性比较强,而对行业的发展前景、行业文化与员工的关系、行业文化的发展方向没有足够的认识,缺乏文化建设的战略性思考与决策,没有长期性和持续性的文化建设规划,缺少理性的总结、提炼;有些单位奢望行业文化一蹴而就,短时间内投入大量人力物力体现出阶段性成果,而不再持续投入、长期维护,文化建设缺乏延续性;还有一些单位生搬硬套,模仿、复制其他地方其他行业的文化建设经验,没有经过选择、淘汰、创新等形式与自身行业特色相融合,缺乏自身文化特色。

三是公路行业文化建设还存在区域性不平衡现象。各地在文化建设进程中工作开展不平衡,具体实施中地区差别比较大。各市都开展了不少公路文化建设项目专题活动,但也都反映,此类活动的开展多属探索性质,缺乏理论支持,没有明确的建设目标、工作阶段、实施方案,缺乏长效机制。在具体工作中,地区的差别主要体现在人员配置和经费保障上,有些经济条件相对落后地区的工作经费即使全部用做保运行、保人员的费用也捉襟见肘,因此在搞文化建设时有心无力;有些经济条件较好地区经费虽然充裕,但投入文化建设的比例不高;个别单位采取的方式方法不够得当,工作落实不够深入,表面化、形式主义的东西比较多。目前省公路局面向全省开展的视觉识别系统深度推广工作和“四个一工程”建设工作得到行业干部职工的一致肯定,但文化建设是一个循序渐进的过程，不能一蹴而就，尤其是这一建设工程尚处于起步阶段，在短期还无法达到预期效果。各地市领导和职工非常希望省局进一步加大全省文化建设的宏观指导力度，并尽可能推出一些好的、具有可操作性的文化建设实践模式，以便为地市文化建设提供借鉴。

四是还缺乏一套科学的、可操作性强的文化建设效果评价体系。必要的、与时俱进的文化建设效果评估与考核机制的建立是行业文化建设体制机制建设中的关键。没有对文化建设各项工作设置科学的评估与考核的“硬指标”，很容易让文化建设变成“软任务”，从而难以产生紧迫感和主动性。由于对文化建设效果缺乏必要的考核与评价，一些单位对文化建设坐而论道者多、付诸实践者少，往往是喊出些口号、形成些理念，规章制度不执行、文化活动走过场、思想教育不深入，个别单位的文化建设与自身实际结合不够紧密，特色不够突出，员工认可度不高，违背了文化建设的初衷。

二、行业文化传播有待提升

行业文化的传播，是对行业文化的内涵和组成要素进行全方位的推广和扩散，行业文化内外传播的力度和传播方式方法的选择，直接决定行业文化建设的效果和文化影响力。通过对广东省行业文化传播问题的专项调研，我们得出，多数职工认为，广东省公路行业文化的影响力有待提升，行业文化的内外传播机制和传播路径有待进一步优化。如图 3-2 所示。

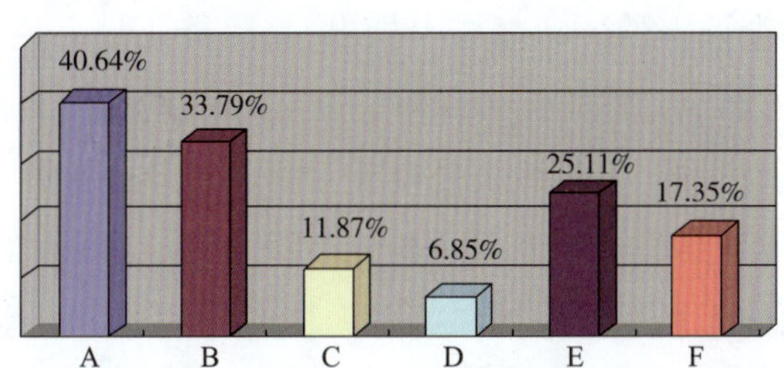

图 3-2 您认为广东省公路行业文化在哪些层面上还存在不足调查结果

A-精神文化层次，职工的价值观存在差异；B-物质文化层次，外在形象不统一，公路人文景观未能有效展示区域文化特色；C-制度文化层次，管理制度不完善，制度执行不力；D-行为文化层次，职工行为不受制度约束、不自觉，精神状态不佳；E-创新意识较弱；F-文化建设工作与业务工作脱节

一是广东省公路行业文化的影响力没有完全凸显，文化建设的内容有待完善。近年来，广东省公路局在推动行业文化建设，打造具有广东公路特色的文化品牌方面做了一些积极的探索，如成立专门机构、构建文化理念体系、推广形象识别系统、打造文化公路、建设学习型机关、经常性开展群众文化活动等，但由于受公路行业当前的管理体制、机制问题的影响，公路文化对整个行业的支撑力还很不够，进而影响了行业的发展。调查数据显示，有 51. 14% 的职工认为广东省公路行业文化对职工的影响力一

般，内容有待完善，对工作影响较少。如图 3-3 所示，部分领导和职工也反映，目前公路行业文化建设工作与业务工作脱节，行业文化理念体系还未能真正融入职工内心和日常工作行为中去。公路行业文化对内传播平台和文化阵地建设还不够完善，传播的载体和途径还仅仅局限于行业内门户网站、内刊和宣传栏等传统传播方式。

梅州公路

二是公路行业发展成果和责任形象的传播还存在困局，各级公路部门对于行业形象的对外传播重视程度不够，认识还存在偏差。顾青波书记在 2012 年全省公路管理暨党风廉政建设工作会议上的讲话报告中指出，公路行业是个传统行业，长期以来比较封闭，在文化建设方面也趋向封闭和保守，主要表现在公路行业与社会之间缺少制度性和经常性的沟通与交流，参与社会公众事务管理的渠道不够畅通等。最典型的就是在抢险救灾工作中，公路职工不畏艰险抢险救援，投入了巨大的人力、物力和财力，但在此过程中表现出的无私奉献精神和英勇无畏的行为却不能得到全面和有效的反应，社会、媒体关注度不够，从而影响了公路行业社会形象的提升。

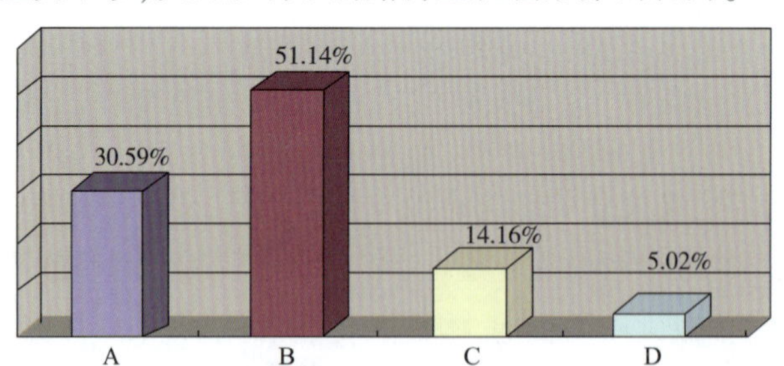

图 3-3　您认为广东省公路行业文化对职工的影响力调查结果

A-很强，内容丰富，特点明显；B-一般，内容有待完善，对工作影响较少；C-较弱，行业文化建设只停留于形式；D-很弱，没有明确的行业文化

江门滨江大道,2005 年 1 月开工建设,2007 年 5 月全线通车。作为“新世纪侨乡第一工程”,滨江大道的建成,推进了江门大交通建设,拓展了城市发展空间,提高了江门市知名度,改善了投资环境,为江门市实现跨越式发展增添了新动力。

尽管部分市级公路局在推广公路形象标识时做出了努力,取得了成功经验。如肇庆市公路局为进一步提升公路行业形象,打造“公路名片”服务品牌,彰显公路行业凝聚力和影响力,持续提升公路行业核心竞争力,截至 2012 年 11 月,已在市局机关、各县(市、区)局、养护站、路政窗口、收费站等工作场所统一应用了新的行业标识。但是总体上,公路行业的品牌意识还不够强,往往埋头于具体的建设、养护和管理工作实践,而对从中提取经验,打造成品牌指导今后的工作重视不够。也正因为缺乏脍炙人口的品牌,使得社会对行业的认知有限,印象不深,社会影响力不强。多数领导和职工对于省局即将推出的以公路发展为题材的行业形象宣传片和电影报以极大的期望。

三、文化建设资金的投入力度还有待加大

文化建设需要投入,这种投入首先体现在文化建设本身的经费安排上。如,要经常性地开展各种文化活动,建设职工俱乐部,建立阅览室、文化长廊,打造各种文化宣传和文化建设平台,没有一定的经费投入,很难推动落实。在我们的座谈和走访中,大部分地市局的干部职工都尖锐地指出,文化建设在经费投入上很不够,几乎所有的地市并没有单列文化建设专项经费,往往是把文化建设项目的开支分散在其他开支之中,当其他项目资金有盈余或上级要求划出一部分发展文化设施时才有可能挤出一点经费支持文化建设。这样实际上让文化建设处于边缘的尴尬境地。

其次,职工福利待遇的提高和文化素质的提高都应是行业文化建设的任务。广东省公路系统坚持以人为本的思想,在这一方面做出了积极的探索,但总体上投入力度还有待加强。顾青波书记在 2012 年全省公路管理暨党风廉政建设工作会议上的讲话报告中也指出,要进一步贯彻落实广东省委建设“幸福广东”的部署要求,积极探索

"以人为本、积极进取、知足常乐"的幸福文化，不断增强行业的凝聚力和影响力。干部职工的认识与此一致，在"幸福文化建设应重点强调哪些内容"的调查中，50.68%的职工认为要"提高职工福利，职工工作、生活条件逐步改善"。如图 3-4 所示。

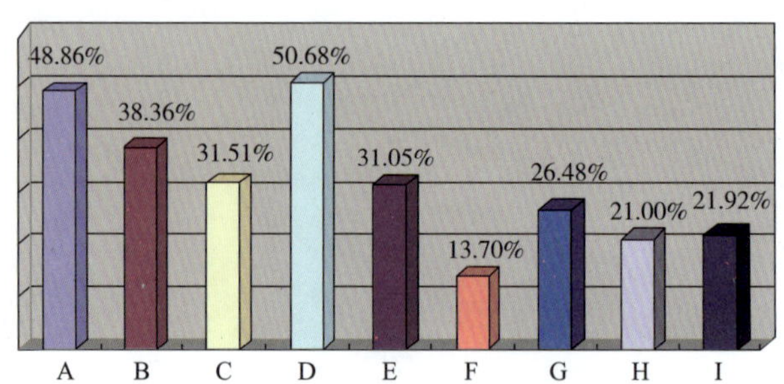

图 3-4　您认为广东省公路行业幸福文化建设应重点强调哪些内容调查结果

A-职工高度认同行业核心价值观，积极进取，精神饱满；B-制度面前人人平等，行业以制度管事，管人，而非以人管人；C-职工之间和谐友爱，关心职工家属的生活与成长；D-提高职工福利，职工工作、生活条件逐步改善；E-为职工搭建成长平台，畅通职工晋升通道；F-建立学习型组织，使职工学有所乐；G-开展丰富多彩的文娱活动，丰富业余生活，陶冶情操；H-注重安全生产，切实保险职工尤其是基层职工的心理、身体健康；I-畅通民主渠道，发挥职工的主人翁意识和参与意识

在"您目前最需要的是什么"的调查中，有 56.16% 的职工认为目前最需要的是提高福利。福利待遇的提高和行业整体工作环境的硬件建设均需要大量的资金投入，否则职工的优越感就无从体现。如图 3-5 所示。

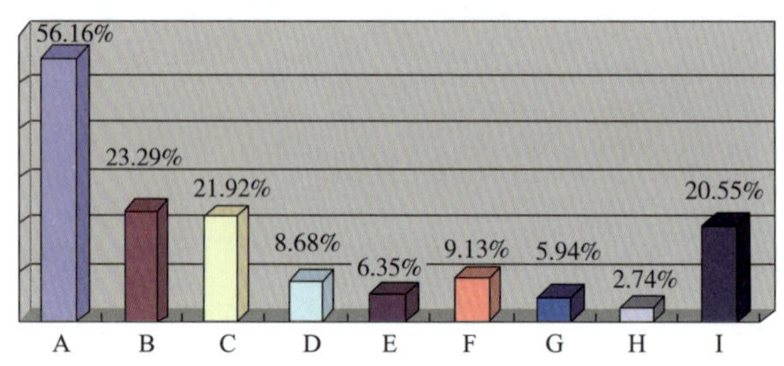

图 3-5　您目前最需要的是什么调查结果

A-提高福利；B-学习岗位技能与知识；C-受到足够的重视与尊重；D-社会地位的提高；E-脱产学习深造；F-有晋升的机会；G-有职称晋级的机会；H-能与同事友好相处；I-能有一个好的工作氛围

其三，班组文化建设需要资金扶持。课题组在湛江市公路管理局廉江分局的调研过程中得知，该市树立了"建家就是建企业"的班组文化建设理念，长期以来，不断创新建家思路，突出建家重点。一方面是坚持做到"以人为本"，把改善一线职工居住条件和环境作为一项民心工程抓落实，在上级部门的帮助下，先后建起了 5 个养护站的站房，每一个站房都建有办公楼、宿舍楼，办公场所宽敞，职工居住舒适。此外，每个养护站还建起了"一场四室"（篮球场、会议室、阅览室、娱乐室、党员活动室）并配置了娱

乐设备，为职工提供了一个娱乐的好去处。另一方面，分局在公路行业经济环境欠佳，职工收入相对减少的现实状况下，坚持走主副并举的新路子，做到堤内损失堤外补，在保证养好路的前提下，因地制宜大力发展庭园经济，围墙经济，其“四小”（小菜园、小果园、小猪栏、小鱼塘）建设，红红火火，分外抢眼。不仅增加了职工的收入，也使职工在劳作过程中增强了班组凝聚力和班组吸引力。该分局横山养护站“职工之家”建设跻身全国模范职工之家行列，14 个养护站（组）中已有 10 个荣获湛江市花园式单位称号。可以说，湛江市公路管理局廉江分局班组文化建设的成功不仅得益于领导层的高度重视和具有前瞻性的规划，也得益于专项资金的扶持力度，但在目前广东省公路行业发展资金紧缺的当下，其班组文化建设的成功之道往往一时难以复制。

第四章
广东省公路行业文化建设实践规划

公路行业文化建设是社会主义政治文化、经济文化、思想文化建设的一个组成部分,是新时期社会主义物质文明和精神文明建设的重要内容,是培育和践行社会主义核心价值观、实现“两个一百年”奋斗目标和中华民族伟大复兴“中国梦”的重要文化实践。所以,对公路行业文化建设进行合理规划,既要坚持正确的指导思想,体现社会主义核心价值观的本质要求,又要符合公路事业发展实际,以不断增强公路行业的凝聚力和影响力,提升公路行业的软实力,促进公路事业又好又快发展,以实现广大公路人的理想和追求的梦想为最终目标。此外,公路行业文化建设规划是一个不断发展逐步完善的动态过程,是一个由实践到理论,再到理论回到实践的过程,既要按照循序渐进、分步骤、分阶段的方法实施,也需要建立健全行业文化建设保障体系,并以此来实现行业文化建设所规划内容和具体方案的可实施性和可操作性。

第一节　公路行业文化建设内容

公路行业文化主要由物质文化、制度文化、行为文化和精神文化等文化要素构成,各种文化要素处于不同的层次,发挥着不同的作用,相互之间关系密切,共同构成公路行业文化。公路行业文化建设内容应紧紧围绕这四个方面的要素进行规划和设计。

一、加强公路物质文化建设,为深化文化建设提供可靠基础

物质文化是公路文化建设的基础。公路基础设施的不断完善、公路通行能力和整体服务水平不断提高是公路文化建设的基础和支撑点,是公路文化的直接载体和成果体现。公路物质文化建设规划具体内容如下。

1. 做好公路建养,构筑畅通公路

全面坚持交通运输部“畅通主导、安全至上、服务为本、创新引领”的十六字方针,

牢牢把握“以人为本、安全第一、养护优先、依法治路、科技支撑、体制创新”的原则，重点推进“10 条国道、10 条重要省道”养护管理示范路建设进程，进一步提高路网通行能力。坚持预防性养护、周期性养护，继续认真开展危桥改造工程、灾害防治工程及安全保障工程等专项工程，完善标志标线，增强公路防抗灾害的能力，改善行车环境和生态环境，保障道路安全畅通，保证工程安全优质，让公众出行更为放心。

道班是公路行业最基本的组织单元，做好公路建设、养护和管理，构筑畅通公路，执行主体也是道班。道班在公路养护中是第一线，其文化建设也最容易形成效果，文化建设也才能真正落地。要加大道班文化建设硬件设施的投入力度，使道班真正成为公路行业文化建设的生力军，成为全行业文化与形象宣传的窗口。

2. 统一行业标识，塑造品牌公路

加强公路文化体系建设，将公路文化价值理念和公路行业形象通过整体的视觉形象设计，鲜明地传达给全体职工和社会公众，提升行业社会形象，是公路文化形象识别系统的基本任务。为此，必须要在全省公路系统深度推广《广东省公路局 VI 视觉识别系统》，统一行业标识，推广全国统一路徽和“广东公路”的外形象标识。

3. 注重典型示范，打造文化公路

文化公路是公路行业文化建设的重要物质平台，是一张能体现时代精神、承载行业价值、展示行业风范、展现地域风情、传承地域文明的地区文化名片。从文化公路的基本特点和要求出发，结合广东省公路建设远景规划，目前建设文化公路的工作内容有：第一，打造一条安全之路。处理好急弯、陡坡、桥梁、隧道、涵洞等，做好有效的防护设施，并对标志、标线进行综合设置，采取合理限速措施；对全线指路标志体系进行统一设计，规范字体、版式和内容，增强标志的指示功能。第二，打造一条智能之路。全面推进公路信息化网络建设，及时为公路使用者提供出行信息服务，全面提升公路智能化服务水平。第三，打造一条景观之路。通过科学、合理地设置公路绿化景观，突出地域和自然文化并兼顾城市出入口、交界点和服务区等重要节点的路域特点，有效防止视觉疲劳。第四，打造一条服务之路。根据公路等级、车辆平均运行速度、交通量构成、城镇分布等因素进行科学布设服务设施及相关硬件设备，满足司乘人员的生理需求和车辆安全行车要求；按照视觉识别系统基本规范和要求，优化服务区整体形象，借以传播广东公路行业理念，塑造广东公路行业形象。第五，打造一条文化之路。通过精心设计规划，将广府文化、客家文化、潮汕文化、雷州文化、华侨文化、海洋文化等岭南文化特色，融入公路的建设和管理，打造与众不同的文化公路，体现地区特色和文化风貌，创造通行的文化体验。广东省公路局将以国道 G205、G321 为试点，高标准、高起点谋划公路文化建设，打造广东文化公路品牌。除此之外，各市局也要开展一条以上公路作为文化公路建设项目。通过文化公路规划、建设，将我省公路特有的核心价值观与各种最好最新的理念融入到公路实践的每个方面、每个环节，打造广东特色的文化公路，创造“车在路上走，人在画中游”的通行体验。

4. 改善硬件设施，提升文化和服务环境

继续完善机关、基层文化设施，建立健全学习室、图书室、阅览室、电教室、健身房等文化活动阵地，使职工工作之余学习有条件，活动有场地。要进一步加强服务窗口设施建设。以完善服务功能和窗口设置为重点，优化服务环境，配备相关服务装置和必要的便民服务工具，最大限度地方便社会公众。

二、加强公路制度文化建设，为公路文化建设提供有力保障

制度文化是公路文化建设的保障，是公路文化运行的主导系统，是公路精神依附的体制平台，它从根本上决定公路正常运行和创新发展的组织文化形态。公路制度文化建设具体规划内容有。

1. 进一步创新管理制度，让制度理念深入人心

围绕建设创新型、节约型行业，大胆进行制度创新、体制创新和机制创新。要把公路行业文化核心价值观的内涵整合到公路事业各项管理的全过程，通过贯彻落实《公路法》《公路管理条例》《公路安全保护条例》《政府还贷高速公路管理办法》等法律、法规，制定广东省具体实施细则和工作流程，使依法行政、依法办事的理念深入人心。

2. 培育遵守和执行公路制度的理念

进一步强化目标责任制、检查考核奖惩制的落实，形成科学规范、责权明确的管理制度和工作机制。坚持公平、公正、公开理念，落实工程建设招投标规定，落实行政许可“阳光工程”，形成忠于职守的责任观和令行禁止的执行观。通过职工招聘方式、绩效管理、晋升和奖励准则等具体规章制度，让职工从第一次面试到工作的最后一天，都能深刻体会到公路行业的核心价值观是广东公路事业发展的真正动力，是做出每一个决策的基础。

三、加强公路行为文化建设，为公路行业发展提供规范的行为准则

行为文化是行业作风、精神面貌、人际关系的动态体现，也是公路精神、公路行业价值观的折射。公路行为文化体现在养路工人坚持风雨无阻保畅通，水毁冰灾抢修复；收费员坚持“微笑服务”，做到百万收费无差错；路政执法人员查治超、拆违章，秉公执法，铁面无私等。公路行为文化建设具体规划内容有。

1. 加大公路行业先进人物和模范人物的宣传，营造“见贤思齐”的学习氛围

先进人物和模范人物是公路事业发展的中坚力量，他们来自于职工当中，比一般

职工取得了更多的业绩，是公路行业价值观的“人格化”显现。“榜样的力量是无穷的”，各级公路部门应该努力发掘各个岗位上的模范人物，大力弘扬和表彰他们的先进事迹，将他们的行为“规范化”，将他们的故事“理念化”，从而使公路行业所倡导的核心价值观和公路精神得以“形象化”，在行业内部培养起积极健康的文化氛围，用以激励全体职工的思想和行动，规范他们的行为方式和行为习惯，使职工能够顺利完成从“心的一致”到“行的一致”的转变。

2. 加强行为规范体系建设

要树立“人便于行，货畅其流，服务群众，奉献社会”的核心价值观，实现服务方式由“方便管理”向“方便群众”的转变，进一步加强道班行为规范、服务窗口行为规范、廉政行为规范、路政执法行为规范、机关作风行为规范、对外交流行文规范等规范体系建设，不断管理水平和服务质量，打造阳光公路服务平台。

四、加强公路精神文化建设，为公路事业发展提供强大的精神动力

公路精神文化在整个公路文化体系中，处于最重要的地位，是一种更深层次的文化现象，是公路文化的灵魂和核心，是公路人为实现中华民族伟大复兴“中国梦”高贵情怀的深层展示。公路精神文化建设具体规划内容有。

1. 以文化建设活动培育公路行业的文化理念和价值观

理念建设是公路文化建设的先导。公路行业的价值理念是公路文化的核心和灵魂，是文化建设的根基。公路交通行业核心价值观就是：人便于行，货畅其流，服务群众，奉献社会。公路交通行业的共同愿景是：建设一个畅通、高效、安全、绿色的现代化公路交通运输系统，实现人便于行，货畅其流，让人们享受高品质的运输服务，让经济社会发展更加充满活力，让公路交通与自然、社会更加和谐。公路交通精神概括为：艰苦奋斗、勇于创新、不畏风险、默默奉献。公路交通职业道德为：爱岗敬业、诚实守信、服务群众、奉献社会。公路行业职工的共同愿景和价值理念对公路文化建设有着重要的影响，当先进的价值理念、良好的行业愿景在职工心目中不断强化，具化为职工群体的共同愿望和一致行为后，就会产生强大的凝聚力、创造力，成为促进公路发展的不竭动力。

在价值理念的提炼挖掘方面，惠州市公路局进行了许多有益探索。在多年的公路建设和养护管理工作经验基础上，该局提出了“把路放在心上，把心放在路上”的养路爱路理念，并举办了以此为主题的演讲比赛，收到了很好的效果。这个理念已提升为广东省公路的养路爱路理念，成为广大干部职工的共识。东莞、揭阳、清远、深圳和珠海等公路系统职工谱写了公路建设者之歌。广东省交通厅提出了“用心服务，畅享交

通”的服务理念。在今后的工作中全省公路行业要以“建优质工程,树行业丰碑”的建设理念筑造优质公路;以“路在心上,心在路上”的养护理念构造畅通公路;以“全心全意服务,依法高效办事”的窗口服务理念营造便民公路;以“公路为公,清正廉洁”的廉政理念打造阳光公路,按照服务型政府要求,从大局着眼,从实事抓起,不断提高公路部门的服务能力,更好地为公众服务。

2. 以文化实践培育公路行业的凝聚力和向心力

以文化建设为引领,大力开展文化实践活动,不仅有利于增强职工群众文化建设的积极性、主动性,引导广大干部职工树立共同的理想和信念,激发他们对行业的责任感和使命感,而且有利于增强团队意识和团队精神,进一步提高行业的凝聚力、向心力和战斗力。通过精心设计文化活动载体,广泛吸引职工群众参与,有组织、有计划、有步骤地在全系统持久地开展以创建青年文明号等为内容的文明创建活动;举办青年文明礼仪大赛、职工书画摄影、文体娱乐、读书活动、知识竞赛等丰富多彩的主题活动,以浓厚的文化氛围引导职工树立自觉参与文化建设的观念,发挥公路文化的导向和激励作用。

要继续推进“四个一”工程建设。即拍摄一部公路系统宣传片。以公路建设大场面及经典公路桥梁图片展现我省公路系统的辉煌成就。拍摄一部以公路为题材的电影。用两年时间拍摄此电影,展现公路行业的苦与乐及公路人的坚守。创办一本杂志。利用《南方公路》杂志,拓展宣传阵地,提高行业知名度。举办一次摄影比赛。与此同时,还要积极引导公路文化产品的创作。在组织实施“四个一工程”的基础上,办好多种形式的行业文化建设载体,开展文化研究,组织一批公路文艺作品创作,争取出版一些公路文化作品,有条件的地方可以组建公路路史馆、展览厅,全面反映公路发展历史,增强公路职工的荣誉感和责任感。培养摄影、书法、美术、文学等方面的公路文艺人才,在机关、基层广泛开展“兴趣小组”活动,形成一批文艺爱好者团体,鼓励职工创作更多的优秀文艺作品,既宣传公路成就,又展示职工风采。通过这些行业文体活动,进一步充实广大干部职工的文化生活,构筑行业发展的和谐氛围,培养干部职工的团队意识,增强全行业的向心力和竞争力。

3. 以选树先进培育公路行业品牌

培养先进典型,坚持典型引路,是在职工内心植入公路文化核心价值体系,推进文化建设的有效形式。近年来,我们发现、树立、宣传和推广能代表和反映新的公路职业价值观念的先进典型。如阳山公路局路政管理所所长陈纪林同志,在水毁、冰雪灾害多发的粤北山区坚守路政岗位,长年坚持路面巡查,特别是在灾害发生期间,更是不分白天黑夜,为过往车辆提供及时的路况信息和安全保障。中山市公路局东升养护所徐汝扬同志，以对人民群众生命、财产安全高度负责的精神，始终加强业务学习和技能培训，不断提升公路养护的机械化水平，成长为全国百佳养路工候选人、养护机械能手。他还毫无保留地把自己的知识和技能传授给年轻的同事，积极开展传、帮、带，为公路养护事业做出了突出贡献。

今后要继续在品牌创建工作上下功夫，全面实施公路交通系统文化建设"十百千"工程，制定评审条件与表彰机制，规范品牌选树、示范单位创建、典型培育、总结表彰及推广示范等各个环节，深入挖掘一些具有全局性及普遍指导意义的先进典型，充分发挥创建工作的联动作用和辐射效应，发挥先进典型的引导和激励作用，促进文明创建和文化建设工作的深入开展。

4. 以道班文化建设培育公路行业的窗口形象

道班文化建设是公路文化的基本细胞，是职工公路文化建设多样化的个性表现，是开展公路文化建设的重点和亮点。近年来，通过大道班的整合，在一线道班和养护中心全力打造舒适健康的工作环境和生活环境，让职工从良好的文化氛围中体会到人文关怀，增强了班组的凝聚力。在收费站和路政服务大厅，要大力提倡细节意识，完善服务细节，树立起良好的服务理念。今后，还要继续通过开展班组文化建设，不断增强班组凝聚力，培育团队精神，提升班组的服务能力和水平，使公众感受到更贴心的服务，展现出公路文明窗口的良好形象。

此外，公路精神文化是公路行业的核心文化，也是公路文化的灵魂。广东省公路行业在开展文化建设的过程中，还必须要紧跟时代的发展，不断创新其个性化特征，及时提炼和概括出适应时代特点，促进公路事业发展的行业精神，构建公路行业文化理念体系。

第二节　公路行业文化建设目标

目标是个人、部门或整个组织所期望的成果。1954 年，现代管理学之父、美国著名学者彼得·德鲁克提出了一个具有划时代意义的概念——目标管理(简称为 MBO)，现已成为当代管理学的重要组成部分。他认为，目标管理是以目标为导向，以人为中心，以成果为标准，使组织和个人取得最佳业绩的现代管理方法。目标管理亦称"成果管理"，俗称责任制，是指在组织个体职工的积极参与下，自上而下地确定工作目标，并在工作中实行"自我控制"，自下而上地保证目标实现的一种管理办法。

公路行业文化建设目标设置是指开发、协商和建立对个体形成挑战的行业文化建设目标的过程。行业文化建设目标可能是明确清晰的或含蓄模糊的，自我强加的或外部强加的。无论何种形式的目标,都有助于组织个体对其时间和努力做出合理安排。

一、公路行业文化建设目标管理的特点

1.参与管理

行业文化建设目标管理提倡民主、平等和参与的文化管理思想,不提倡管理者闭门造车而独断专行,或者拍脑袋决策。行业文化目标的实现者同时也是目标的制定者,主张由上下级在一起共同商讨确定行业文化目标。因此,制定公路行业文化建设目标的过程中,各级公路管理部门和组织应该营造民主、平等和参与的宽松的组织氛围。

2.自我控制

公路行业文化建设目标管理的主旨在于,用"自我控制的管理"代替"压制性的管理",用"文化的内在约束力"代替"行政管理指标",它使各级公路管理人员能够控制他们自己的成绩,保证文化建设的良好效果。这种自我控制可以成为更强烈的动力,推动公路管理部门尽自己最大的力量把工作做好,而不仅仅是"过得去""喊喊口号""搞搞活动"就行了。

3.适度分权

推行公路行业文化建设目标管理有助于管理的分权,有助于在保持有效控制、方向正确、风气正向的前提下,调动职工的想象力和创造力,发挥其主观能动性,把文化建设活动搞得更有生气和更有效果。

4.注重效果

长期以来,公路行业文化建设成果评价都是凭经验、凭直觉、凭汇报、凭书面总结,但是文化目标管理则注重成果第一,看重实际效果。实行公路行业文化建设目标管理,由于有了一套完善的目标考核体系,从而能够按不同部门文化建设现状、效果、职工精神面貌等,从物质文化、制度文化、精神文化和行为文化等方面如实地评价一个部门在文化建中的贡献和实绩。

二、设定公路行业文化建设目标应注意的问题

按照公路行业文化建设目标设置的一般程序而言,从总体的文化建设目标发展为各层级公路管理部门文化建设目标的整个过程,可称为目标金字塔。上端为整个广东省公路行业的总目标,顺此而下,三角形逐渐扩大,以完成各部门、各地市、县局文化建设目标的制定。设定公路行业文化建设目标应符合明确性、可评估性、行动导向性、务实性等要求,同时,在目标设置过程中应注意以下几方面的问题。

1. 目标设置必须符合广大公路职工的需要

广大公路职工参与文化建设的工作就应同其正当的获得期望挂起钩来。只有真正认识到设置的文化建设目标合乎自己的期望和需要时,才会认同文化价值理念,才会在目标实现的过程中付出大量而有效的努力,否则文化建设活动无论怎么轰轰烈烈,也不会对职工的工作产生激励作用。

2. 注意目标设置的具体性

文化建设目标要具体明确,能够有定量要求的目标更好,切忌笼统抽象。具体的文化建设目标更接近于广大职工自己的利益,并使广大职工能够在不断的反馈中体验到成就感,获得精神上的快乐。但过于具体的目标又显得组织混乱,造成文化建设过于活动化、形式化,不利于文化建设整体方向的宏观调控。因此,公路行业只有在某个整体目标的指引下,设置适当的具体目标,这样更能提高文化建设工作的实效。

3. 注意目标的阶段性

公路文化建设目标的实现不能一蹴而就,不能脱离实际空想。实现一个短期目标可以使一个组织或职工个体较快地看到自己的进步,看到自己的努力和成绩之间的关系,并产生不断进取以达到下一个目标的愿望。如果时间制定得太长,就会使人觉得很难达到,从而挫伤工作的积极性。所以公路行业文化建设既要有近期目标,又要有远期目标,将长远的理想同近期的需要结合起来,掌握文化建设工作节奏,分段达到预期的目标。

4. 合理运用反馈机制

反馈机制如能有效建立,可以实现公路行业文化建设的自我“进化”。要实现文化建设目标,就必须建立一套方式方法,当职工出现遵循行业文化的行为时,则加以鼓励、奖励;当职工出现违背行业文化的行为时,则加以警告、惩罚。通过对公路行业的广大职工的行为进行长期的纠偏扶正,把行业文化所提倡的价值观念、精神宗旨灌输到全体职工的头脑中去,使之“领会在心里,融化在血液中”,切实保证职工在公路行业活动中自觉或不自觉地按照行业文化理念去执行,使行业文化的价值观成为职工的价值观的一部分,能够被职工认同并转化为自觉行为。反馈的效应类似于内循环,如果机制建立得好,就可以实现正循环,使行业文化朝良性的方面发展;如果建立得不好,就有可能变成负循环,对行业文化反而起到阻碍的作用。因此,公路行业要对反馈机制的建立格外关注,有必要对行业文化的优秀因子进行系统的梳理和确认,以形成行业文化理念体系和行为规范,确保反馈机制实现正循环。

5. 目标设置应尊重不同文化个性

凡是文化均具有地域性特征,不同的公路组织有不同的文化底蕴和文化个性,不同地域的人群,对自然环境和人文环境有着不同的感悟与反应。公路行业文化建设目标的设置一定要避免“一刀切”“一风吹”、千篇一律、生搬硬套、忽略公路文化个性特征和内涵的挖掘。要解决这些问题,必须着眼于“地域性”和文化个性,从自身实际出发,量体裁衣,对症下药。

三、广东省公路行业文化建设目标

1. 近期目标(2014 年—2017 年)

公路行业文化建设近期目标是指文化建设在短时间内可以达到的效果和取得的成果。设置行业文化建设近期目标的意义在于可以明确其责任、规定大体时间、衡量其成果和实际效果。广东省公路行业文化建设近期目标如下。

(1)进一步完善和明确公路行业文化理念体系。通过深度调研,充分吸取各地市公路行业文化建设在理念体系构建方面的先进经验和优秀文化因子,提出广东省公路行业文化理念体系整体框架。

(2)建立起广东省公路行业形象传播机制。

在全省统一形象识别系统,打造整体的、规范的视觉形象。《广东省公路管理局视觉识别系统手册》是全省公路行业视觉识别系统实施、推广工作的执行标准,各地市在使用该识别系统时要严格遵照有关要求,不得擅自更改设计图案和尺寸比例。省公路文化与发展研究会是监管部门,负责制订推广实施工作方案,并率先做好本单位推广工作,指导各地市局规范使用视觉识别系统,对使用不当者有权予以纠正。

充分利用“四个一”工程建设契机,深入宣传公路行业核心价值观。一是利用不同的媒介和载体播放以广东省公路行业发展成就为主要内容的宣传片,以激发广发职工积极投入和参与公路事业发展与改革的热情,让社会公众理解和支持公路事业的发展。二是拍摄制作一部以公路为题材的电影,通过电影艺术刻画鲜明的、能代表公路行业发展和前进方向的先进人物形象,充分诠释公路行业文化核心价值理念,真正做到“理念故事化、故事理念化”的宣传效果。三是充分利用《南方公路》杂志这一宣传阵地,开展行业文化建设专题报道,展示文化建设实践成就和理论研究成果,并每年定期评选行业文化建设实践先进成果奖和理论研究成果奖。四是举办一次以“我爱公路”为主题的全省摄影比赛并结集出版,丰富职工的文化生活。

规范各级公路管理部门门户网站建设。出台广东省公路行业门户网站建设、管理、宣传办法,做到网站内容贴近实际、能全面及时反映工作动态、有良好的网民互动平台、文化建设专栏。

(3)通过引进高素质文艺型人才,形成一批稳固的文艺爱好者团体,使职工文艺创作活动走向常态化,逐步形成一批具有良好社会影响力、辐射力、能反映公路行业特质和时代特征的文艺作品。通过文艺创作活动,充实广大职工的文化生活,提升职工审美情趣,构筑行业发展的和谐氛围。

(4)围绕公路行业核心价值理念要求,对公路行业各项制度进行清理,尤其要对行业文化建设管理制度、道班文化建设、领导干部行为规范、职工行为规范、服务规范等制度体系进行修正和完善补充,使制度设计与行业核心价值保持高度一致。在全行业树立起依法行政、诚实守信、公开透明、清正廉洁的政风行风,完善职业道德诚信体系和反腐倡廉惩防体系。

(5)由省公路管理部门组织牵头,联合相关单位,对公路文化建设标准和实施规范进行整体研究,尽快出台《广东省公路文化建设规范与实施标准》,为今后公路文化建设提供决策依据和评价标准,打造具有广东省特色的公路文化品牌。

(6)“基础 + 主题”文化建设模式。基础文化建设是指常规性文化建设;主题文化建设是指公路系统内凝练文化品牌、提升行业形象的重点建设项目,如文化公路建设、精品路文化建设、“四个一工程”建设、廉政文化建设、养护文化建设、服务文化建设、执法文化建设、用人文化建设等。通过“基础 + 主题”文化建设模式的全面推广,充分调动各职能部门和全行业职工参与文化建设的热情,做到文化建设工作有章可循,稳步开展。

(7)行业价值认同感和团队凝聚力明显增强。通过文化建设,深入、持久地宣传行业核心价值观、行业使命、行业愿景和行业精神,塑造一批“一心为公、公为天下”的公路典范,在广大干部职工中起到鼓舞、驱动、凝聚、熏陶、评价和规范作用,成为整个行业认同信守的理想目标、意志品质和行动准则,形成一种强烈的核心力、向心力、凝聚力和战斗力。

(8)广东公路行业形象和美誉度明显提升。通过前期行业持续有效的推进公路行业文化传播机制,公路行业舆论引导能力明显加强,能系统地、准确地将广东公路的整体形象信息传达给社会公众,不断强化公众对公路的认识和认同,从而使广东公路在社会公众中树立起良好的社会责任形象和美誉度。

(9)广东公路行业文化品牌影响力明显提高。形成一批富有广东特色的文化公路品牌和道班文化品牌,在全国交通行业的影响力明显提高。

2. 中远目标(2018 年—2025 年)

通过深入开展公路行业文化建设,初步建立起适应中国交通事业发展,符合广东省经济、社会和文化发展战略,体现先进生产力发展要求和职工根本利益,具有广东公路特色的公路行业文化管理体系。文化建设领导体制、工作机制更加完善,文化设施更加完备，公路文化产品、文化活动更加丰富，文化建设氛围更加浓厚，职工文明素质明显提高，文化在公路行业综合竞争力中的地位和作用更加突出，文化的活力和社会影响力不断扩大，文化在公路事业发展中的作用日益显著，文化管理的自觉性不断提高，文化建设为行业科学发展、职工全面发展的服务能力显著提高。

3. 远期目标

在实现行业文化建设近期目标和中远目标的基础上，实现行业文化与公路事业健康持续发展、公路行业发展与经济社会发展、行业发展与职工全面发展、行业发展与自然生态文明和谐相融的新局面。

第三节　公路行业文化建设实施与保障

公路行业文化建设是一个长期的过程，不能一蹴而就，揠苗助长，需要持久的培育和精心的打造，只有把行业文化建设作为公路行业各项工作的重点来抓，纳入公路事业发展的总体规划，明确目标，分步推进，才能提高行业文化建设的生命力、持久性和实效性。

一、实施步骤

公路行业文化建设是一个不断发展、逐步完善的动态过程，是一个由实践到理论，再从理论回到实践的过程。公路行业文化建设一般可分为四步走，即准备阶段、设计阶段、实施阶段和总结阶段。

1. 准备阶段

主要内容有计划准备、组织准备、思想准备及物质准备。

(1)计划准备。公路行业文化建设的目标一经确定之后，必须制订行动的计划图，图内详细说明事前所要做的工作，确定任务的主次或轻重缓急，提出行动的规范与要求，筹划工作流程，进行特定的工作安排、人力安排、时间安排和物力安排，并用文字加以注解提示，尽量具体清楚。指标类的工作任务可简单罗列，着力考核操作。

(2)组织准备。包括落实组织机构，配置工作人员以及制定必要的规章制度。根据公路行业文化建设的目标并结合客观情况，明确执行机构，这是公路行业文化建设的关键步骤所在。只有设置文化执行机构，才能落实到具体工作人员。在人员安排上，要合理确定机构人员结构，单位一把手作为执行机构负责人，并尽可能保持各种素质的人员能在文化建设这一机构中有一个较好的比例。制定合理的规章制度，能使公路行业文化建设规范化、标准化，确保全体成员统一行动、统一指挥，以达到公路行业文化建设目标的正常实施。一般而言，规章制度包括：

①领导制度，这是一项根本性的制度，关系到公路行业文化建设的成败；

②工作制度，它具体规定各项工作流程，保证组织工作的正常进行；

③责任制度，它明确规定文化建设机构内各职位的责、权、利，做到各司其职、各负其责。领导制度是规章制度的关键，工作制度是规章制度的保障，责任制度是规章制度的核心。

(3)思想准备。思想准备是指公路行业广大干部职工都应对公路行业文化建设目标与重点有一个清晰的认识，以便统一思想，协调工作，使公路行业文化建设目标成为全体公路人自觉行动的指南，激发其工作热情，为实现公路行业文化建设的目标努力工作。思想准备从宏观方面还应该包括对社会公众进行各种形式的宣传和介绍，使公众对公路行业文化建设目标与工作重点有全面的了解，并认同与支持公路行业文化建设的各种安排。唯有如此，公路行业才能与社会公众沟通，在全面和客观地弄清社会公众要求与愿望的前提下，搞好公路行业文化建设。

(4)物质准备。主要包括资金准备和物资准备两项活动。资金准备是根据公路行业文化建设目标的实际情况列出各项活动内容所需要的经费开支细则及项目安排。物资准备是指在公路行业文化建设的工作中所需要的办公用品、文化活动物资及硬件设备等。物质准备是如期或提前完成公路行业文化建设目标的必备条件。

2. 设计阶段

本阶段旨在明确提出公路行业的价值观念体系和理想追求，用准确生动的语言确定公路行业精神的含义，这是公路行业文化建设关键的一步。它包括以下几个操作步骤：

(1)筛选。现代社会已经积累了大量的精神产品。公路行业文化建设应进行适当的筛选。筛除精神糟粕，选取其中的精华。筛选工作能明显提高公路行业各项管理工作的效率，促进公路人人格的健康发展，增强公路行业内在的凝聚力，加强社会凝聚力是公路行业文化的本质和精神内容所要求的。在今天，公路行业要适应经济社会发展趋势，要竞争取胜，就必须坚持提高工作效率发展；要文明取胜，就要使取胜的过程成为理解和尊重人的过程，就必须坚持促进公路人人格健康和增加公路行业的凝聚力；要赢得社会的支持，就必须增强社会凝聚力，为社会服务、为社会发展做贡献。

(2)梳理。通过筛选而得到的精神财富，是以一般形态存在的，并不具有公路行业的特色。梳理就是对公路行业发展的历史和现状，特别是对公路建设、管理和养护活动中直接萌发的观念和意识，对公路事业发展过程中的重大标志性事件、成功案例、先进人物典型等，进行系统深入的回顾、调查、分析、研究，为总结公路行业文化特质和提炼行业文理念奠定基础。梳理可以用相互对照的方式进行,主要理清三类事实并找出其根源:一是不符合公路事业健康发展的精神事实;二是符合标准的精神事实,三是超出标准的范围,从而孕育着更高精神境界和理想追求的事实。

(3)发掘。发掘旨在将梳理得出的第二类和第三类事实当作一种宝贵资源加以开发,任务是找出这两类事实的形成机理和进一步发展的生长点。

(4)计划。完整的公路行业文化建设计划,只有在做好筛选、梳理、发掘的基础上才能形成。因为它必须推出三套东西:第一套是经过科学论证而又具有公路行业特色的价值观念、公路精神、公路信念、公路宗旨、公路理想、公路规范等,它们是以理论和口号的形式出现的;第二套是能够体现这些价值观念、公路精神等的个案说明,但也可以是其他公路组织成功的经验,甚至还可以是设想出来的个案和生动的故事等,目的是要把第一套东西形象生动地表述出来,使公路职工易于了解;第三套是灌输或实现这些公路价值观念、公路精神的步骤、设想和可操作性的程序。

3. 实施阶段

当公路行业文化建设的准备工作就绪后,下一个任务就是具体的落实。这是整个公路行业文化建设的中心步骤。该步骤实施的好坏直接影响到公路行业文化建设目标的达成与否,因而是公路行业文化建设步骤中最重要,也是最复杂、难度最大的一个阶段,是公路行业文化的转化阶段,它以内化、外化、习俗化和社会化等形式表现出来。

(1)内化即将具有公路特色的文化铭刻在公路职工的心灵上,内化为广大公路人的品质,并孕育出公路行业特有的英雄模范人物。

(2)外化即通过公路人的可见行为、管理组织以及在公路行业一切有形的公路理想、公路精神、价值观念。

(3)习俗化即把公路行业的价值观念、公路精神、公路意识等,变成全体公路人自发地加以遵守的风俗、习惯、舆论、仪式等。这是一个长时间的转化过程。

(4)社会化即公路行业通过履行社会责任和提供具体服务,向社会传播公路价值、公路精神、公路理想,展示公路风俗、公路思想,使全社会接受并支持公路行业的文化建设,支持公路事业发展。

在公路行业文化的上述四个转化过程中,内化是基础。如果没有公路人对公路行业文化的理解和接受,公路行业文化的外化、习俗化、社会化都是一句空话。外化、习俗化、社会化是公路行业文化在公路行业内发展到一定阶段的产物,是公路行业的宣传表现和社会对公路行业文化承认接受的过程。

在公路行业文化建设的实施进程中还应注意,对任何精神文化的理解和接受都不是天生的，而是一个培养和教育的过程。公路行业文化建设同样是这样的一个过程。公路行业的领导要利用一切有利机会，向广大职工灌输公路的价值观念、公路精神、公路意识等，使广大职工通过日积月累，达到精神境界的升华。另外，个体对文化的理解和接受有深浅、宽窄之分，如果要求每个职工在短时间内对公路行业文化都有深刻、全面的理解并全盘接受，这是不现实也是不合理的。不同部门的成员，理解文化的侧重点有所不同。因此，不同部门不同层次的成员对公路行业文化接受的系统性和深刻性也是有区别的。这种区别是同一系统中不同层次的区别，是公路行业内部不同组成部分之间的区别。公路行业文化建设强调建设共享的价值观，培育公路人都认同的公路精神，把公路人凝聚成为整体，但却又不抹杀特殊角色与个性。

4. 总结阶段

公路行业文化建设阶段目标的完成，标志着实施阶段的终结，公路行业文化建设随之进入一个新阶段，即总结阶段。工作总结是全部文化建设的最后一道工序和环节。通过总结，以理论为指导，综合分析各方面的得失，汲取教训，总结经验，把不完全的初步认识提高到系统和理性高度，摸索出文化建设工作及公路行业文化发展的一般规则，减少下一步行为的盲目性。总结阶段应注意的问题有以下三点：

(1)文化建设的领导者要重视整个总结阶段。由于领导者始终扮演文化建设活动中的主导角色，既熟识全局的情况，又能对出现的问题进行全面的分析，并能采取相应的对策和措施来影响当前和今后的文化建设，领导者在文化建设的总结中具有举足轻重的作用。

(2)要充分发扬民主，发动各方力量进行总结，使总结活动做得更全面、更合理、更具有代表性，从而提高文化建设的水平，推动公路行业文化建设全面、健康地发展。同时，在总结过程中，要利用各种形式，广开言路，组织公路职工摆成绩、查缺点、找差距、出主意、想办法，使大家畅所欲言，为下一轮的公路行业文化建设提出建设性的意见。

(3)回顾过去，立足现在，着眼将来。总结不是形式主义，而是为了把今后的工作做得更好，开创新的局面。对任何工作总结，都要毫不含糊地把握这一根本目的。因此，在总结方法上，必须着眼于未来。把历史作为一面镜子，善于从历史的经验教训中，抓住对未来最有意义的东西，作为总结的重点，以指导今后的文化建设。

二、保障措施

1. 加强对公路行业文化建设的领导

各级公路管理部门要加强对行业文化建设的领导。管理者是行业文化建设的倡导者和指挥者，在行业文化建设中起关键作用，管理者要以高度的文化自觉，着眼于行业长远发展，要用战略的眼光，出思想，出对策，提出正确的文化价值观念和建设思路，并以身作则，率先垂范。要带领职工进行行业的体制创新、制度创新和管理创新，把全体职工认同的文化理念用制度规定下来，渗透到公路事业各项管理的过程。建设先进的行业文化是各级公路管理部门党政领导的重要职责，要把加强公路行业文化建设作为公路事业又快又好发展的一项重要战略任务和一项基础性工程，列入议事日程，与其他工作同部署、同检查、同考核、同奖励。各市、县公路管理部门要明确行业文化建设的决策机构、主管部门和领导责任，要根据行业文化建设实施纲要，制订本地、本单位行业文化建设的具体实施计划，明确目标、主要任务和具体措施，精心组织，加强监督，狠抓落实。

2. 坚持开展公路文化理论研究

公路行业文化建设尚处在探索和起步阶段，要加强对公路行业文化建设的理论研究，认真探索公路行业文化建设的基本特征、架构体系和操作方法，学习借鉴国内外文化建设的成功经验，紧密结合本地、本单位的特点和实际情况，构建具有自身特色的公路行业文化体系。要加强理论传播阵地建设，充分发挥《南方公路》这一理论传播载体，积极引导公路行业文化研究。要充分发挥全省公路职工思想政治研究和文化研究的主导作用，针对行业文化建设的重点、难点和热点问题进行理论研究，探索新规律，研究新思路，科学总结行业文化建设的实践经验，定期出版研究论文集。

3. 健全公路行业文化建设的运行机制

建立健全公路行业文化建设的制度保障体系，完善行业文化建设工作规范。要完善行业文化建设效果评价及考核标准，制订表彰奖励办法，建立行业评价与社会评价相结合、集中考评和日常考评相结合的综合考核评价体系，建立健全文化建设活动信息数据库。要建立科学的文化管理制度和完善的文化培训体系，保证公路行业文化建设工作的顺畅运行。

4. 重视人才队伍建设

注重加强文化人才的培养。文化人才是公路行业文化建设与发展的生力军，要造就一支德才兼备、锐意创新、结构合理、规模宏大的高素质公路文化人才队伍。第一，要坚持以人为本的科学人才观。人才资源是第一资源，行业文化建设的成绩离不开文化人才队伍的支撑，要用战略眼光看待人才工作，把人才的重视真正体现在发现、培养、选拔和使用等环节，最大限度地发挥人才资源开发在宣传文化事业中的基础性、战略性、决定性作用。形成育才、引才、聚才、用才的良好环境和政策优势，为深化公路行业发展输送高素质人才。第二要优化人才结构。根据行业文化发展规律,创新文化人才培养模式,优化人才结构,提升人才层次,着力培养造就一批文化大师、一批公路行业文化传播的领军人物、一批掌握现代文化传播技术的专门人才。第三要完善各项体制机制。才干的施展需要良好的环境,良好的环境要靠创新体制机制去构建。改变只重视技术人才,轻文化人才的用人体制机制,进一步完善文化人才教育培养机制、选拔使用机制、考核评价机制,为文化人才提供发展空间、实践舞台和创业天地。

5. 强化经费投入

各级公路部门要将公路文化建设经费纳入行政经费开支的总体安排,有意识地不断加大公路行业文化建设经费保障,逐步形成对公路行业文化建设多渠道投入,为推动文化建设工作有效开展提供坚实的物质保障。

第五章
广东省公路行业文化建设模式

广东省地处我国南部,是改革开放的前沿阵地。伴随着广东经济社会的发展进步,广东省公路事业取得了长足的进展,为推动经济发展做出了不可磨灭的贡献。截至2013年年底,广东省公路总里程19万公里,公路密度105.3公里/百平方公里。《广东省综合交通运输体系发展“十二五”规划》中提出:在现有12条出省高速公路的基础上,新建成7条出省高速公路,从而使广东出省高速通道增至19条。未来三年,广东每年还将新建5000公里左右的农村公路。在公路事业的蓬勃发展中,广东省公路行业注重文化建设,通过广东公路人的不懈努力,形成了具有地域特征和行业特色的公路文化。尤其是进入“十二五”以来,广东省公路行业的领导者高瞻远瞩,围绕“幸福广东”的主题,在原有公路文化建设的基础上,提出了进一步加强文化建设,引领行业又好又快发展的工作思路,搭建平台、出台政策、搞活机制,展现了求真务实的公路文化发展思路。本章主要讨论广东省公路行业文化建设的模式选择。

第一节　公路行业文化建设模式分析

在广东省公路行业文化建设的实践中,遵循文化建设的规律,结合广东公路行业发展的实际,形成了比较完善的文化建设做法,积累了较为丰富的经验,取得了显著的成效。文化建设如同其他任何社会实践活动一样,在长期的探索和实践中,可以形成符合自身规律和社会发展要求的模式。

一、行业文化的建设模式

各行各业都注意到加强文化建设的重要性,在具体的实践中遵循文化建设的内在规律,积淀了具体的做法和经验,形成了行业文化建设的模式。本节介绍各行业和各领域文化建设中普遍认可和采用的几种文化建设模式。

1. 质量文化建设模式

质量文化是伴随着质量管理发展的历程逐渐产生和形成的,质量文化建设模式由四个板块组成。

(1)质量文化定位。目的就是确定质量文化方向与追求的目标。主要工作包括:

①确定组织的使命、愿景、价值观,明确文化发展的总体方向;

②明确质量文化建设要达到的目的与结果;

③确定并展开质量价值观(或称质量价值体系,包含质量哲学与理念、质量精神、质量原则、质量道德观等);

④制定或确认质量方针以明确在质量方面的意图和方向(质量方针是质量文化的重要内涵与表达方式);

⑤设定可评价的目标、指标,如员工敬业度、制度执行率、工作差错率、员工参与度、行业满意度、品牌价值等。

(2)组织管理与激励。目的就是建立质量文化的推进机制。主要工作包括:

①建立领导小组或推进委员会负责质量文化建设的规划和资源配置;

②指定日常管理部门,并落实各部门的相关职责;

③明确质量文化的管理手段与方法;

④建立激励机制,确保质量文化建设切实有效地推进。

(3)文化促进过程。目的就是将确定的文化方向和期望目标通过具体过程转化为现实。文化促进过程指直接推动质量文化变革与发展的过程,是最直接、最具体的实施过程。可将文化方向与期望目标转化为质量文化现实。主要工作包括:

①识别并确定所需过程,这一过程主要包括文化促进过程、内部沟通过程、行为规范与制度建设过程。文化促进过程可包括教育培训过程,开展质量文化促进培训包括

强化质量意识;内部沟通过程,是指建立开放、有效的沟通平台,双向沟通传播文化营造氛围;行为规范与制度建设过程,是指制定和确定能贯彻和体现组织价值观,直接影响员工行为规范的有关制度和行为准则。

②确定文化促进过程要求,并依据过程管理方法,对促进过程进行策划、控制、改进。

(4)评估与改进。目的就是建立质量文化评估机制,评估质量文化总体成效,并推动改进。主要工作包括:

①依据文化定位、期望目标及计划要求对质量文化建设实施进行评估;

②定期收集整理有关信息和数据掌握质量文化建设绩效的结果;

③将当前取得的实际成效与理想状态或选定的标杆作比较并评估;

④依据评估结果提出并改进举措。

质量文化建设应遵循以下5个步骤:

(1)调查研究。主要任务是通过调查研究,总结清理原有文化,摸清文化基础。

(2)酝酿讨论。主要任务是通过充分酝酿讨论,确定未来质量文化的定位。提出未来质量文化的方向和期望目标(即理想的质量文化),确定原有文化中应当继承和弘扬的元素。

(3)计划制订。主要任务是在分析原有文化和应有文化的基础上找出差距,依据期望目标,制订文化发展计划(包括措施计划)。

(4)实施计划。主要任务是按照文化发展计划,进行全面实施。从动员和造势开始并开展大面积培训宣传,确保文化发展计划得以全面实施。

(5)评估与改进。主要任务是对计划的实施效果进行评估,并为下一步改进提供决策依据。

这一文化建设模式的特点在于内容丰富,包括了文化建设的功能定位、实施过程、绩效评价;每一模块的工作内容翔实明晰;5个步骤层层递进、环环相扣,具有极强的可操作性。

2. 引领行业科学发展的文化建设模式

随着人们认识的不断深入,各行各业都普遍认识到文化建设的目的是推动行业的发展,尤其是科学发展观确定为经济社会的根本指导思想以来,这一模式被运用于行业文化建设之中,特别是在一些大型企业集团和国民经济基础性的行业,建立起了基于科学发展观的文化建设模式。其主要特点是根据科学发展观的原则整合文化建设资源、科学确定文化建设的理念,精心规划文化建设的内容。

行业文化建设按照“以人为本”原则,强调“人”在行业发展中的决定性作用,并将其作为行业发展的转变。按照“全面协调”的原则,变革传统以利润增长为主要衡量标准的行业文化,注重把一个行业看成是一个动态的有机整体,强调行业发展各个方面之间的互动与和谐。按照“可持续发展”的原则,力图解决传统发展过程中行业与环境相互对立的矛盾关系,在谋求行业发展的过程中,达到行业与环境之间的和谐持续发展。

由于行业文化可以分为精神文化、制度文化、行为文化和物质文化四个不同的层次,这一文化建设模式中,特别注重将科学发展观的三个基本原则对行业文化每个层次所起的不同指导作用。

(1)建设“以人为本”的行业精神文化。行业的精神文化包括行业的价值观念、行业精神、行业道德和员工职业道德等诸多方面。其中,价值观作为行业文化的核心精神层,指明了行业存在、发展的意义、根本目的,决定了行业努力的总体方向。对于行业文化的管理者和建设者而言,“以人为本”原则意味着对传统行业核心价值观的转变,意味着从过去强调行业发展为主的价值观转变为考虑员工发展的价值观。

2008 年 12 月,东莞市公路管理局举办“东莞公路改革开放 30 年”唱歌比赛活动。

(2)基于“全面协调”原则建设行业制度和行为文化。行业的制度文化涉及范围很广,包括行业的领导体系、决策方式、各项管理制度、行业结构特征以及不成文的行为规范等。基于科学发展观的行业制度文化建设要求从管理理念、组织流程、发展战略、日常管理和人力资源五个方面进行全面创新。在各项管理创新中,始终把握“全面协调”这一根本原则,统筹协调行业发展的各个要素,建设新型行业文化。对于行业员工的行为准则和日常规范,必须依据“以人为本”这一根本理念,按照“全面协调”的原则加以设计和实施。

(3)注重行业物质文化的“可持续发展”。行业的物质文化包括行业的硬件环境、产品、技术、品牌和行业形象等。科学发展观要求行业的物质文化建设必须注重“可持续发展”的原则,注重协调行业与环境、行业与员工之间的关系,在注重行业发展的同时,也需注重行业对环境和员工的影响。为员工创造舒适、人性化的工作环境,为社会创造环保、和谐的产品。实现行业与社会的可持续发展,是行业物质文化建设的重要原则。另一方面,随着社会更加注重品牌、价值和服务,行业还需重视自身品牌和服务的建设。科学发展观要求行业必须注重自身社会责任感的建设,注重树立良好的行业形象。

3.“五四三二一”文化建设模式

这一文化建设模式主要为一些企业所采用。具体而言,就是“以五种发展理念为根,四种企业精神为干,三种管理机制为枝,两项管理措施为花,一个共同愿景为果”。

“五”即树立“以人为本、务求实绩、服务社会、协同共进、开拓创新”五大发展理念,作为行业的生存之根。以“以人为本”为基石,以“务求实绩”为方针,以“服务社会”为宗旨,以“协同奋进”为动力,以“开拓创新”为目标。

“四”即培育“服务、诚信、创新、和谐”四种精神,作为行业发展之干。服务,就是要服务社会、服务社会主义精神文明建设;诚信,就是要诚实待人、讲求信用;创新,就是要在继承中发展,在发展中创新;和谐就是要实现行业内部以及行业与社会和谐共赢。

“三”即构建三大管理机制,作为企业的繁盛之枝。一是构建市场导向机制;二是构建互动管理机制;三是构建成本核算机制。

“二”即采取两项管理措施,作为行业兴旺之花。一是构筑行业资源计划系统。二是进行学习型组织建设。

“一”就是实现一个共同愿景,视为行业成功之果。共同愿景表现为组织成员共同认可、接受并内化为自身追求的组织使命、任务、目标以及价值信念体系。

这一文化建设模式具有高度凝练、目标明确、内涵全面、措施得力的特点。紧紧围绕行业的共同愿景这一目标,确定了文化建设的措施、建立了文化建设的机制,培育了行业精神,通过文化建设促进了行业发展的理念。

二、现行的公路行业文化建设模式

党的十七大以来,大力推动文化建设、提升文化软实力成为社会的普遍共识,并得到广泛的实践和探索。2011 年 10 月,党的十七届六中全会做出了《关于深化文化体制改革推动社会主义文化大发展大繁荣若干重大问题的决定》,第一次提出“建设社会主义文化强国”的奋斗目标。党的十八大报告又提出:文化实力和竞争力是国家富强、民族振兴的重要标志。要提高国家文化软实力,发挥文化引领风尚、教育人民、服务社会、推动发展的作用。

社会各行各业大力加强文化建设,推动了文化的繁荣发展。如交通运输部高度重视交通行业的文化建设。2010 年 9 月召开了全国交通运输行业精神文明建设工作会议，会议指出，要“践行社会主义核心价值体系，不断开创交通运输行业精神文明建设工作的新局面”。会后，交通运输部印发了《全国交通运输行业精神文明建设规划(2011—2015)》、《交通运输行业核心价值体系建设实施纲要》。(以下简称《规划》、《纲要》)在《规划》和《纲要》的指导下，广东省公路行业开展了多层次的精神文明建设和文化建设活动。比如，2011 年开展了“用心服务，畅享交通”的文明创建活动，“为民服务创先争优”的窗口活动；大力宣传“人便于行，货畅其流，服务群众，奉献社会”的行业核心价值观；开展“身边的楷模”事迹巡回宣讲活动，树立了鲜明正确的价值导向，引领了行业新风，展示了新时期广东交通运输行业新形象。2012 年，围绕“用心服务，畅享交通”主题，深化行业文明和文化建设。以弘扬交通精神和时代风貌为重点，继续选树“身边的楷模”；以行业核心价值体系为重点，以实施交通文化建设“十百千”工程为抓手，培育和打造行业的服务和文化品牌，推进了行业文明和文化建设再上新台阶。

2012 年，交通运输部和广东省交通运输厅相继发布了交通运输行业精神文明建设工作要点，对文化建设工作进行了具体部署。

江门江顺大桥，2011 年 11 月正式动工，2014 年年底建成通车。主桥为双塔双索面混合钢箱梁斜拉桥，全长 1172 米，主跨 700 米，是广东省第一大跨、全国第七跨斜拉桥。索塔为“H”形塔身，塔高 186 米。该桥建成通车后，江门实现了与广佛经济圈的无缝对接。

与此同时，广东省委制定了《建设文化强省规划纲要》，提出要“建设幸福广东”。公路交通是经济建设、人民幸福的重要支柱，公路人要努力为人民群众铺就更多的“幸福之路”。广东省公路多项指标走在全国前列，路网结构能基本满足群众出行需求，但是离群众期望“更便捷、更舒适、更安全”的幸福出行需求还有很大的差距。如何提高路面质量、打造公路行业文化特色，让出行的社会公众真正享受“车在路上走，人在画中游”的幸福惬意，是新时期交给公路人的新任务。

自“十一五”以来，尤其是近几年来，广东省公路管理局作为行业管理者，在推动公路行业文化建设、打造具有广东公路特色的文化品牌方面做了积极的探索，取得了一些有益的成果，形成了较为完善的体系和模式。回顾过去广东省公路行业文化建设的具体做法，我们可以粗略概括出目前采用的几种文化建设模式。

1. 统筹协调、纵横相接的文化建设模式

面对当前交通运输建设的新形势、新要求、新任务，广东省公路行业意识到，加强公路行业文化建设，提升行业软实力已经成为广东公路人的当务之急。广东省公路管理局不断完善组织，建立机制，形成了统筹协调、纵横相接的公路行业文化建设模式。这一模式的主要特点是统一领导，自上而下，纵向相接；明确文化建设的内容，文化建设内容的板块环环相扣，有效衔接，横向相连。

广东省公路管理局 2010 年 1 月专门成立了公路文化与发展研究会，为公路行业文化建设的组织部门，公路局主要领导负责文化建设，派正处级干部担任会长。同时 21 个市公路局和 10 个直属单位也成立了相应的文化建设组织部门，单位主要领导负责或参与文化建设，安排 3 至 5 名专职人员开展文化建设工作。各县公路局和市局直属单位也按照相应的要求成立了文化建设的组织部门。纵向上组建了全省公路文化建设的三级网络。省级、市级文化建设部门聘请了政府相关部门领导、专家学者和文化名流担任名誉会长或顾问，定期召开文化座谈会，探讨解决公路文化发展中的问题和障碍，研究制订公路文化发展的基本路线、发展目标、实现途径等。

广东省公路行业在经过充分研讨论证的基础上，结合实际情况，合理规划了文化建设的内容，从统一形象标识、选择文化建设载体、培育典型，到建设学习型公路组织、丰富职工文化生活、拓展文化阵地等；公路行业文化建设的内容较为科学合理，各文化建设内容较为完善和丰富，内容之间横向上相互关联衔接，相互渗透涵盖，形成了一个较为完整的内容体系。

梅州大麻林坑口休闲区，是省道 S333 线（梅县至大埔）改造提升示范点。休闲区内建有凉亭、石凳、卫生间，是游客旅途中休闲、娱乐的好去处。

为员工集体过生日是中山市公路局多年来坚持的传统。图为 2013 年 6 月员工生日活动现场，领导与当月过生日的寿星们一起切蛋糕，许下美好的生日愿望，共享美妙的温馨时光。

统一领导、纵横相接的公路行业文化建设模式，由于其文化建设机构的三级网络，能保证公路行业文化建设的整体部署，强力推进。内容上的横向相接能保证文化建设的完整性。但是在具体的操作实践中，也存在不足之处，主要表现为，统一领导和部署具有高度的整合性和组织行为，不利于各地市公路局挖掘地域特色和地域文化，打造具有地域特征的公路文化；在一定程度上还制约了地市公路文化建设的积极性。文化建设内容上的统一规划虽然保证了横向相接和相对完整，但是也忽视了文化的开放性，这一规划的内容在一定程度上具有相对的封闭性；另外这种文化建设内容模块的相对独立造成了内容上条块分割。

2. 形象标识为主、文化载体为辅的直观显性文化建设模式

通过对广东省公路行业文化建设中统一形象、规划标识，打造公路文化载体品牌的梳理，我们认为公路行业文化建设采用的是一种以形象标识为主、文化载体为辅的直观显性文化建设模式。这一模式的特点就是直观地提升了公路行业形象，打造了公路品牌。让人们直观地感受到文化建设的成效，进而彰显公路行业的凝聚力和影响力，更好地为社会服务。

2011 年，针对统一行业标识问题，广东省公路管理局完成了形象标识的调研、设计和试点工作。2012 年开始，广东省公路管理局正式发文全面推广实施，并组织召开了实施全省公路行业标识《VI 视觉识别系统》培训班，规范使用和管理统一标识工作，在全省公路系统积极推动行业标识的统一规范，优化现有的路徽和“广东公路”、“GUANGDONG HIGHWAY”。省市公路部门已按照要求逐步对办公大楼、会议室、宣传栏等进行了装修完善，按标准统一印制了信封、档案袋和资料袋等办公用品，并逐步

更新了养护工人安全服、新式路政制服及道路警示墩等。

同时，选择载体，积极打造文化公路，注重公路物质文化建设，全省努力创建体现“畅安舒美优”的养护示范路，提升公路的文化品位。通过精心规划设计，将广府文化、客家文化、潮汕文化、雷州文化、华侨文化、海洋文化等岭南文化特色，融入公路建设和管理，打造与众不同的文化公路，体现地区特色和文化风貌，创造通行的文化体验。省公路管理局还以韶赣高速公路为依托，试点开展公路文化建设；江番及江珠北沿线高速公路在规划设计阶段就高标准谋划公路文化建设；各市公路局也选择一条以上公路作为公路文化建设试点。同时为深入推进交通运输行业文化建设，进一步提高“三个服务”的能力和水平，全面提升现代交通运输业发展软实力，树立交通运输行业的良好形象，从2011至2015年全省交通运输行业开展交通运输文化建设“十百千”工程。这一些文化建设的具体举措都以具体的载体为平台，培育典型。推进文化建设不断向前发展。

这一文化建设模式中，具体措施切实可行，具有极强的可操作性，其建设成果通过直观显性的载体得以体现，向社会展示出公路行业的精神风貌。但是这一模式的着力点和侧重面是公路行业文化中的物质文化和行为文化。

3. 文化活动为载体，以阵地建设为途径的文化建设模式

文化建设离不开具体的文化活动和建设阵地，广东省公路行业文化建设同样离不开文化活动和阵地拓展，形成了以文化活动为载体，以阵地建设为途径的文化建设模式。这一文化模式的主要特点是通过打造学习型的组织，大力开展文化活动，不断拓展文化建设的宣传阵地，文化活动制度化、体系化、特色化，建设阵地固定化。

近年来，广东省公路管理局致力于建设学习型机关和学习型行业，重视队伍的学习和培训，努力提高队伍的整体素质。举办广东公路青年人才论坛，组织干部职工分批到清华、北大等国内知名高校参加学习培训，邀请专家学者举办专题讲座。各地市公路局也积极建设学习型组织，如东莞市公路局自2009年以来，委托国内著名高校，以集中授课与外出学习相结合的形式举办干部岗位培训班，分批次对机关人员和直属单位负责人进行岗位培训。

在公路行业文化建设中，坚持以人为本，大力开展丰富多彩的文化生活。注重公路职工对文化生活的追求和需要，以开展群众性创建活动为载体，经常开展知识竞赛、歌舞、摄影、绘画、书法、运动会、演讲比赛、文艺晚会、手工制作等文体活动。借着建党90周年的契机，全省公路系统评选、表彰了“南粤公路红旗飘扬”百佳人物，并对其先进事迹编辑成册，以《标杆》为书名正式出版。对其中的突出先进典型，还在全省进行大力宣传和巡回演讲。组织举办了以“幸福之路”为主题的大型文艺晚会，以舞蹈、音

湛江市公路局举行“七一”市直工委文艺汇演

2012 年 1 月，阳江市公路局组队参加广东省公路局系统职工趣味运动会，荣获第一名。

乐诗画、小品、快板、情景剧、走秀等表演形式，讴歌我省公路系统的先进事迹和辉煌业绩，展示了我们公路人良好的精神风貌。举办的全省公路系统“法治公路”知识竞赛，不仅使全系统广大干部职工接受了一次普法教育，而且向社会展现了广东公路人良好的法律素养和精神风貌。茂名市公路局组织了“全国五一劳动奖章”获得者柯汉忠同志事迹报告团，到基层各单位进行巡回演讲，并以“9 · 21”抗洪救灾为题材，精心编排舞蹈《争分夺秒》，展现公路人不怕苦、不怕累、顽强拼搏的风采。各市公路局开展的演讲比赛、运动会和歌舞晚会等文体活动都极大地丰富了职工的业余生活。

公路行业文化建设中，积极拓展公路文化建设阵地。一是成立了中国公路摄影协会广东分会，将摄影分会打造成为一个全省公路系统交流、沟通的平台，一个全面展示公路发展成就的平台，一个展现公路行业干部职工良好精神风貌的平台。二是充分利

茂名市公路局茂南收费所表演舞蹈《欢欣鼓舞》

用报纸、电视、杂志、网站等大众传媒，加大公路文化宣传力度。利用《广东公路信息》、公众网等，增设公路文化建设的图片新闻、热门话题栏目，讨论公路文化建设中的热点、难点问题，出版反映公路职工精神风貌的画册，制作公路行业建设成果专题片，加大正面宣传力度，引导公路文化产品的创作和传播，推出了一批反映公路发展成就，热情讴歌公路职工新的精神风貌的文化作品。三是2012年开始，开展“四个一”工程，即拍摄一部公路系统宣传片，拍摄一部以公路为题材的电影，创办一本杂志(《南方公路》)，举办一次以“我爱公路”为主题的摄影比赛。另外具有代表性的是，清远市公路局与市纪委共同举办了以“廉风和畅 · 爱莲说”为主题的荷花国画展，弘扬格调高雅、健康向上的廉洁文化。同时，清远市公路局还制作了一批弘扬公路廉政文化的公益宣传牌，设置在市区的主要路段和收费站，既美化了公路环境，又起到了很好的警示和威慑作用。

这一文化建设模式以文化活动为载体，具体的文化活动内容丰富多彩，文化阵地建设体现时代性，结合了公路行业的特质，对传播公路行业文化起到了积极的作用。

三、外省公路行业文化建设模式

在分析广东省公路行业文化建设模式的选择前，我们先对国内其他具有代表性省份的公路行业的文化建设模式进行了总结。

1. 山东省公路文化建设模式：创建文明行业，构建和谐公路

山东省把公路文化建设作为提升行业核心竞争力的重要途径，以文化引领创建，增强行业的影响力和辐射力。“与时代同步、与文明同行”成为全省公路系统的普遍共识，“创建文明行业、构建和谐公路”成为全体公路人的共同追求。

以构建和谐公路为目标，发展先进公路文化，塑造行业核心价值理念。站在全省经济发展全局的角度审视公路适应能力，站在人民群众对公路交通需求的角度审视公路服务水平，站在行业以外的角度审视公路工作存在的问题，牢固树立以人为本的理念，自觉把落实“三个服务”贯穿于公路工作的全过程，进一步强化服务意识、增强服务能力、改进服务方式、提高服务水平。

以造福人民为己任，加快基础设施建设，加强公路物质文化建设。把“以人为本，以车为本，人便于行，货畅其流”作为行业物质文化发展的出发点和落脚点。一是在公路发展上，积极促进公路物质发展数量和质量的统一，“三纵连四横，一环绕山东”高速公路主框架基本形成。二是在公路工程建设上，进一步健全质量保证体系，强化工程质量责任制，推动工程质量管理工作的规范化和制度化；积极开展“安康杯”竞赛和文明工地创建活动。三是在公路养护上，认真做到精细化养护，突出预防性养护，全面实施 GBM 工程、文明样板路建设和安全保障工程，确保路况无次差，桥梁设施无隐患、公路绿化形成景观，精心打造管理规范。

以创建文明行业为载体，塑造公路文化品牌，加强公路精神文化建设。围绕创建和谐公路，积极培育和发展具有浓郁特色的路文化、桥文化、站文化、车文化和公路人文化，推行行业形象统一战略，导入 VI 形象设计，重视公路标志、标识、颜色、符号的研究和应用，进一步规范确立行业理念、行业精神、行业道德、行业制度，不断增强行业的认同感和归属感。积极开展公路文化产品创作，大力实施“五个一”工程，努力形成一批公路文化研究成果，创作一批公路文化作品，提炼一批公路文化建设先进经验，制作一批公路文化专题片，推出一批在社会上立得住、叫得响、影响广、公信度和美誉度高的公路特色品牌，促进公路文化建设深入健康发展。

2. 浙江省公路文化建设模式：文化融入服务，创新引领未来

浙江交通秉承和发扬了浙江人踏实上进的精神，树立质量为先、服务至上的行业价值观，大力弘扬爱岗敬业、求真务实、创新进取、团结协作、廉洁自律的行业精神，谱写出了属于自己的和谐交通文化蓝图。

首先，创新思路。一是在理念上坚持“三个服务”。服务中心、服务人民、服务员工，围绕中心列重点，倾听呼声找热点，在为民办实事上闪亮点。二是在目标上实现“三个发展”。由先进典型向先进群体发展，由规范创建向品牌创建、和谐创建发展；由表层、中层文化建设向核心文化建设发展；三是在领域上立足“三个延伸”。将点、线、面的创建活动结合起来，使行业文化和行业文明由城市向农村延伸；将管理单位的创建活动与管理对象创建活动结合起来，使行业文化和行业文明由系统向行业延伸；将行业创建活动与地方创建活动结合起来，使行业文化和行业文明由行业向

社会延伸。

其次，创新载体。每年至少组织一次文明创建主题活动，并在培育特色文化、打造服务品牌、推出先进典型上下功夫。四大子行业结合各自行业特点，创新载体和抓手，发挥整体合力，提高整体效率，展示整体形象。浙江省公路行业以“文明公路”为抓手，带动收费、服务区、养护、桥隧管理、公路执法等沿线各要素的联创；浙江省港航行业以“文明航道、文明客运航线”为抓手，带动航道管理与养护、锚泊服务区、船闸、港航管理站、水上综合执法、水路客运站、客船等沿线各要素的联创；浙江省道路运输行业以“文明运输”为抓手，带动各管理层和管理对象层的联创；浙江省质监行业以“文明质监”为抓手，带动质监、监理、检测管理层和管理对象层的联创。

再次，创新机制，具体而言包含以下机制：一是工作机制，进一步明确交通主管部门主管、行业管理部门主抓、业主（基层单位）主创的职责，理顺条块创建体制，协调相关部门，吸引群众参与文化创建。二是领导机制，形成党委统一领导、主要领导亲自抓、分管领导具体抓、班子成员分工抓、职能部门组织协调、业务部门分类负责、党政群团齐抓共管的领导体制。三是培育机制，建立总结交流和研讨制度，及时发现亮点，着力挖掘特色，培育文化建设的“领头雁”，营造创建工作“比、学、赶、帮、超”的生动局面。四是评价机制，健全各类创建标准，使评价标准由“普通话”向“行话”转变；完善监督考核机制，强化暗查暗访，使评价结果由静态向动态转变；完善社会评价机制，引入政府、社会各界和服务对象的“评头品足”，使评价方式由封闭型向开放型转变。

3. 江苏省公路文化建设模式：公路承载文化，文化添彩公路

作为文化大省的江苏，提出建设公路文化、打造文化公路，并以204国道江苏段扩建为载体，打造江苏首条文化公路。从2006年起，结合江苏公路的发展实际，经过系统的总结和提炼，提出了江苏公路的核心价值观“更好地为公众服务”。在这一核心价值观的引领下，提出江苏公路的行业使命是“路畅天下，车行无疆”，行业追求是“自强不息，止于至善”，管理风格是“和合力行，积健为雄”，行为规范是“修己安人，厚德载物，修路修心，养路养性”。同时围绕核心价值理念体系开展宣贯和导入，使之成为江苏公路人同心奋斗、共创新业的思想基础和共同愿景。

204国道江苏段文化公路建设就是江苏开展公路文化建设的生动实践。204国道是纵贯江苏南北的一条经济大通道，全长500多公里，沿线四季气候分明，地域文化丰富，城镇节点众多，大道如“虹”，色彩纷“程”。204国道江苏段文化公路建设的核心理念概括为“精于心、简于行”。该理念体现了江苏公路三个层面的文化理念：一是体现了江苏公路的行业核心价值观，即更好地为公众服务；二是体现了江苏公路行业的发展追求，即让老百姓走得更安全、更舒适、更高效；三是体现了沿线的地域文化，即连

云港——海港之城，绽放传奇；盐城——革命之城，薪火相传；南通——近代之城，博大通远；苏州——园林之城，蓬勃似锦。

在具体实施过程中，主要通过“一主四专”即主体工程和安保设计、数字公路、绿色通道、服务设施四个专项工程来体现。在主体工程方面，灵活运用标准指标、充分修复自然景观、精心进行细部处理等设计和建筑新理念，并充分利用老路，针对气候的季节特点和地域文化，对不同路段进行分段设计；在安保设计方面，结合国外成熟的安保工程建设理念，对 204 国道全线安保问题在设计、施工、运营三个阶段开展审查、指导和评估；在数字公路建设方面，在 204 国道沿线建设信息采集、信息传输和信息发布系统，并实现与区域路网指挥调度中心的联通，实现路网的实时监控和智能调度；在绿色通道建设方面，在绿化建设满足功能与景观的前提下，将绿色通道、园林环境和文化景点有机结合起来，增强道路景观的观赏性和阅读性，展现江苏公路地域自然景观环境特色；在服务设施建设方面，因地制宜、因路制宜的确定全线服务设施的规模、间距和布局，同时结合各地的人文历史文化，建设具有各地特点的服务设施和景观。

204 国道是一条“融汇历史，荟萃人文”的文化之路。盐城以南段在省、市、县交界点，服务区，城市出入口，主要交叉口共打造景观小品 20 余处，集中展现 204 国道沿线各地的历史和人文文化。苏州太仓市在苏沪交界点和太仓停车区建造了“江南丝竹风韵”和“太仓娄东画派”的小品及景观，体现了苏州和太仓的地域文化元素；在常熟与太仓交界点设置了景石、亲水平台、亭、轩、花架等景观小品，在景石上题有汪道涵名句：“天下常熟，世上湖山”，充分体现了常熟的人文历史内涵；张家港市在沿线重要节点建造了系列的风帆、棋盘、中华结、奔鹿等雕塑，将张家港市的城市精神和沿线地域文化串联起来；南通通州市在通州与如皋交界处建造了一座乘风破浪的大型钢结构航船雕塑，以融合和体现当地建筑和船舶钢结构的地域产业文化特点；如皋市在九华路口节点建造了造型别致的寿星老人花岗岩浮雕，既体现了如皋的“长寿之乡”美誉，也传达了出行平安、旅途愉快的祝福。

4. 新疆公路文化建设模式：构建公路行业核心价值

新疆维吾尔自治区公路局积极培育“铺路石”精神、“新藏公路”精神、“雪歌”精神、“胡曼”精神，在总结梳理以往文化建设成果的基础上，编写了《新疆公路管理局文化建设手册》和《公路管理局 VIS 视觉形象识别系统规范手册》，指导和规范了全系统文化建设工作。对办公场所、施工场地、生活小区以及标志标牌、公示栏、宣传牌和主要办公用品的外观形象有目的、有重点、分层次进行改造和规范，逐步统一外观形象，向社会展示了交通行业形象。道路运输管理局将文化建设作为提升行业文明建设水平的推手，将道路运输行业核心价值观的树立融入各项工作，形成了《文化建设工作手册》《大众文化建设掠影》《文化建设研究与实践》《新疆道路运输60年发展成就展》等一批文化成果。道路运输管理局还在文化阵地、窗口品牌、旅途亮点、典型人物方面深挖广掘，推出新形势下涌现出来的具有创新精神、反映新时代内涵和要求的典型——部级执法标兵、十佳运管员先进典型杨伦才；以“服务永无止境，服务没有终点”为座右铭的头屯河收费站收费员梁金萍，过手1800万元无差错。

在阵地建设上推行业形象展示。2010年前后，自治区公路局着力加强文化建设的深化拓展工作，建成了库尔勒公路总段“新疆公路发展历程展览馆”和塔城公路总段“胡曼事迹展览馆”两个文化教育基地，指导博乐公路总段建立了职工机械化养护技术教育基地；加强工程项目执行办文化建设，编制了项目执行办形象识别规范手册，为19个项目执行办配备了流动书屋；加强窗口文化建设，指导阿勒泰公路总段收费站“五心”收费服务。

自治区公路管理局总结提炼了以“畅通”为基础，“服务”为核心，“和谐”为方向的公路服务文化体系，表达了公路职工以公为先的公心精神、以路为业的行业操守、以人为本的人文情怀和尽职责、保畅通、重服务、树形象的永恒使命。自治区道路运输管理局从强化道路运输业“人”的素质建设、“行”的安全便捷、“线”的诚信建设、“点”的示范建设等方面，优化文化窗口环境，不断提高“窗口”服务水平，把现代文明意识延伸到对行业人员和对社会服务的每一个行为之中。乌鲁木齐市路政(海事)局从作风建设、效能建设到首问服务、限时服务，点点滴滴诠释着“竭诚为广大车主用户服务”的工作理念，使路政海事文化融化于情、内化于心、外化于形。奎屯公路管理局推广“问询精要，验货细致，汇报及时，放车迅速”的收费服务“十六字工作法”，精心打造奎屯女子收费站的“品牌服务”，四棵树收费站的“金点子策划”，乌尔禾收费站的“向日葵文化”，现已成为交通运输行业窗口文化建设的名片。

第二节　“基础+主题”文化建设模式分析

为探索研究广东省公路行业文化发展，寻求符合地域特征、适合行业发展的文化建设模式。广东省公路管理局将2013年确定为“公路文化建设提升年”，提出要把公路文化建设作为行业发展战略的基础性工程，做好规划，加强协调，落实措施，力求实效。其要求是精心建设一个行业核心价值体系，精心完善一套切实可行的制度规范，精心打造一系列物质文化产品，精心开展一些特色文化活动，精心培育一支优秀的职工队伍。通过广泛调研和探索尝试，我们认为广东省公路行业文化建设应该采用“基础+主题”文化建设模式。

2010 年 12 月,东莞市公路管理局举办局第四届文体活动。

一、"基础 + 主题"文化建设模式的特点

随着党和国家对国内国际环境的认识与工作重心的不同、国家实力和公路建设状况等的变化,公路行业表现出不同的发展阶段,广东省公路行业经历了由粗放型增长向集约型增长转变,由生产增长为导向的发展向以服务质量为导向的发展转变,在国民经济发展和综合运输体系地位稳步提高。在当前广东省公路处于高速发展期,亟需和谐的环境和强有力的文化支撑。作为对公路行业不同发展阶段的客观反映,公路行业文化及其取向也随之出现变化。"基础 + 主题"文化建设模式能根据公路行业不同发展阶段以及对行业文化的不同要求,有选择性的开展文化建设,尤其是主题文化能体现不同的阶段特点和时代要求。

公路行业文化取向由公路行业性质特点所决定。公路交通行业是支撑经济良性发展、促进社会全面进步的先导性、基础性、公益性和服务性行业,具有大网络、大流通、大行业、大队伍的特点,服务是其本质属性。从文化取向角度看,"基础 + 主题"文化建设模式基于公路行业的本质属性和神圣使命所做出的价值选择,是公路行业文化的核心内涵,是进行公路行业文化建设的根本出发点和切入点。基础部分的文化建设契合公路行业的本质属性,主题部分的文化建设能将行业的特质属性与文化建设的客观需求有效结合。公路行业文化取向还受到社会客观环境的影响。公路行业文化取向虽由内因公路行业性质与特征决定,但受外因社会客观环境的重大影响,社会客观环境涉及面广、门类众多、内容庞杂,包括经济体制、政治公众需求、传统文化和现代社会文化等方面。广东公路行业要从推动公路未来全面协调可持续发展的战略高度,进一步推进公路文化大发展大繁荣。充分挖掘广府文化、客家文化、潮汕文化、海洋文化、侨乡文化等岭南文化特色,融入公路建设和管理。

茂名市公路局以高州公路局一家三代养路工的故事为素材创作的情景剧《使命》

“基础 + 主题”文化建设模式是在顺应全国公路行业发展大趋势，突出公路行业自身特点和社会属性，科学定位的基础上，围绕公路行业“三个服务”的功能，对文化建设模式的表述。这一模式的选择也是由广东省公路行业性质特点、发展阶段、社会环境等因素的共同作用下形成的必然选择。

2012 年 3 月，江门市公路局义工队 70 多人积极响应“向雷锋学习”“迎接国家卫生城市复审”，在该局主要领导的带领下。前往耙冲社区，与社区 50 多名青年志愿者一起，在耙冲社区恒美村、坑口村及市区江杜路等路段，开展全面的卫生整治行动。

“基础 + 主题”文化建设模式，不管是基础建设内容还是主题建设内容，都能将公路行业文化建设与客观社会环境有效结合，并支撑和保证文化建设的实践操作。

“基础 + 主题”文化建设模式，一是有利于核心价值观的形成和普及。公路行业核心价值观是一种理念、精神、追求和愿景，更是统一干部职工思想认识的旗帜和标杆。在这一文化建设模式中，确定的基础部分，将核心价值观贯穿于公路工作全过程，

2011 年 10 月阳江市公路局举办运动会

渗透到公路工作各个环节，以公路建设塑造文化，公路养护展示文化，示范公路传播文化，路政管理规范文化，行风建设延伸文化，改革创新发展文化，做到文化建设与公路工作有机结合，相互促进，共同提高，能推动公路事业和谐发展。

二是有利于优化公路文化的外塑功能，打造公路文化知名品牌形象。公路品牌是公路行业社会形象的标志和象征，是行业文化、行业文明的体现和展示，它的核心是服务。随着公路行业市场化的发展和“以人为本”理念的践行，这一模式中确定的主题建设内容，始终坚持以文化塑造品牌，使得本单位的核心价值观得到职工的认同，行为模式得到社会认可，自我管理得以实现，行为规范得到普遍遵守，不断促进良好文化氛围的形成。公路行业文化建设中的主题建设内容能积累成功的经验，在全省公路行业文化建设中加以推广。主题建设内容也能因地制宜，提前规划，精心打造一批具有强大影响力的公路文化知名品牌，塑造全新的行业窗口形象。

2009 年 8 月，中山市公路局在全局组织开展了反腐倡廉警句征集活动。各科室、各基层单位高度重视，广大职工干部踊跃参与，纷纷围绕依法办事、廉洁从政、廉洁修身、风清气正各个侧面撰写反腐倡廉警句 131 条。图为局原党委书记、局长邓杰钊为获奖员工颁奖。

三是有利于发挥公路行业文化的凝聚功能，提高公路行业的战斗力和向心力。马克思主义认为人是生产力中最活跃、最积极、最重要的因素。由于人生经历、文化程度、认识水平、风俗习惯、价值取向等方面千差万别，在广东省公路行业，建设一支政治强、业务精、纪律严、作风正、具有强大战斗力的职工队伍，不仅需要用制度来调节制约,更需要用公路行业文化来统帅职工的思想行为。因此,公路行业文化建设模式根据宏观发展战略,树立人本意识,明确共同愿景,坚定理想信念,把行业核心价值观与科学规范的制度结合起来,积极运用公路文化中所蕴含的导向、约束、激励、思想教化等手段,促使全体职工形成一股强大的向心力和凝聚力,以高昂向上的情绪和奋发进取的精神状态,在行业建设中实现自我价值。

四是有利于强化公路文化的辐射功能,推进社会主义文化大繁荣。公路行业既是支撑经济协调发展、促进生产力合理布局、沟通城乡、保障国家安全和社会稳定的基础性、先导性产业,又是重要的服务业,与人民群众的生产生活息息相关,在构建社会主义和谐社会中承担着重要的职责。“基础 + 主题”文化建设模式充分利用自身存在的优势,积极宣传,把倡导并实践的价值理念,通过外化,为广大社会公众所了解、所感受,进而影响整个社会价值理念的形成与发展,使公路行业文化成为社会主义文化的生长点和贡献源,为社会主义文化大发展、大繁荣做出贡献。

二、“基础 + 主题”文化建设内容

公路行业文化理念及其文化建设的成果首先应该表现为一种外在显性的文化符号,为公路行业所接受和认同,成为一种精神风貌和价值追求;重要的是更应渗透于公路建设、养护、管理等具体实践活动中的文化理念,成为行业发展的行动指南。但是为行业接受认同以及渗透于具体实践活动中的文化理念,往往又是一种不易的行为,更是一个需要积淀的过程。构建适合广东省公路发展实际情况的“基础 + 主题”的文化建设模式,具有一定的创新性。基础文化建设是开展主题文化建设的前提和保证,主题文化建设是对基础文化建设在执行过程中的具体体现,是基础文化建设的进一步升华,两者的有机有效结合,是解决行业文化建设成果成功落地和理清文化建设工作程序的关键所在。

“基础 + 主题”的文化建设模式分为两个层面:外部的基础和主题、内部的基础和主题。

就外部的基础和主题而言,基础文化建设是指常规性文化建设,包括

(1)公路行业视觉识别系统的基本应用与深度推广;

(2)凝练行业核心价值观;

(3)培育行业道德规范建设、制度清理及其设计、具有行业特色的文化载体建设等。

主题文化建设是指

(1)公路系统内凝练文化品牌、提升行业形象的重点建设项目,如文化公路建设、

湛江市公路系统举行拔河比赛

精品路文化建设、“四个一工程”建设等；

(2)根据系统内不同部门和工作职责的侧重点进行的文化建设项目，如廉政文化建设、养护文化建设、服务文化建设、执法文化建设、用人文化建设等。

就内部的基础和主题而言，基础是指公路行业内设的各职能部门的职责和在文化建设中承担的任务。主题是指各职能部门的不同职责和在文化建设中承担的不同任务。基础和主题相互依存、相对独立，在广东省公路行业文化建设中有着相同的职能，又承担不同的任务。

1. 外部“基础 + 主题”的内容解析

我们按照文化的四层次说，对四个层面文化的基础和主题内容进行解析。

物质文化的基础包括：公路基础设施，公路通行能力，公路文化体系，VI 系统，旗帜、歌曲、徽章、色彩等视觉形象标识，规范办公场所、办公用品、设计并规范职工着装，规范收费站、服务区、道班的建筑风格和色调，公路职工的工作环境、生活环境、文化设施等。

物质文化的主题包括：典型示范公路建设(如双十养护示范路的建设、韶赣高速建设)，文化品牌打造(如正在推进实施的四个一工程)，优质工程建设，文化公路建设、精品路文化建设等。

制度文化的基础包括：组织机构，领导体制，内部管理体制、分配体制，整个公路行业必须执行的《公路法》《公路管理条例》《公路保护条例》等法律法规，广东省地区制定的政策法规、各类条例，广东省公路管理局制定的适用于公路行业管理的规章制度等。

制度文化的主题包括：各地区制定的政策法规和条例，各项专题制度和规定，如目标责任制、检查考核奖惩制、工程招标制度、廉政建设责任制等。

2012 年 8 月东莞市公路管理局参加全市机关拔河比赛获得第一名

行为文化的基础包括:行为模式、行为方向、生产管理、教育宣传、公路管理作风、人际关系活动、文娱体育活动、道路养护工作、抢通修复、道路收费、路政执法、道路稽查等。

行为文化的主题包括:专项治超拆章行动,文明示范窗口的创建,先进典型、模范人物的树立,示范单位经验的推广,典型经验的培育,表彰与评选活动等。

精神文化的基础包括:文化理念,核心价值观,社会责任,公路职工共同愿景,群体意识,公路交通精神,职业道德操守,道路建设理念,道路养护理念,收费窗口的服务理念,廉政理念,执法理念等。

精神文化的主题包括:各地区养路爱路护路理念(如把路放在心上,把心放在路上),主题演讲比赛,职业技能大赛,窗口服务理念,反映公路精神的人物宣传,各项文娱活动等。

2. 内部"基础 + 主题"的内容解析

内部的"基础 + 主题"文化建设内容,主要是指公路行业内部各职能机构"基础 + 主题"的文化建设。

基础内容主要是:围绕广东省公路建设开展工作,着力于公路行业"三个服务"能力的提升。贯彻落实执行公路行业文化建设的总体要求和部署。具体包括以下几点:

(1)贯彻执行有关公路管理工作的方针政策和法律法规,进行全省公路管理。

(2)参与制定公路发展规划;组织实施国、省干线建设。

(3)负责公路建设、改造项目的审核、竣工验收;承担公路及其附属设施的建设、路政管理、养护监管、路网运行调度等管理工作;指导监督农村公路管理工作。

2012 年 10 月 19 日江门市公路局在全系统举办 2012 年江门市公路系统篮球嘉年华活动

(4)负责还贷公路的收费和还贷工作;参与公路建设和养护资金的筹措、使用和监管。

(5)负责组织接管经营期满的经营性公路(包括高速公路、桥梁、隧道、渡口)。

(6)负责国、省道安全生产的监督管理;指导农村公路安全生产工作;承担全省公路交通战备、应急抢险工作。

(7)负责公路科技项目的管理及成果的推广应用;负责公路信息化建设。

(8)指导公路行业精神文明建设和行风建设;组织实施创建文明样板路工作。

主题文化建设内容,以部门分工为基本依据可以概括为以下几点:

2011 年 10 月阳江市公路局举办运动会

(1)对应的职能为工作协调、信息公开、机关行政事务、日常运转。主题文化建设内容为,发挥上传下达的桥梁纽带作用;当好领导的参谋助手;服务其他内设机构和服务基层;信息的沟通、反馈;协调各种关系等。具体包括负责文电、会务、机要等机关日常运转工作;承担信息、保密、档案、信访、政务公开、宣传和机关后勤行政管理等工作。这一主题文化建设内容任务主要为综合办公室。

(2)对应职能为发展规划、战略规划、财务监管、绩效评价。主题文化建设内容为:负责公路的规划、前期立项、资金预算等工作。具体包括:组织编制部门预算及综合统计报表;编制国、省道建设规划建议方案;负责工程可行性研究报告的审核;提出有关专项资金和相关收费公路项目还贷资金计划建议;监管基层单位的财务工作,并负责内部审计工作;省级交通建设融资平台工作;全省公路建设和养护资金监管和绩效评价工作。这一主题文化建设内容任务主要为计划财审部门。

(3)对应职能为基本项目建设实施、质量控制与监管、突发事件应急处置、安全控制。主题文化建设内容为:负责公路建设项目的实施管理、安全监督。具体包括承担分级管理范围内国、省道各项新改建工程、省重点公路工程设计审核及公路建设市场管理工作;参与拟订并监督实施公路建设相关制度和技术标准;组织工程实施和质量管理;审核工程预决算;负责交(竣)工验收工作;指导农村公路建设工作;负责国、省道安全生产的监督管理;依法组织或参与公路安全事故调查处理;承担公路行业的应急管理及交通战备工作;负责局机关及直属单位的安全保卫、综合治理工作;指导经营性高速公路和农村公路安全生产工作。这一主题文化建设内容任务主要为基本建设与安全部门。

(4)对应职能为公路养护与管理、路政执法与服务、文明示范路评选。主题文化建设内容为:负责广东省公路的养护和管理工作。具体包括:按公路养护技术规范和操作规程,负责公路、桥梁、渡口的养护管理工作;负责全省收费公路养护监管工作;负责全省公路养护工程市场准入的具体管理工作;负责文明样板路的评选审核工作;负责指导公路绿化工作;负责指导农村公路养护管理工作;负责国道、国道主干线、省道的高速公路路政管理;指导市、县公路路政管理工作;组织实施路产路权管理,承担有关路政许可、路产登记等工作;检查、制止各种侵占或者损坏路产路权行为;监督管理全省公路交通标志标线的设置。这一主题文化建设内容任务主要为养护与路政管理部门。

(5)对应职能为收费与服务窗口建设、科技创新、信息服务与咨询。主题文化建设内容为:设计规划和实施广东省公路的收费工作,开展科技创新,进行各类教育工作。具体包括:负责公路、桥梁、隧道通行费收费站(点)的管理;负责收费站点的设置和收费标准的初审工作;负责省管政府还贷公路通行费的征收管理工作;指导全省通行费年票征管工作;负责组织接管经营期满的经营性收费公路;承担收费公路运营的监督管理(包括服务区的监管);负责公路科技项目立项、评审及科技成果推广运用;

负责公路信息化建设，提供实时路况信息服务。这一主题文化建设内容任务主要为收费与科教部门。

(6)对应职能为人力资源管理与开发、员工培训教育、廉政文化、机关作风建设、精神文明建设。主题文化建设内容为：负责人事制度的执行和改革，监督各项工作，开展廉政教育。具体包括：公路系统人事、劳资、社保、机构编制、离退休人员服务等工作；协助各级党委管理、配备领导班子；负责党务、纪检、监察、统战、计划生育、精神文明建设等工作；组织实施创建文明样板路工作。这一主题文化建设内容任务主要为人事处与监察部门。

第六章
广东省公路行业文化传播

第一节　公路行业文化传播与形象塑造

一、公路行业文化传播概述

1. 公路行业文化传播的含义

传播是人类通过符号和媒介交流信息以期发生相应变化的活动。这种变化使得文化和信息能够被人们接收和接受，使人在知识、智力、价值、态度和行为上发生既定的改变。从文化本身的形成和发展及其功能来看，文化的凝聚、生成和发展离不开传播，传播为文化提供了积淀、传递、延展的介质和载体。

具有旺盛生命力的文化必然具备较强的文化传播力和影响力。尤其在当今这个信息化、网络化的社会，文化的生命力、凝聚力、影响力在很大程度上取决于文化建设者在网络传递文化信息的能力。所以，传播本身就是文化的重要组成部分，是文化软实力的核心力量。

文化建设最根本的目标就是要实现文化落地。对于一个行业来说，文化建设就是要使行业从业人员能够广泛认同本行业的精神、使命等核心理念，将其内化为自身习惯规范和行为准则，并按照行业文化的要求自觉践行，从而实现个体价值和行业发展目标。

同样，公路行业文化建设的过程实际上也是一种公路行业的价值理念、内在品质、整体精神风貌等文化要素向从业人员和社会大众广泛扩散和有效传播的过程。公路行业文化通过广泛传播，对内可使行业理念入脑入心，以充分调动从业人员的积极性和创造性，最终内化为员工自觉遵守行业各项规章制度的行为习惯；对外则可使行业理念得到社会的普遍认同，从而树立良好的公路行业形象，营造有利于公路行业发展的舆论环境。

2. 公路行业文化传播的规律与原则

一种文化的传播程度，既取决于文化自身的性质、发展水平、风格特点以及由此而确定的功能和价值，又取决于文化所赖以生存的组织的综合实力和社会关系状况。因而，文化传播必须遵循一定规律和原则，认识与掌握这些规律和原则，有助于实现传播效果的最大化。

公路行业文化作为一套个性化的符号体系，其传播过程和一般文化传播一样，必须遵循以下几个基本的传播规律：

第一，从传播效果上看，公路行业文化传播遵循叠加效果倍增律。公路行业文化传播形式的有机组合和叠加，带来的不仅是传播效果量的叠加，而是质的倍增。公路行业文化传播方式叠加是一个无限制的扩大过程，在一定范围内，能够优化行业文化的传播方式，使得传播所产生的价值能量呈几何级数增长。因此，建立公路行业文化传播模式，是遵循这一传播规律的最好表现。

第二，从文化场的内在联系来看，公路行业文化传播遵循社会文化传播共振律。社会发展的基本规律表明，社会的经济基础决定上层建筑的产生、性质和变革，由于行业作为社会生产力发展的核心动力，行业的生产力状况，代表了整个社会生产力状况，所以它所孕育的行业文化对社会文化具有直接的影响力；反过来，由于行业文化属于社会亚文化范畴，社会文化的面貌又会对行业文化的建构产生影响。可见，行业文化场与社会文化场具有本质的内在联系，具备潜在的共振效应，如果运用得当就能产生出巨大的能量。

第三，从文化传播的对象来看，公路行业文化传播遵循文化传播扩散律。随着文化时代的全面到来，文化传播的对象逐步扩大到全体员工，每一个从业人员都应成为文化宣传的对象。随着社会的不断进步和人们生活的普遍提高，人们开始认识到，各行各业之所以存在，并不再是简单地积累物质财富，更多的是为了承担社会的责任，包括社会使命、经济使命和文化使命等。公路行业的社会使命在于良好的公共服务形象，经济使命在于不断为人类提供方便快捷的出行通道，文化使命在于补充和拓展全社会的文化内涵。因此，公路行业应认清自身作为社会构成细胞的重要作用和地位，将行业文化的传播对象，扩展到包括社会全体公众在内的更广大范围，以发挥行业在社会使命、经济使命和文化使命方面的积极作用。

第四，从文化传播行为来看，公路行业文化传播遵循文化传播行为模仿律。公路行业向从业人员提供所倡导的价值体系及行为模式样本，可供员工参照模仿，如果员工选择的是与行业文化标准不同的模仿模式，就会与行业和本行业其他人员产生对立和冲突，此时，行业就需要借助各种传播手段，引导员工改变模仿对象，实现与行业文化的和谐一致。

第五,从文化传播的推广程度来看,公路行业文化传播遵循行业文化风格关联律。行业风格是行业文化理念的外在表现,不同的行业具有不同的风格特征。由于文化风格与传播程度的关联律,要求行业在进行文化传播时,要注意结合自身的风格,选择合适的传播方式,与行业风格保持一致。

公路行业文化传播要取得应有效果,还必须根据行业自身管理的特点和传播规律,坚持推广以下原则:

一是针对性原则。公路行业的从业人员由于其学历、年龄、经历等存在差异性,对行业文化的理解度和认同度也不尽相同,这就意味着行业文化在执行过程中必然出现众多理解和做法,不利于行业整体的文化保持统一性。因此,有的放矢的传播推广行业文化,是传播的基本要求。针对性原则要求文化建设要根据员工的个性特点和思想意识水平,恰当地选择传播内容、传播形式和传播策略,从而提高文化的有效传播度,增强行业文化与每一位员工的耦合度。

二是互动性原则。传播并非单向,而是双向进行的;传播也非被动灌输,而是合作互动的。根据传播原理,只有让群众积极参与传播,才能更好地让其接受。因此员工对于行业文化的认知与认同乃至内化其自觉行为的过程,是一种共享和合作的过程,要把员工作为行业文化的承载主体,把人的因素摆在文化建设的突出位置。遵循互动性原则,不仅能充分发挥文化倡导者和传播者的主导作用,更能广泛调动其员工参与文化传播的积极性,增加彼此之间的信任,促进文化在行业内部实现畅通的双向沟通。

三是有序性原则。有次序、有步骤地传播文化,既是文化传播的客观规律,也是取得文化建设成果的有力保障。有序性原则要求在传播文化内容上要由易到难,由浅入深,点面结合;在传播过程中要由近及远、循序渐进;在组织工作中要做到有规划、有步骤、有实施、有检查、有反馈。

四是适时性原则。恰到好处地把握传播时机,掌握宣传节奏,开展文化传播活动,往往能够取得事倍功半的传播效果。适时性原则要求公路行业文化建设要能够根据重大活动、事件和国家、地方发生的重大事件及相关政策发布等时机,科学设置相关内容的传播议题,正确引导行业文化传播方向和舆论导向,把握舆论主旋律和宣传的主动性。

3. 公路行业文化传播的过程与途径

文化传播的过程是传播者利用一定的传播渠道,采取相应的传播手段与方式,将信息内容进行内部传播和外部传播。内部传播的对象是本行业的员工,外部传播的对象是社会公众。传播对象接到信息后,将对信息的理解反馈给传播者,传播者再根据具体情况调整传播的方式和手段,通过这样不断地循环和互动,最终实现文化传播目标。

公路行业内部的员工,是公路行业文化内部传播的受传者,在认同本行业的文化后,员工将这种文化转化为一种信念和行为,变成行业文化的传播者。在公路行业文化对外传播的过程中,行业负责对外宣传的部门将行业精神、行业形象等,通过有效的传播途径,传递给社会公众。社会公众通过公路行业的服务形象和服务质量等对所传播的文化产生认同,或者提出反馈意见,这一过程也是一个循环互动的模式。

行业文化的对内传播和对外传播是一个整体,因此,在开展公路行业文化传播活动时,应该首先从行业范围内广泛传播行业文化,使行业具有上下统一的价值观和行为准则,并将行业精神内化为员工自己的价值观念,通过自身行为表现出来。同时,公路行业是社会的一部分,其积淀和凝练的文化应该传播给公众,接受社会的评价。

公路行业文化传播的途径很多,以对内传播为例,日常管理、会议、培训、考核、学习、各种活动等,都是有效的载体传播途径。会议在是常见的形式,也是传播文化的一条有效的途径;日常管理能够规范员工的行为,其管理的过程就是最好的传播方式;通过培训,直接或间接地将行业精神、行业理念等向员工传播,在培训中往往运用典型案例来激励员工,灌输行业核心价值理念。在文化传播过程中,还必须灵活运用每一类型的传播载体,根据它们的不同功能和特点,达到文化传播的目的。

二、公路行业形象塑造与传播

1.公路行业形象的内涵与构成要素

在新经济时代下,企业管理的最高境界是形象管理。企业形象管理,就是以全面质量管理为核心、以产品形象管理为基础、以员工形象管理为龙头,以全面提高企业内在素质和外在表现为目标,并以提升企业市场表现为目标的现代管理。对于公路行业来说,要实现高水准、综合性的管理目标,树立良好的社会形象,也应该借鉴企业形象管理的方法。

公路行业形象是行业内外对行业的整体感觉、印象和认知,是行业状况的综合反映,是社会公众对行业总体的、概括的、抽象的认识态度和评价。具体地说,公路行业形象是指一切与公路行业直接或间接发生关系的个人或组织,如行业员工、社会大众、民间组织、新闻媒介、地方政府等对行业管理的综合看法或总体评价。其内涵可以作如下表述:首先,公路行业形象是以行业理念和行业行为为基础的折射反映,其形象的好坏取决于行业本身,即行业用什么理念、态度和行为去塑造自己的形象;其次,公路行业形象是社会公众对行业总体的、概括的、抽象的印象,其有效性取决于行业行为和表现是否符合公众的需要和期望并通过社会公众的主观印象来表现，这种主观印象是一种不以行业意志为转移的客观存在，一经形成便长时期地发挥作用；再次，公路行业形象塑造是一项长期的系统工程，不可能在一朝一夕或通过一事一物建立起来，只有经过有计划、有目的、坚持不懈的长期努力，才能有效地培育起良好的公众形象。

公路行业形象作为一个整体的、综合的抽象概念，是由多种要素构成的系统，没有各要素相互联系、相互制约、相互配合的联动运作，整个系统就难以运行并发挥其应有的功能。

一是公路形象。公路形象是社会公众对公路运输通道建设、养护、公路管理的认可和评价，该形象的好坏直接关系到行业形象的优劣。比如，在新形势下，公路交通个性化需求越来越明显，人民群众对公路交通的要求越来越高，不仅仅希望有路可走，更希望能走安全的路、走经济的路、走绿色的路、走文化的路、走舒心的路，因此，公路行业建、养、管工作是否符合以上标准，是衡量公路形象高低的主要标准。

二是员工形象。公路行业的员工形象是指公路行业从业人员的技术水平、服务态度、职业道德、精神风貌和言行举止等给社会公众的整体印象。员工的精神面貌、工作态度、言谈举止、服饰仪表是行业形象人格化的直接表现，它综合反映行业从业人员文化修养、职业道德、教育培训和管理水平等方面的总体素质。

三是管理形象。公路行业管理形象是公众对行业管理层的决策水平、文化水平、组织能力、管理创新能力、道德修养、民主作风等所做的评价。

四是服务形象。公路行业作为国民经济发展的重要基础性行业，其主要特征是服务性，因此，社会服务是塑造良好的公路行业形象的重要因素，具有良好的服务意识和较高的服务能力的公路行业不仅能使社会公众在出行时增加安全便利感，而且能培养社会公众对公路的感情，自觉自发参与到爱路、护路的行列中来。

五是环境形象。公路行业的环境形象是行业生产条件和工作氛围的总体表现，它从外在直观的视角反映行业的技术水平、精神面貌和管理水平，比如施工环境、办公设备、生活条件、公开场合使用的各种有形物体，都会给社会公众留下最直观的印象。

六是公共关系形象。对于服务性的公路行业而言，公共关系是行业沟通与社会公众的联系，塑造良好形象的重要手段，公路行业不仅要为经济社会发展提供“畅优舒美安”的交通条件，而且要与学校、社区居民、民间团体、慈善机构、宣传媒介组织、政府部门建立良好的公共关系，通过举办大型文化娱乐活动、资助慈善事业、开展教育投资、募捐、赈灾、开展志愿者服务等公益活动，承担一定的社会责任和义务，获取社会公众的喜欢、信赖、支持和合作。

2. 公路行业形象塑造与传播的意义

公路行业形象塑造与传播的意义主要体现在以下两个方面：

首先,良好的公路行业形象通过传播有助于行业赢得社会公众的信任,使公众产生一种信赖行业的心理倾向,从而获得广泛的社会支持和帮助。公路行业的建养管理不仅仅是行业自身的行为,它涉及社会的方方面面,离开社会各界的喜爱、信任、支持和帮助,公路行业很难发展。同时,良好的公路行业形象还有助于在公路建设养护过程中减少不必要的纠纷和摩擦,为公路施工构造天时、地利、人和的环境条件,尤其是当行业因各种主客观原因而出现各种矛盾和困难的时候,由于其拥有良好的社会舆论和社会关系,社会公众、各级组织、新闻媒体乃至各级政府就会主动给予理解和关注,甚至伸出援助之手。从这个意义上说,公路行业形象的塑造与传播是一笔战略投资。

其次,良好的行业形象传播有助于增强行业的凝聚力和向心力。具有良好形象的公路行业,必然是尊重知识、尊重人才、尊重员工个性和创造力的发挥,承认每个员工的劳动创造和贡献的,这种形象一经塑造和传播,必然会创造出一种团结进取、竞争向上的组织氛围,为员工营造施展聪明才智的良好环境,从而产生强大的磁铁效应,培育起员工和行业兴衰荣辱与共的归属感和责任感,最终形成强大的向心力和凝聚力。

公路行业文化传播功能发挥的程度,从某种意义上说,是行业生命力与竞争力之所在。公路行业的物质文化、行为文化、制度文化、精神文化必须通过在全行业范围内进行传播来发挥它们的振兴、导向、协调、凝聚、美化和育人等功能,而公路行业的文化传播归根到底就是公路行业的形象传播。可以说,公路行业形象的塑造与传播,既是公路行业文化传播的起点,也是公路行业文化传播的终点。

三、公路行业文化传播应注意的问题

一是公路行业文化传播应与公路行业发展战略相配合,从战略的高度开展文化的传播。文化的形成不是一蹴而就的,文化传播也不是可以毕其功于一役的,文化的建设与传播是一个长期的过程。因此,要让从业人员与社会公众对公路行业文化有真正深入的认知和理解,就必须坚持与行业发展的有机结合。这样才能不至于让文化建设仅仅停留在一般的层面上,也才能真正实现行业文化的落地生根。

二是公路行业文化传播应围绕中心,不能脱离公路建养管理实际。文化建设既不能鼠目寸光,也不能好高骛远。公路行业文化传播的目的是为了推动公路行业发展,前提是有助于实际工作的开展。因此,传播行业文化,需要立足现实,创新传播形式和载体,丰富文化传播内容,不能天马行空、脱离实际,单纯为文化而传播。

三是公路行业文化建设与传播应统筹多种管理要素,整合资源。公路行业文化传播是公路文化建设的重要一环,但并不等同于公路行业文化建设本身。从文化发展过程和机制上看,文化离不开传播,但文化落地与扩散是一个系统、复杂的工程,要想让行业文化由知晓发展到认同、内化为行业和员工的习惯规范,必然需要制度机制、激励机制、创新机制、组织保障、环境熏陶等多种因素与传播机制形成合力,共同推进行业文化建设,实现行业文化传播。

四是公路行业文化传播要注重传播渠道。传播渠道的畅通是文化传播的基础。就公路行业文化传播而言,其传播渠道有正式渠道与非正式渠道两种。正式渠道传播也可以成为正规渠道,是管理者为了传播行业文化,通过规划、设计以会议、日常管理、培训、媒介以及多种活动作为载体进行的传播。非正式的文化传播渠道是在正规传播渠道之外的传播信息,包括员工之间私下交换意见、议论,领导者与员工的非正式谈话、发表的非正式消息、非正式团体的聚会、各种自发组织的业务活动等。经过非正式渠道传播的行业文化往往更生动、灵活、迅速、丰富,传播的信息在行业组织和员工中能产生重要的影响,有时还能起到重要的作用。正式渠道传播的成员是组织人,非正式传播渠道传播的成员则体现出社会人的特点,非正式传播渠道是对正式传播渠道的有效和必要的补充。因此,在文化传播过程中,既要重视正式渠道,也要科学利用非正式渠道。

五是公路行业文化传播要注重反馈与互动,在反馈与互动中优化传播行为,确保传播效果的最大化。大众传播学理论告诉我们,信息的传播,不能满足于单向传播,而要注重信息的反馈与互动。公路文化传播是一个动态的过程,需要时刻根据社会公众接受效果来调节、修正传播行为,而来自从业人员的意见反馈,有助于检验传播效果,改进和优化下一阶段的传播内容、传播形式和传播行为。

第二节　广东省公路行业文化传播

一、广东省公路行业文化传播的目标

广东省公路管理局党委书记顾青波在2012年全省公路管理暨党风廉政建设工作会议上指出,公路文化是公路行业的灵魂,是推动公路事业发展的不竭动力,是承载公路行业未来发展的希望,它如同一个标杆、一面旗帜,指引和推动着行业乃至广大干部职工的发展。可见,从总体目标来看,广东省公路行业文化传播的目标是通过提炼和传播广东现代公路行业文化精神,使先进的价值理念成为员工的自觉行动,凝聚人心,鼓舞士气,塑造良好的广东公路行业形象,促进行业的全面、可持续科学发展。

广东省公路行业文化传播的具体目标可以归纳为以下四个方面。

1. 传承广东省公路行业的优良传统

文化传承是文化建设的基本内容。对于一个组织来说，文化是其灵魂和血脉，是一种集体记忆和精神家园；而文化传统则是组织赖以生存的基础和继续发展的前提，是组织生命力、凝聚力的源头，是文化创新的起点。失去了文化传统，就如同浮萍，没有了根；不注重文化传承的文化建设，就如同追寻无源之水、无本之木。

多年以来，广东公路人在推动行业发展的实践中，始终坚持解放思想、不断创新，形成了很多的好传统、好作风，如勤谋善断、勇挑重担的责任意识，相互协作、群体作战的团队精神，敢为人先、争先创优的优良作风等，为广东公路事业的发展创造了无数业绩，赢得了众多荣誉，也为未来的发展奠定了坚实的基础。这些好的传统和好的作风，是激励每一位广东公路人继续奋进的宝贵的精神财富，理应得到继承和发扬。随着时代的发展、技术水平的提高和社会的进步，人民群众物质文化生活需求日益增长，公路事业的发展面临着新形势、新情况。当前，广东公路正处于改革发展的关键时期，只有坚定不移地把广东公路人“艰苦奋斗、勇于创新、不畏风险、默默奉献”的精神薪火相传、发扬光大，才能继续创造出广东公路事业新的辉煌。

2. 宣导广东省公路行业的服务理念

培育和践行行业核心价值理念是文化建设进程中一项长期的战略任务。因此，站在公路行业全局的高度，统筹协调、突出重点、常抓不懈，深入宣导行业核心价值理念的具体内容，正确理解其精神实质，丰富充实其基本内涵，扎实推进培育和践行公路行业核心价值理念的各项工作，理应是广东省公路行业文化传播的重要目标。

公路的行业属性和工作性质决定了公路的公益性和服务性。作为一个国家、一个地区的交通基础设施之一，公路是一种基础性社会公益“产品”，它通过对社会每一个“享用者”的默默奉献，对国家和地方社会经济发展的拉动效益是巨大的。作为公益文化的公路文化形态，对行业内来说是一种无形资产，对社会来说也是一个公益品牌、一种社会财富，因为它能够随着公路的延伸和公路网络的构建不断地“流通”“滚动”，不断循环往复地渗透到社会的各个领域、各个角落，或显或隐地对人们的思想意识和生产生活产生影响。从行业的公益性出发，公路行业的服务性，简而言之就是保证“安全”“畅通”“舒适”，这也正是公路行业的职责和灵魂所在。从这个意义上说，公路行业文化也可称之为“安全畅通文化”。因此，公路行业通过宣导自身的服务理念，有助于社会公众对行业形象的认可、对行业的支持乃至对行业从业人员的理解与关爱。

3. 巩固广东省公路行业的发展成果

巩固行业发展成果是行业文化传播的目标之一。多年来，广东公路行业在自身发展进程中，开展了文明单位、文明样板路、文明工地、文明道班、文明收费窗口、高速公路文明畅通通道和青年文明号等七大系列的文明创建活动，使充满行业特色的"铺路石"精神得到发扬光大；在积极适应机构改革的工作中，在应对严重的冰雪、水毁的自然灾害中，在积极参与亚运会及亚残运会的各项活动中，均体现出公路系统知难而上、敢于挑战的奉献精神。积极推广"把路放在心上，把心放在路上"的爱路理念，激发广大职工的责任感和使命感，通过开展一系列岗位技能竞赛和岗位大练兵活动、各种职工文娱活动、大型文艺汇演、读书培训等活动，培养了一大批业务骨干和技术能手，涌现出一批全国、全省的先进个人和文明单位。尤其是"十一五"期间，广东公路行业在广东省委、省政府的正确领导下，在交通运输部的高度重视以及省交通运输厅的指导和支持下，以科学发展观为统领，扎扎实实致力于构建更安全、更畅通、更和谐、更高效的公路交通网络，为广东经济社会发展做出了积极的贡献，广东公路多项指标居全国前列，国省道和农村公路建设取得新成绩，国省道一级公路通车里程、水泥(沥青)混凝土路面里程居全国第一，高级路面里程及等级公路通车里程均居全国前列，大道班建设被交通运输部亲切地誉为"广东模式"等，为广东经济社会发展做出了不可替代的重要贡献。所有这些，应该也必须通过文化的传播，实现继承、巩固与发扬。

4. 践行广东省公路行业的社会责任

传播行业的社会责任和职业道德，是行业文化传播题中应有之义。自公路出现之日起，公路行业就肩负着服务社会、造福民生的行业使命。从公路行业理应承担的社会责任来看，公路交通始终立于国家与社会发展举足轻重的地位，安全、畅通、快捷、舒适、优美的公路建设与养护，不仅是构建和谐社会的需要，也事关百姓生活、政府形象、行业影响。多年来，广东公路行业自始至终秉承对国家和地方社会经济发展负责、对人民安全便利出行负责、对行业科学发展负责、对从业人员个体价值实现负责的理念，通过管理创新和文化宣导，建立严谨细致的规章制度，规范员工的工作行为，在公路的建、养、修、管等实际工作中贯穿崇尚安全、确保安全的思想，完善路网结构，改善路面质量，优化行车环境，提高服务质量，树立行业新风，为人民群众提供安全、畅通、舒适的优质服务，为行业员工提供广阔的职业发展平台，以确保交通安全畅通，促进区域与地方经济社会发展。广东省公路行业担负和践行的这种社会责任，应该也必须成为公路行业文化传播的重要目标。

二、广东省公路行业文化传播的内容

任何一种文化，其建设与传播的内容，不外乎精神文化、物质文化、制度文化、行为文化等四个方面。广东公路行业文化传播也同样如此。

1. 传播广东省公路行业精神理念

行业文化的传播，是对行业文化的全面内涵和组成要素进行全方位的推广和扩散，包括属于行业文化核心的行业价值观念体系、体现行业文化氛围的行业精神、标志行业文化境界的行业伦理等。无论是价值观念体系，还是行业精神或行业伦理，如果仅仅是个别人头脑中的思想，那它们很难形成规模效应；只有经过长期坚持不懈和潜移默化地灌输和推广，把以文化取胜的价值观念、精神境界和理想追求，从少数人的思想转化为多数人的品质，转化为普通员工的信念，才能成为全体员工（至少是大多数员工）认同的群体意识，最终让自主意识、参与意识、协作意识、集体意识、服务意识、质量意识、竞争意识、创新意识等在每个员工心中萌发、生成。

行业文化建设的核心是精神文化，传播的重点也是精神理念。当先进的价值理念、良好的行业愿景在职工心目中不断强化，具化为职工群体的共同愿望和一致行为后，就会产生强大的凝聚力、创造力，成为促进公路发展的不竭动力。因此，整个行业文化的生成与传播，就是某种价值观念、精神境界、理想追求的发育与成熟，就是它们的展开与实现。广东公路行业文化要以广东历代公路前辈和当代公路人众志成城、攻坚克难、不怕牺牲的拼搏奉献精神为核心，结合时代要求和行业发展需要传播行业文化，大力弘扬“用心服务，畅享交通”的服务理念、“建优质工程，树行业丰碑”的建设理念、“路在心上，心在路上”的养护理念、“全心全意服务，依法高效办事”的窗口服务理念、“公路为公，清正廉洁”的廉政理念，培育和塑造具有行业特色的理想信念、价值取向和道德规范，确立全体员工共同追求的发展愿景，并转化为全体员工凝心聚力，加快广东公路建设步伐，提高服务质量，构建和谐交通的精神力量，为广东公路行业的发展提供不竭的动力和源泉。

2. 传播广东省公路行业物质建设成就

公路行业文化与其他行业一样，物质文化是行业文化的间接体现。因此，广东省公路行业文化传播要重视传播公路行业的物质文化建设成就。

近年来，广东省公路行业大力开展物质文化建设，从省公路局到各地市公路局乃至养护道班、从机关工作环境到施工现场，都重视视觉识别体系的打造、行业标识的推广、工作环境的改善，并取得了令人瞩目的成绩，为深化公路行业文化的建设与传播提供了可靠基础。比如，在统一行业标识、塑造品牌公路方面，在省公路局的精心组织与大力推动下，按照国家现行法律、法规、政策的规定，在全省公路系统统一行业标识，优化现有全国统一路徽和“广东公路”中英文字样结合的对外形象标识，将公路文化价值理念和公路行业形象通过整体的视觉形象设计，鲜明地传达给全体职工和社会公众，提升了行业社会形象。在员工从业环境方面，各地市局纷纷根据本地实际，形成了一大批富有地方特色的物质文化建设品牌，一些举措和成效甚至落实和扩散到班组，如在一线道班和养护中心全力打造舒适健康的工作环境和生活环境，让职工从良好的文化氛围中体会到人文关怀。在公路建养方面，广东省公路行业全面坚持交通运输部“畅通主导、安全至上、服务为本、创新引领”的十六字方针，牢牢把握“以人为本、安全第一、养护优先、依法治路、科技支撑、体制创新”的原则，重点推进了养护管理示范路建设进程，着力提高路网通行能力；坚持预防性养护、周期性养护，坚持认真开展危桥改造工程、灾害防治工程及安全保障工程等专项工程，完善标志标线，增强公路防抗灾害的能力，改善行车环境和生态环境，保障道路安全畅通，保证工程安全优质，让公众出行更为放心。

公路行业文化系统中的物质建设成就传播，是行业向外提供的公路设施、养护服务、环境保护和行业内部工作设施、环境布置等传播载体。物质层包括行业的工作环境、视觉识别体系、行业标识等。外界对行业文化的评价，往往就是以行业文化系统中的这类物质化因素为依据的。尽管它不是行业文化之根，但却是行业文化之果。行业文化系统中的物质化因素，一方面是精神目的和理想追求的部分实现，另一方面是社会需要的部分满足。这两者都提供了对行业文化优劣评判的客观依据。对于公路行业而言，公路基础设施的不断完善、公路通行能力和整体服务水平的不断提高是公路文化建设的基础和支撑，是公路文化的直接载体和成果体现，也是公路文化传播的主要内容。

3. 传播广东省公路行业制度建设经验

制度文化是行业从业人员共有的行为规范。管理制度是在行业管理中带有强制性、起规范保证作用的各项规章制度，比如安全生产制度、人事制度、民主管理制度等。文化的确立和推行必须通过制度来加以保障和落实；而良好的制度以及因此形成的制度建设经验同样是文化传播的内容。

制度建设是广东省公路行业文化建设的保障，是公路文化运行的主导系统，是公路精神依附的体制平台，它从根本上决定公路正常运行和创新发展的组织文化形态。近几年，广东公路系统积极开展“以人为本”的制度建设，强化目标责任制、检查考核奖惩制的落实，形成科学规范、责权明确的管理制度和工作机制，如坚持规范合理的公平、公正、公开理念，落实工程建设招投标规定，落实行政许可“阳光工程”，形成忠于职守的责任观和令行禁止的执行观；不断建立健全员工手册，建立员工管理规范、行为规范、服务规范、安全规范、廉洁自律规范和各种学习培训制度以及激励机制等，将行业理念融入到制度中，指导、规范员工的行为，使依法行政、依法办事的理念深入人心；为从制度上保证和加强行业文化建设，还成立了公路文化与发展研究会，并推动组建起全省公路文化与发展研究网络。同时，还建立了问计于外脑的机制，定期聘请政府部门领导、专家学者、文化名流担任名誉会长或顾问，召开专家顾问座谈会，为公路部门文化建设诊断把脉。通过规范的制度建设和严格的管理实践，广东公路系统逐步形成了单位有指标、员工有责任，全员参与、人人尽责的良好发展局面。

这些成绩理应在行业内深入宣导，以便使所有从业人员清楚地认识到自身的责任与使命、权利与义务，从而规范和保持自身所追求的价值取向。尤其是从中体会到制度带来的，为满足每一个个体从物质需求到精神需求，乃至实现自身价值的好处，最终达到愿意全身心地服务于公路事业发展的目的。这些经验也应在全社会广为传播，让社会公众信任行业有为人们提供快捷、畅通、安全、优美、舒适的公路通行环境的能力，以此扩大行业影响、塑造行业形象，最终取得全社会对公路建设事业的理解和支持。

4. 传播广东省公路行业行为典范风貌

一个组织的行为文化是指在工作实践、学习娱乐等活动中产生的活动文化，包括生产管理、教育宣传、人际关系活动、文娱体育等活动中产生的文化现象。行为文化的意义，就在于规范行为模式、引导行为方向，评判行为方式、显示行为榜样，形成统一的行为准则并为全体员工所自觉遵守。

公路行业行为文化是公路行业工作作风、精神面貌、人际关系的动态体现，也是公路精神、公路行业价值观的折射。广东省公路行业的行为文化体现在养路工人坚持风雨无阻保畅通，遇到水毁冰灾及时抢通修复；体现在收费员坚持“微笑服务”，做到百万收费无差错；体现在路政执法人员查治超、拆违章，秉公执法，铁面无私等方面。

多年来，广东省公路系统注重及时发现、树立能代表和反映公路行业价值观念的先进典型，规范品牌选树、示范单位创建、典型培育、总结表彰及推广示范等各个环节，充分发挥典型的示范作用和辐射效应，发挥先进典型的引导和激励作用，促进了文明创建和文化建设工作的深入开展，涌现了一大批在行业内和全社会产生了良好反响的典型人物与先进集体，如长年坚持路面巡查的阳山公路局路政管理所所长陈纪林、为公路养护事业做出了突出贡献的中山市公路局东升养护所徐汝扬等。为了激励、宣传和推广典型，省公路局还举办了“广东公路青年人才论坛”，开通“网上读书直通车”，表彰“南粤公路红旗飘扬”百佳人物，并将先进事迹以《标杆》为名结集出版；组织举办大型文艺晚会，开展主题思想道德活动，出版展现公路职工精神风貌的画册等。

总之，广东省公路行业文化传播的内容应包括公路系统内产生的符合行业核心价值理念和行业精神的典型人物与典型事迹，要通过行业典型的示范作用，培养先进典型，坚持典型引路，在职工内心植入公路文化核心价值体系，在社会公众中树立公路行业的良好形象。

三、广东省公路行业文化传播的范围

文化的传播是全方位的。广东省公路行业文化传播的范围包括行业内部和行业外部。对内传播是事关公路行业文化的生成和发展的问题,主要目的是通过推广,在行业内形成共同的理想信念与价值追求,促进行业的健康和可持续科学发展;对外传播是事关公路行业形象的形成和社会认可问题,主要目的是通过传播扩散公路行业文化的理念、精神,在社会公众中塑造良好的公路行业形象。

1. 行业内推广(对内)

事实上,任何一种组织文化的传播首先普遍存在于组织活动的各个方面,它既是组织活动的具体形式,也是组织行为实在的内容。组织的决策、计划、执行、监督等所有管理活动,都离不开传播,信息的传播内容、传播模式、传播手段、传播速度、传播频率的选择,影响组织管理活动的直接结果,同时也是一种组织文化的形态,更决定了组织生存及发展的状况。因此,公路行业文化传播活动功能发挥的程度,从某种意义上说,是公路行业生命力之所在。作为公路行业精神文化、制度文化、物质文化、行为文化综合体的公路行业文化,必须通过在全行业范围内进行传播来发挥它的振兴、导向、协调、凝聚、美化和育人功能。

文化的对内传播实际上就是对内部职工及管理者进行的文化培训、宣传、灌输。文化的形成、发展、积累都与对内传播有密切的关系。广东省公路行业文化对内传播的通道包括:省公路局对各地市公路局、各级管理者对下属的要求及行业规范的行为、作风,将公路行业文化用标示、口号等形式表达出来,各种文化培训、考核、激励机制的制定与实施,举办的一系列竞赛、仪式、庆典,广东公路发展过程中的种种事迹、故事案例等的发现与宣传等。

广东省公路行业文化在对内传播的过程中,以下两点要引起重视:

首先,公路行业文化的传播者,主要指领导者、管理层人员、负责文化建设和传播的相关部门,必须自己先接受本行业的文化,成为本行业价值观的忠实信徒,是本行业精神的践行者。只有这样,传播者才能正确传递本行业的价值观、行业精神、理想追求,包括行业制度、行为习惯及体现行业理念的一切物质要素在内的综合文化,并将所有从业人员(至少是绝大多数的职工)的价值观念、行为规范和个人利益统一、同化到整个行业中来。

其次,广东省公路行业价值观自始至终是广东公路系统从业人员的价值观,当广东公路系统绝大多数成员的价值观呈现大致趋同状态时,便使广东公路人行为方式带有了共同特质,文化在价值观层面上也就达成了共识。因此,广东公路行业文化内部传播的意义还在于通过各种手段和方式，在行业全体员工中加强、深化交流和沟通，形成对行业物质文化、制度及行为方式、行业精神和价值观的共识，最终形成整体化的公路行业文化。

2. 全社会扩散(对外)

根据组织理论，组织环境是组织生存的土壤，是组织存在的基础。它一方面可以有效地帮助组织发展壮大，顺利实现组织目标；另一方面，也可能阻碍组织的发展，成为制约组织扩展的主要力量。在这种辩证关系中，为了充分利用环境对组织发展的正能量，传播始终扮演着极其重要的角色。正是传播行为把环境资源输入组织之中，又把组织信息与产品传递给关系对象，从而对环境发挥作用。可见，对外传播是组织的本性和必需。

文化的对外传播是一种文化交流，不是单向的文化输出。全面准确地对外展示、传播本行业的文化，最终在社会公众心目中留下一个美好印象，塑造兼具文明度、知名度和美誉度于一体的行业形象，对行业发展至关重要。对于广东省公路行业文化而言，其对外传播具有树立广东公路形象、提高公路行业社会影响的功能，同时也兼有推动广东精神文明建设、促进社会文化进步的作用。

广东省公路行业出于自身的发展目的而主动保持并推进与外部环境的种种联系，其中行业文化的全方位对外传播能促使行业与其他组织间关系及行为的协调，从而保证行业具有良好的运作与发展环境。广东省公路行业文化对外传播的对象中，有四类社会公众最具评价力：第一类社会公众是驾驶员，即使用广东公路系统建、养、修、管的公路设施或享受其服务的人；第二类社会公众是公路沿线的居民；第三类社会公众是政府和其他行业组织；第四类是公共传播机构。可见，广东省公路行业要针对各类社会公众的需求，采取积极主动的、行之有效的措施，将自己的行业文化向他们传播，让他们来充分感受和认识自己的文化，从而塑造良好的行业形象，以推进行业发展。

当然，作为行业文化综合表现的行业文化评价，尽管是由社会公众来评价，但是行业文化归根到底是由行业内的全体员工塑造出来的，主动权仍然掌握在行业员工手里，他们通过实实在在的工作而创造出来的文化，在任何情况下都是评价的客观基础。因此，在文化传播过程中，任何组织都必须认识到，对内传播是对外传播的基础。

第三节 广东省公路行业文化传播的策略与路径

一、树立公路行业文化传播意识

文化传播本身属于文化建设的范畴。但狭义的文化建设侧重于提炼、定型并最终确立文化系统;而文化传播则侧重于对凝练而成的文化进行宣扬和渗透。前文论及,从文化的作用来看,文化传播应从内外两个方面着手。一是对内强势宣传,目的在于发挥组织统一价值观对员工个体的导向作用,推动个人愿景与组织共同愿景的统一,最大限度地激励员工为实现行业的各项战略目标而努力奋斗;二是对外强力渗透,通过在全社会树立良好的组织形象,扩大行业的社会影响,为组织的健康、可持续发展营造和谐的外部环境。因此,广东省公路行业文化建设必须统筹兼顾,要遵照广义的文化建设要求,树立内外文化传播的意识。

1. 内部宣导意识

一是公路行业文化传播统筹规划。公路行业文化的内部宣导不能仅仅局限于对各类会议精神的传达,或者仅限于一两次文化传播动员活动,而是要搞好公路行业文化内部宣导的整体规划设计,制定责任明确的文化传播方案。比如是否建立和完善了文化信息传递制度?是否构建了组织保障,建立了专门的文化建设管理部门?哪一位领导主管文化传播活动?是否成立了一支专门的文化宣传队伍?在具体实施传播工作中,各相关部门和人员的责任是否明确等。

二是突出公路行业系统内部信息交流平台建设。要有意识地通过各基层单位的信息平台等内部信息交流工具,加快公路文化信息流通速度,收集来自基层单位和员工反馈的信息,迅速做出反应,促进公路系统内部良好氛围的形成。比如内部刊物、网站是员工了解本行业文化的重要媒介,要充分利用内部刊物、网站的阵地作用,大力宣传公路文化理念,营造浓厚的公路文化氛围。尤其是要创建员工评论的平台,要在内部刊物、网站上专门开辟员工评论、谏言的专栏或网页专题,作为内部沟通评论的平台,让员工可以将自己的意见和建议表达出来。这样一方面能及时了解员工想法,提高员工的积极性,体现以人为本;另一方面则能根据员工反映改进文化宣导的方式,提高文化传播的效果。

三是积极搭建公路行业文化传播载体。在文化传播过程中,通过有形的载体和方式传播文化,做到外化于形。“形”是文化传播实现内化于心、外化于行的必不可少的途径。文化活动是有效的传播载体之一,是营造文化氛围的有效方式。因此,要经常性地组织广大员工开展形式多样、健康向上的文化娱乐活动和拓展训练活动,让员工在活动中潜移默化地接受和认同公路文化,培养员工的团队精神,增强凝聚力和向心力。同时,也要重视加强行业文化硬件建设工作,比如设计和推广能代表广东省公路形象的视觉识别系统。

四是加强对员工的培训和教育。要通过开展员工素质提升工程,大力营造行业文化氛围,通过培训向员工灌输广东省公路行业的文化理念,将广东省公路行业所信奉和必须实践的价值理念，渗透到员工的头脑中去；要采取有针对性的培训，通过“认识—认同—转化—行为—结果”的良性循环，将广东省公路行业文化价值理念转化为员工的共同认知，转化为员工的自觉行动，转化为整个行业系统的运作实践。广东省公路行业文化培训教育的宗旨应该包括以下内容：打造员工的文化学习型示范基地，通过集中、系统、强化的培训教育，迅速广泛地营造行业文化学习氛围，达到内部宣贯效果；通过行业文化的培训教育，提高员工的综合素质，激发员工的创造潜质，增强员工的忠诚度，形成行业的凝聚力；通过教育培训，培养员工的行为规范，指导员工的工作方向，促进个人与行业的共同发展。

五是要树立分阶段传播的意识。文化的渗透与内化不是一蹴而就的，广东省公路行业文化宣导者要认清文化内部传播的阶段性与长期性，不能操之过急。如在短时间内通过竞赛、测试调查等各类考核方式考察员工对文化内容的记忆和理解情况，给日常生产任务本来就比较重的员工造成压力，这样容易让部分员工因疲于应付而产生抵触情绪。文化传播的关键在于要让文化宣导经历从理念到行动、从抽象到具体、从口头到书面的过程，要得到员工的理解和认同，转化为员工的日常工作行为，最后，再从制度转变成为员工的习惯，这是一个循序渐进、需要持续强化的长期过程，因此在进行文化的内部传播时要分阶段进行。

2. 外部传播意识

行业形象需要长期的积累，并主要通过媒体的议程设置引导受众舆论导向。可见，广东省公路行业形象传播要树立外部传播意识。而外部传播最重要的一点就是要充分借助新闻媒介的力量。因此，在公路行业文化对外传播过程中，以下三点要引起重视。

一是要主动和大众传播媒介沟通。

尽管公路行业属于国民经济中的基础行业，在我国更具有政府属性，但在信息社会背景下，也必须实现与媒体的良好沟通，与媒体建立起长期、良好的关系。各级公路管理部门都应有意识地与相关媒体建立起一种共赢的合作关系，应构建全方位的媒体关系网，使在需要时各类媒体都能够为行业发展服务。尤其是，在传媒行业竞争愈演愈烈的环境下，媒体也在积极的策划一些活动以吸引更多受众来求得生存，此时，公路行业可以结合自身特点积极参与媒体所组织的活动，这样不仅可以帮助媒体获得好感，也可以实现行业的社会责任，提高行业形象和美誉度。

实现与媒体的良好沟通最好的方法是建立合理的媒体管理制度。首先，公路部门应有专门人员负责与媒体联系，把媒体关系列为日常工作，对其进行细水长流式的培养与维护；其次，要重视媒体发言，由专门负责人接受媒体的采访和发布信息；再次，要设法进入媒介的议程设置，下功夫研究媒体阶段性的报道热点，研究阶段性的社会关注的焦点，然后与自己的行业形象进行比对，找到共同的价值元素，让行业价值观与公众价值观实现有效对接，或者让公路行业形象的主流性得到张扬，得到认可，得到体现。

二是要注重传播内容策划。

作为公益性、服务性的公路行业不能像一般营利性企业一样，花大量的费用用于媒体广告，否则，不仅不能令行业形象得到有效传播，相反容易使公众误认为功利性强而导致行业形象受损。那么，在选择传播内容时，要注重内容策划。比如，国家或地方对公路行业有新的政策出台时，作为媒体策划人员就必须要有敏锐的洞察力和迅速行动的能力，就本地公路行业的应对策略进行策划和传播；对行业系统内的重大事件和重要活动，不仅要及时有效地传递出去，而且还要策划出动人的故事，从而突出公路行业的整体形象；要重视典型人物的宣传，典型宣传一定要与行业形象放在一起观察、剖析，让读者以点带面地了解、认同、赞赏行业价值观和行业理念、行业精神。

三是要选择传播时机。

在行业文化的传播过程中，如果能够找准并抓住时机，对于提高行业文化传播的实效具有重要意义。一般来说，公路行业文化传播的时机主要有以下几种情况。

重大活动时。当某个行业发展决策或某项公路建设重点工程引起群众的特别关注时，会在他们的思想上产生兴奋点，当人们处于兴奋状态时，思维活动活跃，思维能力、理解能力也随之增强。

突发事件产生时。公路行业在修路、养路的过程中，可能会遇到一些困难、面临一些突发性事件，很有可能刺激社会公众对公路行业形象的重新审视，促使人们对行业的理解与信任。不过，这种突发事件传播需要行业做好策划工作，如果能够做到处乱不惊，在处理突发事件时坚持行业一以贯之的文化理念，那么当行业成功度过危机时，也成功地传播了自己的文化。

典型产生时。在文化的传播活动中，凡是能够折射出文化精华的，或是与行业文化理念相悖的，都可以作为典型。这种典型可以是事件，也可以是个人、团队，还可以是行业内部的工作、生活环境。在文化的传播过程中，要通过对比这两种性质相反的典型，让社会公众更清楚、深刻地理解本行业的文化，对行业文化传播来说无疑是一个良好的契机。

二、构建广东省公路行业文化内部传播系统

广东省公路行业文化需要运用各种形式和渠道在广东公路系统内部广泛传播才

能被广大公路行业人员所接受和认同，这就必然需要建构完善的广东省公路行业文化内部传播系统。行业文化建设的内部传播系统的建构是一项系统性的工作，必须通过各项措施予以保证。在这种建构中，需要解决的关键问题是：依靠内部传播的主体、明确内部传播的内容、畅通内部传播的渠道、完善内部传播系统的管理、追求内部传播应取得的效果等。

1. 依靠内部传播主体

人是社会组织的主体，广东省公路行业文化的主旨与核心也是以人为本。从这一意义上说，广东省公路行业文化的产生、形成、传播和发展的全过程，就是以人为主体的公路行业文化体系构建。从广东省公路行业文化内部传播系统的主体看，必须包括三个层面，即管理者、典型人物和普通员工。

管理者的倡导和示范关系到整个广东省公路行业文化内部传播的成败。管理者，尤其是广东省公路系统的领导，起着公路行业文化建设策划和引领的作用。由于公路系统领导在本地公路行业中所处的特殊地位，他们对本地区公路行业的发展承担了更多的责任，相应地，对行业精神、行业价值观、行业发展方向等也能施加较大的影响。广东省公路行业文化要形成体系，就更离不开领导的总结、归纳和提炼，离不开他们对公路行业文化建设的高度重视。在这一点上，广东省公路局高层领导做出了很好的表率，以公路局党委书记顾青波为广东省公路行业文化建设掌舵人的领导班子，不仅为广东省公路行业文化建设规划了美好蓝图，而且身体力行，为倡导、践行广东公路精神不遗余力。

典型人物是公路行业价值观的人格化，行业价值观往往在他们身上得到了集中体现。组织所倡导的价值观不能仅仅是口号，而是需要验证、需要有人去实践。这时，那些涌现出来的典型就是鲜活的、可学可感的公路行业文化践行者，是文化建设不可或缺的角色。他们生活、工作于普通员工中间，分散在各个岗位，与普通员工朝夕相处，其优秀的品格和模范的言行对员工起着示范、导向作用，吸引广大员工去学习和仿效，从而产生润物无声、潜移默化的效果。因此，把那些最能体现价值观念的个人和集体树为典型，积极地进行宣传、表彰，并根据客观形势的发展不断调整激励方法，有利于文化的传播和发展。广东省公路系统历来重视典型人物的挖掘、培养和表彰，在文化内部传播中，还要加大宣传的力度。

普通员工既是广东省公路行业文化内部传播的基本对象，也是文化传播的基本力量，即普通员工既是文化传播的客体，也是文化传播的主体。广东省公路行业文化建设的过程，本质上就是行业从业人员在修路、养路、护路过程中不断创造、不断实践的过程。虽然他们没有行业领导甚至行业中层管理者那样突出的地位，却是决定公路行业文化能否落地的关键。只有他们接受认同了行业价值观、理念和精神，才能在头脑中形成一种践行文化的意识、观念、思想、思维方式，才能在实践中遵循办事规范、体现行业倡导的作风、形成一种展现行业形象的习惯和一种积极向上的精神风貌。

2. 明确内部传播内容

广东省公路行业文化的内部传播，应是对广东公路系统文化的全面内涵和组成要素进行内向的推广和扩散，从内容上看，主要应包括精神层面、制度层面、行为层面及物质层面。

精神层面，即价值观念、精神境界、理想追求等，是决定着广东省公路行业文化的内容和方向的核心。广东省公路行业文化在精神层面的传播要在充分消化国家公路行业整体的精神内涵和核心价值观念的基础上，传递出融合了地域特色的符合自身发展现状和发展要求的独特的广东省公路行业精神。

制度层面，包括公路行业一般制度和体现广东省公路行业地方风俗特点的习惯、传统、仪式、非正式信息渠道等。它们对广东省公路行业文化理念做着内在的深刻的本质揭示，不仅能是一种有利于文明取胜的价值观念、精神境界、理想追求让全体员工熟悉和了解，而且能让全体员工信服、感动进而认同，最终变成自己的人生理想和精神追求。如果主观先行规定相应的规章制度，把员工的共识及时用条文确定下来，无疑有利于思想认识的确立和巩固。同时，习俗化要素的涵盖面极其广泛，既可以是物质性活动的习俗，也可以是思维性活动的习俗，还可以是地域性习俗，行业活动一旦习俗化，执行起来便极为自然，既不需要从外部施加压力，也不需要从内部准备动力。因此，广东省公路行业文化生长发育的最终目标，就是公路文化基因转化成为习俗化内容。

行为层面的内部传播主要是指广东省公路行业职工与工作、研究及学习相关的，能使上级、同事及社会大众等视觉与听觉感受到的言行。言行的根本指导在于价值理念，言行的规范约束在于规章制度，而行为传播的效果直接影响着行业形象职工内部的认识。比如，职工在行为上接受了行业文化规范，就真正进入了行业所要求他演绎的角色。而职工要真正演绎好行业文化的角色，就必须在实践中形成丰富的角色体验；员工个人的行为往往是所在团队、部门与行业整体行为的折射与反映。

物质层面的传播，即广东省公路行业向社会提供的公路设施、养护服务、环境保护和广东省公路行业系统内部的工地设施、环境布置、生活与工作条件等传播载体。物质层面的传播中尤为重要的是视觉传播，这里所说的视觉主要指视觉识别体系，同时也包括广东省公路行业文化中整个物质层影像。这些影像主要有两类，一类是以广东省公路行业标志为主的视觉识别体系，另一类直接蕴含广东省公路行业文化的形象宣传片。此外，还有广东省公路行业文化听觉识别体系所创造与设计的声音形象，如行业歌曲以及为行业活动经常运用的其他歌曲和音乐。

3. 畅通内部传播渠道

本章第一节述及，广东省公路行业文化的内部传播渠道可分为正式渠道与非正式渠道。下文主要阐述正式渠道的畅通问题。

通过会议传播文化是一条有效的文化传播途径。从会议内容到会议形式，会议是折射行业面貌的一个重要窗口，是文化建设的重要载体，其过程也是传播文化的过程。广东省公路行业文化建设过程中，要首先考虑会议的风格问题，即要宣导有什么样的公路文化，就要有什么样的会议风格；其次要考虑效率问题，在会议过程中，文化的传播是潜移默化的，文化的价值理念的基本部分时刻起着指导与约束作用，在研究讨论问题的同时，也是对文化认识的激烈碰撞。

日常管理传播包括组织传播、人际传播和人内传播。在日常管理过程中，广东省公路行业文化的行为层和物质层也渗透到管理传播中。员工看到代表着公路文化的规范性行为，容易时刻提醒着自己的行为要符合公路文化的要求，同时也增强了自主管理意识；员工看到代表着广东省公路行业文化标识的视觉识别体系，听到本行业的歌曲，容易增强自身的归属感。

省公路局和各地市公路系统要有计划地在每年针对各项工作开展业务技能培训，间接地进行公路行业文化传播；每年对新入职的职工进行培训的时候，都必须进行公路文化培训；尤其是当广东省公路行业文化建设工程有了新成果后，省公路局应及时对各单位、各地市负责文化宣导的工作者进行直接的文化培训，通过他们快速、有效地对新的文化建设成果开展宣传与灌输。

传播媒介分为对内传播媒介和对外传播媒介。在对内传播媒介方面，公路系统内部局域网是最好的内部传播媒介，其设计风格属于视觉识别体系范畴，媒介内容直接或间接地反映了广东省公路行业文化；《南方公路》作为纸质的广东省公路行业文化传播的平台，应承担凝练、解释、深化、拓展本省行业文化的先锋；各地市级的各种行业简讯应有意识地充当公路行业文化传播的助手；各级各类广播、橱窗、板报、宣传栏要突出公路行业精神内涵和价值观的宣传；要重视新媒体的运用，通过微博、微信、行业手机新闻的形势，让更多人参与到行业文化的传播与扩散中来。

同时，要继续坚持已有的多种活动传播方式，开展形式多样的文化活动，比如在综合考核的基础上，对贡献突出者、行业文化优秀体现者予以表彰是有效的行业文化传播载体；在行业宗旨、精神和作风的指导下，严格按照安全管理规章制度、规范、流程，定期进行各种安全事故预防与应急演习，强化公路养护安全文化建设；定期举办各种运动会、乒乓球比赛、歌咏比赛，职工美术、书法、摄影展览等文艺活动，以文化的熏陶促进职工全面发展。

4. 完善内部传播管理

广东省公路行业文化内部传播的载体渠道由于其形式的多样性，不同的传播渠道有着不同的特点，因而也必然需要相应的方式进行管理。

会议的过程既是工作的过程，也是研究的过程，还是学习的过程，当然更是行业文化传播的过程。通过会议不仅要传播价值理念，也要传播对规章制度和行为规范的认识。因此，在会议传播管理方面，会风的改善是关键。虽然会风的改善是一个系统工程，涉及体制、机制以及相关的制度，涉及行业文化观念层、行为层内涵的传播情形，决定会风的最根本的因素是行业精神与行业作风，但行业管理部门尤其是领导者的会风起着引导作用。一般情况下，会风好，会议的效率就比较高，行业精神贯彻得也比较好。当然，会议效率的高低还决定于会议的组织水平以及与会人员对议题的把握、判断水平的高低，最终归结为与会人员的素质问题与行业系统内人才选拔与使用的机制问题。

在日常管理中，行业文化的行为层、物质层也会参与到管理传播中来，并起到十分重要的作用。日常管理不仅要鲜明地体现出行业精神与作风，明确行业宗旨与目标，还应该有科学的管理流程以及实施细则。

在对培训传播管理中，不仅要精心选择培训的内容，还要在培训的组织、培训的讲师、培训的环境、培训的质量等方面制定一系列机制。比如说，在对干部和职工进行行业文化培训传播时，应该分清层次与重点。对基层员工进行文化培训时，应该注重培训形式的多样与活泼、深入浅出，应该将培训内容与工作实际紧密相结合，同时只要求受训者知其然就可以，不必知其所以然；对一般管理人员进行行业文化培训时，不仅要求受训者知其然，还要求知其所以然；而对行业领导与部门、单位主管进行行业文化培训时，不仅要求受培训者知其然，知其所以然，还应该了解中外同行业成功的文化实践的典型案例，了解行业文化理论的脉络。可见，培训教育传播要遵循全员参与、导向性、层次性、效益性、持久性等原则。

文化活动传播的真正价值在于，通过它们倡导、传播、巩固和支持行业的价值观。因此，任何活动都要求渗透行业价值观。同时，在文化活动管理中还要注意，活动的主体是广大职工群众，只有获得广泛的群众基础，得到广大职工自觉自愿地参与，它才会显出其强大的生命力，发挥出巨大的积极作用。也就是说，在进行文化活动传播的过程中，要通过多种不同的渠道和形式征集员工的意见，广泛动员职工群众，吸引群众参与一切活动。

5. 追求内部传播效果

文化传播的最终目的是为实现组织宗旨、组织目标服务，能否如期实现行业目标或愿景，能否加速实现行业目标与愿景，是广东省公路行业文化传播效果的最终试金石。但具体来说，广东省公路行业文化的传播效果应该是行业文化内化于员工心灵、固化于行业制度、外化于员工行为、体化于行业物质。

行业文化内化于心，主要是指广东省公路行业文化观念层、制度层、行为层与物质层的相关内容传播至所有的员工，并且为员工所理解、接受，进而沉淀进员工的潜意识，呈持续传播状态。换言之，行业文化内化于心，不仅要求员工牢记它，还要求信奉它，这种信奉不是强迫的，而是自然而然形成的。

但内化于员工内心还远远不够，还必须固化于行业的规章制度中。文化固化于制主要有四层含义，一是行业的规章制度必须在公路行业文化指导下制定；二是广东省公路系统所有的规章制度都要符合公路文化的规定性，尤其是理念识别体系的规定性；三是广东省公路系统各项制度在体现公路文化时要协调一致，构成相对完善的体系；四是广东省公路系统的规章制度不是只存在于文件中，而必须活跃在修、养、护等日常管理中。

广东省公路行业文化固化于制，是对内化于心的保障。但做到此还不够，还应该外化于行，即体现在员工的言行中。广东省公路行业文化外化于行，应该是不假思索地将广东省公路文化体现在行为中，其范围不仅局限于公路行业内部，还包括公路系统与社会方方面面的交往、服务中，甚至包括广东公路人行为所及之处。如果似是而非地体现，或者还要犹犹豫豫地体现，说明外化的程度不够到位；如果做到广东省公路系统文化外化于行，则是对内化于心、固化于制的根本保障，说明广东省公路行业文化真正落地生根了。

广东省公路行业文化传播的效果除了要达到内化于心、固化于制、外化于行外，还应该体化于物，只有这样，才能确保广东省公路行业文化建设的全面、彻底。文化体化于物中的“物”是指广东省公路文化物质层的物质，即分别体现在行业视觉识别体系、听觉识别体系、公路养护质量和服务质量、员工工作生活环境等方面，让广东省公路行业文化的观念层、制度层以及行为层都一一物化到物质层之中。

6. 建立阶段性内部传播效果评估机制

广东省公路系统在公路行业文化传播中，必须要重视对传播效果的反馈，并选择适当的测评方法，对效果进行客观评价。

广东省公路行业文化阶段性传播效果测评应该包含以下几个方面：一是员工对文化培训的反馈，在文化培训结束时应通过问卷调查收集员工对于培训效果和有效性的反馈,受训人员的反馈对于完善和修改文化传播方案至关重要;二是对行业核心理念理解的测评,应通过多种方式方法了解受训人员在进行文化培训前后,对行业核心理念认识的程度;三是对员工行为方式改变的测评,即一段时间后,通过日常工作、专项演习等方式考察员工在行为方式上是否有所变化;四是对整体业绩的测评,即通过各项工作指标的变化,例如事故率、工程完成的效率与质量、人员流动情况、职工爱岗敬业表现等,来衡量公路文化传播是否对公路系统各项业务与管理指标产生一定影响。

三、广东省公路行业文化内外传播策略

1. 对内传播策略

文化的内部传播是一个艰难的过程,而且需要很长的时间。为了取得良好的传播效果,在明晰文化内部传播诸多要素的同时,广东省公路行业应以一定的策略开展文化传播。主要包括价值观强化策略、制度规范策略、典型激励策略三方面。

1)价值观强化策略

价值观是文化的核心部分,是员工在长期的价值实践中,经过不断选择、积累沉淀、反复提炼、概括而逐渐形成的。在广东省公路行业文化理念的形成过程中,公路系统内部职工的自觉意识,即有目的、有意识、有组织地概括本行业的文化理念,起着十分重要的作用。它可以加速广东省公路行业文化理念的形成、稳定和成熟,并且有利于公路文化的内部传播。因此,要选择传播策略时,首先要强化价值观的宣传。价值观的传播不能仅仅是抽象的语言或书面的文字,而是要把这些能代表广东省公路行业文化内核方面的东西通过大量的传播媒介和实际行动广泛地宣传出去,使之生动活泼起来,并融入员工的日常工作和生活,为全体员工理解、认同和接受。

价值观强化策略作为培养、发展、传播文化过程中必须遵循的一个原则,具有一种灌输式的强调倾向。贯彻这个原则,要求广东省公路系统的领导层和管理层用正面激励的方式强化职工接受、认同本行业文化的理念取向,最大程度地调动员工参与文化建设的积极性和创造性、千方百计地促进消极因素向积极方面的转化,阻力向动力方面的转化。

一方面,管理者应创造和把握多种机会强化。为了促进价值观的认同和强化,行业高层要善于运用多种渠道、各种机会传播公路价值观,并且尽可能透过文化内部传播网络渗透到系统的各个方面。如建立各级谈话机制,通过探讨和交谈,使公路行业的共享价值能首先得到管理层的认同和集体的承诺,形成对价值反复灌输的共同理解。另一方面,要借助本地习俗与行业仪式促成行业价值观的认同与内化,如在举行具有地域色彩的行业社会仪式、工作仪式、管理仪式、奖励仪式、庆典仪式时,让行业价

值观形象化、个性化。

2)制度规范策略

规范制度可以较好地对以行业价值为核心的文化传播进行管控。制度规范策略就是利用制度对从业职工(包括管理者)的行为准则、规范等进行强化,将无形的广东省公路行业价值观念渗透到每一项规章制度、政策及工作规范、标准和行为准则之中,使职工在从事每一项工作、参与每一项活动的时候,都能感受到公路文化的引导和控制作用。建立制度的目的在于协调行业生产、规范行业活动及员工行为,以提高工作效率。因此,实施该种策略必须注重以下两个方面的内容:首先,广东省公路行业价值观必须要充分体现在公路行业的制度安排和战略选择上,使广东公路人的价值理念充分体现在修路、养路、护路的实际过程中;其次,广东省公路行业价值观作为既定提倡的价值理念,必须通过制度的方式统帅员工的思想,任何员工都必须在思想上接受本行业的价值观。

制度的突出特点是强制性。以公路行业价值观为核心的广东省公路系统各项规章制度既要能够对的日常工作行为进行监督、约束、指导,使员工在这种强制力的驱使下,自觉按照制度规定来办事,又要体现行业精神,以塑造和规范行业形象为目的,让所有职工将遵守规则转化为践行行业理念的行为习惯。

3)典型激励策略

典型激励策略即对那些能践行广东公路行业核心价值观并能成为行业形象符号代表的优秀员工提供升职机会与奖励,以表示行业的认可。行业文化融入到典型激励中,能使行业成为生气勃勃、充满活力、助人成长的场所。典型激励策略包括对典型人物和典型团队的物质激励、精神激励和工作激励。物质激励就是通过实物与奖金等激励典型人物和典型团队再接再厉,让他们在所有职工中达到示范、带动的目的;精神激励是指通过满足典型人物和典型团队在情感上、精神上的需要,对他们的工作予以肯定、表扬和鼓励,实现他们的优越感、自豪感和满足感,以彰显践行行业文化带给每个职工的成就;工作激励主要是对典型人物大胆授权,给他们更多的机会,扩大他们的上升空间,让他们创造更多的业绩,以刺激和激励其他员工。

2. 对外传播策略

广东省公路行业在社会中树立良好的形象,赢得美誉度,就离不开公路行业文化的对外传播。择要而言,以下三种策略可供参考。

1)职工参与策略

因为公路行业的公益性和服务性,公路行业的每一位职工都可能直接与外界接触,他们是公众了解公路行业文化的一个最直接和最生动的途径。比如,同样是中国的员工，但外资银行和中国的银行却给人的服务和感受却不同，这不仅体现在员工的服饰，内部的环境，更主要的原因是企业文化的不同使人感受到氛围不同，而客户的这种感受很大部分是通过银行的普通员工感受到的。所以，作为广东公路人中的一员，必须深刻认识和理解广东省公路行业文化的内容和精髓，能积极地向社会传达公路行业的价值观、文化，在自己的工作中时时处处体现出广东公路人的精神风貌和服务质量。如果作为广东公路人的一员，在修路、养路、护路等工作中不能让驾驶员、行人、公路周边的居民感到你是真诚服务、充满活力和积极向上的，那么，“把心放在路上，把路放在心上”的理念就是一句空话，你也不是一名合格的经过公路文化熏陶、洗礼的广东公路人。

广东省公路行业对外传播策略中职工参与策略的实施不仅需要职工自身的自觉，也需要公路行业的规划、引导、激励、强化。比如，职工的形象既是自身素质的展现，同时也是系统塑造的结果。从职工素质来看，职工的受教育水平、工作技能水平、修养、品德、行为等，与组织的教育、培训息息相关，员工的行为表现生动有力地展示了相关制度的规范和有序的管理。

2）大众媒体运用策略

文化传播离不开传媒，通过媒体传播的文化信息，受众更广、影响更大、权威性更高。随着信息技术的发展，可利用的传媒形式和种类更加丰富，传递信息也更为便捷和迅速，无论是以盈利为目标的企业还是代表政府形象的公共事业机构，都应抓住这样的传播契机，了解传媒，把握各种传媒的特点，准确地策划出在何时、何事上运用何种传媒工具，使自己良好的形象得到传播和扩散，为自身的发展争取良好的社会舆论环境。

广东省公路行业文化在对外传播中的大众媒体传播应重视以下几个方面：

一是适时开展公益广告宣传。从表面上看，广告是推行产品的一种手段，但事实上，形象宣传也可以以广告的形式出现，其中公益广告就是形象宣传的最好载体之一。目前，不仅一些企业在形象推广方面屡出奇招，而且很多城市、政府部门、事业单位也开始越来越重视形象的推广。对于广东省公路行业而言，选择大众媒体，适时开展融汇了公路行业形象、追求和价值观的公益广告活动，是让公路行业文化实现对外传播的有效途径。

广东省公路行业公益广告要达到润物细无声的效果，首先要志存高远，广告内容除了要展示自己核心价值理念的气魄和胸怀，还一定要体现出社会主义核心价值观；其次，要充满情感，要在感性上让所有受众真切感觉到行业的服务宗旨；再次，要充满创意，要依据地域特色和行业特征，巧妙展示广东省公路形象。

二是吸引大众媒体主动参与报道。能吸引大众媒体主动参与报道的必然是新闻。

能扩大广东省公路行业文化传播效果的新闻报道分为两类，一类是自然新闻，指行业本身发生的值得全社会关注的重大事件，或者取得的重要成果，或者得出的具有一定普遍意义的经验等。负责文化推广的部门将这些事件通过大众传媒报道的形式传播出去，有利于树立行业良好的社会形象。为此，各级公路管理部门，尤其是负责公路文化推广的部门要有通过新闻进行传播的意识，要能敏锐地发现本系统内的哪些事件是可以作为新闻进行报道的，并及时提供给媒体。另一类是策划新闻，即利用媒体的不断需求而有计划、主动地制造出能够吸引报道的新闻事件，目的是引起社会公众的注意，使组织的名字经常可以在新闻媒介中出现，从而达到提高知名度、树立良好形象的目的。在新闻策划时，要能够敏感地觉察到公路系统的一系列决策和事件的潜在意义，善于利用一些机会和条件，举行新闻发布会、参加电视台及报纸专题访谈节目等。

当然，无论是开展公益广告宣传还是吸引媒体主动报道，都要注意传播的计划性、针对性、主动性、时效性、适度性、创新性、反馈性。

3）社会力量借助策略

借用社会力量传播行业文化不失为一种达到“桃李不言，下自成蹊”效果的对外传播方式。广东省公路行业文化对外传播的关键是吸引社会的注意，赢得大众的普遍好感，求得社会的共鸣。行业社会责任日益受到人们的关注，并成为行业伦理的重要内容，能否履行社会责任也已经成为社会对一个企业、行业乃至政府部门进行评价的重要标准。因此，可以有意借助一些社会上关于公路建设与管理的公共话题、焦点问题，让社会公众自发地宣传和强调广东公路行业具有的强烈社会责任感，获得社会的认同和好感，从而在社会中树立良好的行业形象。

3. 整合传播策略

随着社会的发展，各行各业之间不再壁垒分明，其相互渗透、相互依存的趋势越来越明显。在全社会越来越关注文化发展的背景下，各行业（包括行业中各单位）文化的传播环境也日益复杂，尤其是信息科技的发展，又使得信息渠道和信息流量大规模增加，所有这些，既给各行业文化建设带来了机遇，同时也给各行业文化的扩散带来了压力。在文化传播过程中，如果强调对内传播而忽视对外传播，将不利于行业形象的扩散；但如果过于追求对外传播的效果而弱化对内传播的管理，显然也不利于行业凝聚力的形成。可见，在广东省公路行业文化的传播中，既要注重对内传播，也要重视对外传播。

事实上，文化的对内传播和对外传播可以通过整合策略同时进行。其中，传播信息内容的整合和内外传播渠道的协同是整合策略中的关键。

在广东省公路行业文化传播过程中，“把路放在心上，把心放在路上”的核心理念具有不可更改的基本属性,这种相对本质要求给所有体现广东省公路行业文化精神内涵的各种传播信息内容准备了必然性关联。在对带有文化属性的信息开展对内和对外传播时,尽管信息的接收者不同,但他们对信息的感受和理解一致。如果因为信息来源、信息渠道以及信息干扰等原因,使这些信息彼此之间呈现出不协调,必然妨碍了文化信息传播的效果。因此,对传播信息内容的整合非常重要,不论什么时候传播、传播什么,其中有关行业文化理念的信息必须清楚一致,不能内宣一套外传却是另外一套。此外,内外多种传播渠道的综合使用是一种必然选择。为了有利于强化文化传播的效果,在文化传播过程中必须有意识地进行内外传播渠道的配合与协同,以此形成强势的传播氛围。

具体来说,实施整合传播策略可以从以下两方面着手:

一是叠加活动,形成综合效应。广东省公路行业要大力宣传行业价值观、行业精神、行业理念,实现广大员工的知晓、认同和接受,传播良好的行业社会形象,除了内部集中培训和日常宣贯工作外,还可以叠加各项活动,对文化信息内容进行集中展示,形成文化传播的综合效应。比如,以庆典活动为中心,叠加展览活动、培训讲座、文娱活动、影视展播、歌曲舞蹈等多种活动,对行业文化实行全方位传播。其中,展览活动中又可以有图文资料、视听影像、文艺活动、教育讲座等,以满足不同人群的审美、知识追求、娱乐等需求;同时,还可以配合编写相关宣传材料,向公众免费赠送;拍摄行业文化专题片,在展示现场循环播放,让公众更为直观地体会行业的文化,增强传播的有效性。

二是媒体联动,形成立体效应。当今传播正朝多层次、多点面方向发展,除印刷、广播、电视等传统媒体外,网络媒体、论坛、微信、微博等新兴传播方式也异军突起。因此,为适应当今媒体时代的发展,广东省公路行业文化传播应该采取多层面、立体化的媒体联动,强化文化传播的密度和强度,让员工随时、随处都能接触到文化的"触点",知晓、了解公路文化。例如,可以借助网络举办网上研讨交流,开设"网络报告会""网络讲演会""网上论坛""广东公路人虚拟社区""广东公路人微博比赛""广东公路手机新闻"等,加强互动,汇聚人气;充分利用《南方公路》等纸质媒体,不仅对文化建设工作及时宣传报道,还应采取系列报道、深度报道、活动侧记、人物访谈等综合性报道和专栏形式,为公路行业文化的宣贯服务;利用展板、板报、宣传栏、手册等载体对公路文化进行广泛、深入、全面的宣传,营造浓郁的公路文化氛围;还可以通过故事化传播,编写《广东省公路行业故事集》、举办故事会、开展巡回演讲,让员工讲述身边的故事来传播行业公路文化,将广东省公路行业核心价值观和广东公路人精神故事化、形象化、大众化,拉近文化和职工的距离;通过社会媒体开展新闻策划,吸引社会媒体关注,扩大公路行业文化的社会影响。

第七章
广东省公路行业文化建设评价

第一节　建立文化建设评价体系的必要性

自改革开放始,社会经济迅猛发展、公路交通流量急剧上升,我国投入大量资金对交通系统进行了规划与建设,交通事业得到了长足的发展,特别是改革开放的前沿阵地广东省更是取得了骄人的成就。社会物质层面的巨大变革必然要求精神层面进行与之相适应的变革。与全国其他省份相比,广东交通运输行业的物质层面的建设已经达到了能突显改革开放成果的高度,而交通运输行业文化建设层面建设发展滞后,主要表现在物质文化建设与精神文化建设和谐共生的机制激励状态尚未形成,导致了交通运输行业发展缺乏持续的精神动力。

而我国交通运输行业文化研究工作从2005年才正式起步,经过交通运输部(原交通部)党组领导的亲身力行终于将该项研究提到了行业发展过程中重大的议事日程。为了贯彻2006年全国交通工作会议精神,并根据《全国交通行业“十一五”时期精神文明建设工作指导意见》制定了《交通文化建设实施纲要》,其中明确地指出:“交通文化建设是社会主义文化建设的重要组成部分,进入新世纪,适应全面建设小康社会的新形势,加快交通现代化建设步伐,必须加强交通文化建设,努力构建具有鲜明时代特征和行业特色的交通文化体系;加强交通文化建设,有利于形成和发展先进的交通文化体系,满足交通职工日益增长的精神文化需要”。2010年9月,在全国交通运输行业精神文明建设工作会议上,时任中共中央政治局委员、国务院副总理张德江要求交通运输行业,深入贯彻落实科学发展观,坚持物质文明和精神文明同规划、同部署、同建设,继续把精神文明建设摆在交通运输工作的重要位置,为交通运输事业科学发展提供思想基础和坚强动力。党的十七大以来,大力推动文化建设、提升文化软实力成为社会的普遍共识,党中央十七届六中全会第一次专题研究文化体制改革和文化发展问题,第一次提出“建设社会主义文化强国”的奋斗目标。对交通行业文化建设来说,精神文化建设已上升为行业发展的主导性力量,衡量行业文明与进步的尺度不仅仅是技术的发展,而且也包括文化的发展。

公路交通行业作为交通运输系统的一个子系统,是社会和经济持续健康发展的生命线,在一定程度上反映了一个国家或者地区社会经济发展水平,而文化对公路行业发展的巨大影响和制约也日益凸显出来。现今,国家之间、地区之间经济、文化等各方面的交流愈来愈频繁,而国家、地区之间交流互动就由公路运输开始,因此公路交通的第一形象颇为重要。

近年来,广东省公路局尤为重视行业文化建设,对文化建设理念、地位和作用,以及未来文化建设的基本方向和具体思路进行了整体规划。广东省公路管理局在2012年全省公路管理暨党风廉政建设工作会议《加强公路文化建设 引领行业科学发展》的报告指出:现在全国正在掀起文化建设的新高潮,公路系统也要乘势而上,进一步贯彻落实十七届六中全会《决定》、广东省委建设"幸福广东"和《广东省建设文化强省规划纲要》精神,大力开展公路文化建设活动,初步构建公路文化建设基本框架,逐步建立鲜明时代特征、地域特色和行业特点的公路文化体系。因此,通过对广东省公路文化发展历程、文化特质和文化建设经验的梳理与总结,围绕行业核心价值观,审视和调整行业文化措施,实施步骤进行整体规划,建立公路文化考核与评价指标体系具有极大意义。

公路行业文化建设应该包含两个方面的内容,具体来说,一是公路行业文化建设的精神、制度、物资、行为层面;二是推进公路行业文化建设的实现途径。

前者是文化的基础内容层面,后者是文化基础内容建设的推进层面。这两个方面的内容应紧密结合在一起,而联系的纽带就是要建立具有操作性的公路行业文化建设指标评价体系,这种评价是文化建设从高屋建瓴的理论层面进入脚踏实地的操作层面的至关重要的环节。如果缺乏这样一个评价体系、评价方法、评价模式,文化建设的很多思想只能留在理论的层面。公路行业文化建设评价体系,就是依据公路行业的建设理念和要求,运用科学的评价指标和评价方法,检查和评定公路行业文化建设效果并对行业文化发展进行管理、控制、决策的体系。

一、评价文化建设效果能正确引导行业文化建设方向,不断增强文化建设效果

公路文化建设指标评价其主要因素体现了公路文化建设的核心价值理念,基础建设内容以及突显行业文化特色的标志性建设内容,并通过科学的方法对各因素进行量化分析,确定权重,从而起到引领公路行业各单位、各部门、各企业文化建设的方向。通过可操作性的周期性评价,促进它们不断提升文化建设的效果,从而促进文化建设

的可持续发展。

具体而言,公路行业文化建设有没有成效,有多大成效,有什么风险,如何规避风险,有什么样的经验和教训等利弊得失问题都会通过指标评价体系体现出来。建立公路行业的文化建设指标评价体系既可以对公路行业在设计、建设、经营、服务和管理的各种具体实践活动效果进行判断,也可以进行评价。对文化建设的成绩、经验的肯定性评价,能够深化、巩固、拓展文化建设的成果,激励公路行业人员在各项具体活动中的积极性与创造性;而对文化建设中产生的不良问题、教训或否定性评价,也能及时发现并反馈,有效克制消极后果。因此,公路行业创设文化建设评估体系不仅具有判断行业文化价值的作用,更能增强文化建设的效果。

二、评价文化建设效果能评估行业职工绩效,不断提高文化建设质量

公路行业的文化建设是一个长期的系统工程,它需要贯穿于各项工作之中,需要不断赋予其与时代相适应、与交通运输事业发展相适应的新鲜内容。公路行业从业人员的工作以及工作效果,都可以通过行业文化建设这一实践活动体现出来,只有对从业人员在行业文化建设的全过程及其文化建设的客观效果进行评价,才能潜移默化地用富有行业特征的文化培养人,使之成为具有行业职业道德特征的员工和符合行业业务素质要求的行业员工。一般而言,公路行业文化建设的效果应该反映出了公路从业人员的职业素养和工作态度。对文化建设过程和结果的评价,也有助于行业从业人员进行自我检视,端正工作态度,不断提高职业技能,培养优良的职业精神,发挥文化建设的激励作用。

三、评价文化建设效果能完善公路行业文化建设机制

从各行业文化建设的实践看,目标和行动环节相对较为清晰,但评估、反馈环节则有较大的缺失,文化建设机制不健全。当前全国各地对公路行业的文化建设正如火如荼,但是总体上尚处于探索阶段,存在诸多不足,比如公路行业文化特色尚不鲜明,和其他行业文化的共性和个性分辨不清等,特别是在公路行业文化建设目标和定位上,大多是概念性的,停留于纸上和口中,难以进行具体的操作实践,更难以进行文化建设效果的考核评价。因此,以建立公路行业文化的架构体系为依据,挖掘和整合现有的文化资源,并对其进行理念凝练和流程再造,形成一个量化的、具备可操作性、可考核评估并可跟踪调查的行业文化建设指标评价体系,就完善了文化建设的评价、反馈环节。

四、评价文化建设效果能引导公路行业资源合理流动及配置

通过对公路行业文化建设指标进行评价,可引导行业内各单位、各部门、各企业根

据指标权重分配选择最佳文化建设形式、方案，可以使公路行业文化建设相关部门以及社会力量将精力及有关的建设配套资金合理配置到效率与效益最高的优秀组织、机构或者表现突出的个人，发挥资源的最大效应。

第二节 “基础+主题”的文化建设评价模式

一、基于模糊综合评价的公路行业文化评价模型

模糊综合评价法是以模糊数学为基础，应用模糊数学的隶属度理论，将一些边界不清、不易定量的因素定量化，进行综合评价的一种方法。它可以对人、事、物进行全面、正确而又定量的评价，是提高领导者决策能力和管理水平的一种有效方法。我们认为用模糊综合评价法来规划广东省公路行业文化建设的内容具有很强的科学性。

1. 两者研究对象的特征具有一致性

模糊综合评价法和公路行业文化建设二者研究对象特征具有一致性，因为二者研究对象其概念的外延之间都具有“模糊”的特征。仅以公路文化建设的精神文化内容为例：其主要包含彰显行业生命力的理念体系，与理念体系和行业发展相适应的道德准则，行业发展战略与思路。这三项因素的内容虽各有侧重，但内涵有交融之处，外延有交叉，具有边界“模糊”的特征。

近年来，尤其是党的十七大以来，大力推动文化建设、提升文化软实力成为社会的普遍共识，并得到广泛的实践和探索。党中央十七届六中全会第一次专题研究文化体制改革和文化发展问题，第一次提出“建设社会主义文化强国”的奋斗目标。广东省委也制定了《广东省建设文化强省规划纲要》，提出要“建设幸福广东”。广东省公路管理局提出要注重公路物质文化建设，努力创建体现“畅安舒美优”标准的文明示范路，提升公路的文化品位。通过精心设计规划，将广府文化、客家文化、潮汕文化、雷州文化、华侨文化、海洋文化等岭南文化特色，融入公路的建设和管理，打造与众不同的文化公路，体现地区特色和文化风貌，创造通行的文化体验。立足于行业发展的实际，在对现有公路文化进行总结、开发、评估和提炼的基础上，着力构筑公路行业的主流价值观，塑造和展现时代精神。

在广东省公路行业文化建设内容分类中，各因素的建设效果是相互促进的，且主要体现在对公路行业文化建设的影响程度，这些都是隐性的，若仅按因素划分公路文化建设内容，很难量化分析。而模糊综合评价法可以对其量化，进行综合评价。

模糊综合评价涉及的基本要素如下：

(1)因素集 $U=\{u_1,u_2,\cdots,u_n\}$,被评判对象的各因素组成的集合;

(2)评价集 $V=\{v_1,v_2,\cdots,v_n\}$,评语组成的集合;

(3)单因素判断,即对各个因素 $u_i(1,2,\cdots,n)$ 的评判,得到 R 上的模糊集,$\{r_{i1},r_{i2},\cdots,r_{in}\}$。

从以上基本要素来看,在“因素集”中的要素是边界不清、不易定量的因素,广东省公路行业文化建设内容的各项要素完全可以作为“因素集”中的各项因素。至于对广东省公路行业文化建设内容中各个因素在文化建设中发挥作用的评价,正好可以作为“评价集”中的各要素。把对各种各类评价“要素”通过某种数学模型进行“判断”从而达到对广东省公路行业文化建设内容中各个因素在文化建设中发挥的作用进行科学、定量地评价,这就是“单因素判断”的过程。

2. 基于文化建设评价的数学模型

模糊综合评价的数学模型可表示为:

$$A\cdot R=(a_1,a_2,\cdots,a_n)\cdot\begin{bmatrix}r_{11} & L & r_{1m}\\ M & O & M\\ r_{n1} & L & r_{nm}\end{bmatrix}=(b_1,b_2,\cdots,b_n)=B,$$

其中 $A=(a_1,a_2,\cdots,a_n)$,$\sum_{i=1}^{n}a_i=1$,$a_i\geqslant0$;$R=(r_{ij})_{n\times m}$,$r_{ij}\in[0,1]$;$b_j=\sum_{i=1}^{n}a_ir_{ij}$,$j=1,2,\cdots,m$,$m\in N^*$,$n\in N^*$。

这里 b_j 是 $r_{1j},r_{2j},\cdots,r_{ij}$ 的函数,也就是评判函数。

模糊综合评价的结果是被评判的事物对各等级模糊子集的隶属度,它构成一个模糊向量,而不是一个点值。因此,可以通过最大隶属度原则、加权平均原则、模糊向量单值化等方法做进一步处理,从而得出一个比较直观的解释或明确的评判。

模糊综合评价的程序简单且逻辑性强。

(1)确定评判对象的因素集 $U=\{u_1,u_2,\cdots,u_n\}$。“因素”是指人们考虑问题时的着眼点。在因素集 $U=\{u_1,u_2,\cdots,u_n\}$ 中,应该尽量用最少的因素来概括和描述问题,以达到简化评价运算的目的。

(2)确定评价集 $V=\{v_1,v_2,\cdots,v_n\}$。人们根据具体情况的需要,对单一因素做出不同程度的评价。一般情况下,评价等级数 m 取[1,9]中的整数,如果 m 过大,那么语言难以描述且不易判断等级归属;如果 m 过小又不符合模糊综合评判的质量要求。m 取奇数的情况较多,因为这样可以有一个中间等级,便于判断被评价事物的等级归属。具体等级可以依据评价内容用适当的语言描述。这种方法具有很强的逻辑性,若判断出现逻辑性错误,可以通过一致性检验的方法加以纠正。

(3)确定权重集 $A=(a_1,a_2,\cdots,a_n)$。在诸“因素”中,人们的侧重点是不同的,这就是权重。模糊综合评价是因素权重和单因素评价的复合作用。因此,权重集(权重分配)的确定十分重要。

二、用层次分析法构建广东省公路文化建设模型

在用模糊综合评价法规划广东省公路文化建设内容的基础上,用层次分析法构建广东省公路文化建设指标评价体系就更为简洁了。

1. 层次分析法的基本步骤

(1)建立层次结构模型。如对广东省公路行业文化建设内容进行设计评价,我们假定有几个与其相关的因素,而这些因素的内涵各有侧重,但各内涵相互渗透。按照因素性质及其所反映的问题,简单地构选两个层次结构,高层为“广东省公路行业文化建设内容的设计评价结果”;底层为具体分析指标。

(2)构造判断矩阵。通过对底层中各元素的相对重要性做出比较判断,即将该层次中有关的元素两两比较,并将比较结果按一定的比率标度定量化,以此可构成判断矩阵。构造判断矩阵是 AHP 的关键一步。判断矩阵的元素一般采用 1 ~9 及其倒数的标度方法(表 7-1)。

判断矩阵的标度及其含义 表 7-1

标　度	含　义
1	两个因素相比,具有同样重要性
3	两个因素相比,前者比后者稍微重要
5	两个因素相比,前者比后者明显重要
7	两个因素相比,前者比后者强烈重要
9	两个因素相比,前者比后者极端重要
2,4,6,8	前者比后者的重要程度介于上述相应两个数之间
倒数	若因素 i 与因素 j 比较得判断 b_{ij},则因素 j 与因素 i 比较得判断 $b_{ji}=1/b_{ij}$

(3)层次权重及其一致性检验。根据判断矩阵,计算层次指标项的相对权重,在数学上归结为计算判断矩阵的最大特征值及其相应的特征向量问题。其作用是检验判断合理程度,当判断合理程度很高时,一致性矩阵的每一行向量都是特征向量,将特征向量标准化后记做 $\overline{W}=(\overline{w_1},\overline{w_2},\cdots,\overline{w_n})^T$,然后求$\overline{w_i}$的权向量(它表示某个因素在目标中所占的比重),满足:$\sum_{i=1}^{n}\overline{w_i}=1$。

但是,由于客观世界的复杂性以及人们认识上的局限性和多样性,难免出现判断不准甚至出现逻辑错误。要使人们在构造矩阵中所做的判断完全满足一致性条件显然是不现实的,当判断矩阵 A 不是一致性矩阵时,其最大特征值 $\lambda_{\max}\geqslant n$,其相应的特

征向量标准化后仍称为权向量 W,W 能否表示因素在目标中占的比重,要视 A 一致的程度而定。λ_{max} 比 n 大的越多,则 A 的不一致的程度越严重。

衡量不一致程度的指标,定义为:$CI=\frac{\lambda_{max}-n}{n-1}$。

判断矩阵一致性程度越高,CI 值越小,引入平均随机一致性指标 RI 对 CI 进行修正,当$CR=\frac{CI}{RI}\leqslant 0.1$,则说明判断矩阵具有很好的一致性(表 7-2)。

1 阶 ~9 阶矩阵平均随机一致性指标表 表 7-2

n	1	2	3	4	5	6	7	8	9
RI	0	0	0.52	0.89	1.12	1.26	1.36	1.41	1.46

2. 数据采集真实性强

数据采集要考虑数据来源与数据的采集方式。数据来源既要有代表性和权威性,又要反映研究领域的实际情况。数据的采集方式采用德尔斐咨询法,具体形式采用通信咨询,以避免咨询者之间的交互影响。

根据中共中央、国务院文件和广东省委的有关文件精神,广东省公路行业文化建设基础内容分类如表 7-3 所示。

用模糊综合评价法对公路文化内容进行分类 表 7-3

U	U_i	U_{in}
精神文化	彰显行业生命力的理念体系 U_1	行业使命 U_{11}、行业愿景 U_{12}、行业价值观 U_{13}、行业精神 U_{14}、行业宗旨 U_{15}、公路建设理念 U_{16}、服务理念 U_{17}、养护理念 U_{18}、执法理念 U_{19}、廉政理念 U_{110}、幸福哲学 U_{111} 等
	与理念体系和行业发展相适应的道德准则 U_2	行业社会责任准则 U_{21}、行业服务道德规范 U_{22}、工作文明准则 U_{23} 等
	行业发展战略与思路 U_3	发展战略依据 U_{31}、战略思想 U_{32}、战略目标 U_{33}、发展战略重点 U_{34}、战略对策 U_{35}、年度发展规划 U_{36} 等
物质文化	行业环境和行业容貌 U_4	行业建筑 U_{41}、园林环境布局 U_{42}、生产环境布局 U_{43}、各种交通布局 U_{44} 等
	行业实验设备、施工设备 U_5	实验室设备 U_{51}、施工设备 U_{52}、办公自动化 U_{53}、信息反馈系统 U_{54} 等
	行业形象传播载体 U_6	形象标识基础系统 U_{61}、形象标识应用系统 U_{62}、形象延伸系统 U_{63}(产品形象包装、行业电影电视宣传片、行业宣传画册、行业门户网站、行业内部媒体等)
	行业文化活动载体 U_7	行业文化活动设施 U_{71} 等
	行业产品形象 U_8	精品工程景观布局 U_{81}、精品工程硬件特质 U_{82} 等

续上表

U	U_i	U_{in}
制度文化	行业主导性法规及其执行机制 U_9	主导型法规 U_{91}(《公路法》、《公路管理条例》)、与法规配套的执行制度 U_{92}(目标责任制、检查考核奖惩制度)等
	内部人事管理和财务制度 U_{10}	内部管理制度 U_{101}、岗位职责 U_{102}、人才选拔与任用制度 U_{103}、财务分配制度 U_{104} 等
	生产安全制度 U_{11}	安全生产手册 U_{111}、责任追究制度 U_{112}、安全生产管理流程 U_{113} 等
	质量保证制度 U_{12}	质量管理例会制度 U_{121}、技术交底制度 U_{122}、施工验收制度 U_{123}、三检及交接检制度 U_{124}、质检员岗位职责 U_{125}、现场材料管理办法 U_{126} 等
	危机处置制度 U_{13}	应对突发事件处置能力建设 U_{131}、突发事件处置预案 U_{132} 等
行为文化	管理层行为规范 U_{14}	工作作风 U_{141}、廉政品格 U_{142}、民主决策范式 U_{143} 等
	职工行为规范 U_{15}	工作纪律 U_{151}、服务礼仪 U_{152}、执法风范 U_{153}、文体活动 U_{154}、理论与科技知识培训 U_{155} 等
	行业模范人物行为 U_{16}	树立模范人物 U_{161}、宣传模范人物 U_{162}、学习模范人物 U_{163}、模范人物待遇标准 U_{164} 等
	仪式与风俗 U_{17}	节日庆典文化活动 U_{171}、重大工程建设庆典活动 U_{172}、特殊纪念日庆祝活动 U_{173} 等

公路行业文化建设基础内容指标很多,应有主次之分。为了突出基础内容的主体部分,将表 7-3 在广东省公路局领导层和高校或国家事业单位的文化建设研究方面的专家中进行问卷调查。

广东省公路行业文化建设内容调查结果(表 7-4、表 7-5)。

10 位文化建设专家调查结果 表 7-4

公路行业文化建设内容 U_i	同意文化建设人数	公路行业文化建设内容 U_i	同意文化建设人数
彰显行业生命力的理念体系 U_1	10	内部人事管理和财务制度 U_{10}	3
与理念体系和行业发展相适应的道德准则 U_2	9	生产安全制度 U_{11}	5
行业发展战略与思路 U_3	10	质量保证制度 U_{12}	5
行业环境和行业容貌 U_4	4	危机处置制度 U_{13}	4
行业实验设备、施工设备 U_5	9	管理层行为规范 U_{14}	9
行业形象传播载体 U_6	7	职工行为规范 U_{15}	7
行业文化活动载体 U_7	7	行业模范人物行为 U_{16}	5
行业产品形象 U_8	9	仪式与风俗 U_{17}	4
行业主导性法规及其执行机制 U_9	4		

47 位广东省公路管理局领导和地市公路管理局领导调查结果 表 7-5

公路行业文化建设内容 U_i	同意文化建设人数	公路行业文化建设内容 U_i	同意文化建设人数
彰显行业生命力的理念体系 U_1	34	内部人事管理和财务制度 U_{10}	30
与理念体系和行业发展相适应的道德准则 U_2	32	生产安全制度 U_{11}	26
行业发展战略与思路 U_3	41	质量保证制度 U_{12}	24
行业环境和行业容貌 U_4	28	危机处置制度 U_{13}	28
行业实验设备、施工设备 U_5	31	管理层行为规范 U_{14}	31
行业形象传播载体 U_6	38	职工行为规范 U_{15}	36
行业文化活动载体 U_7	36	行业模范人物行为 U_{16}	34
行业产品形象 U_8	25	仪式与风俗 U_{17}	30
行业主导性法规及其执行机制 U_9	30		

将两类调查问卷的统计表按因素得票顺序从高到低进行排序，对得票前 10 项取交集，交集部分定为“主体”内容，其余指标划为“其他”内容。对两类调查问卷的前 10 项取交集，其中有 8 项公路文化内容，即 U_1，U_2，U_3，U_5，U_6，U_7，U_{15}，U_{16}形成交集，我们对这 8 项内容进行排序，确定评价因素。

由于采用德尔斐咨询法进行调查时遇到了客观上的困难，我们就利用团体“得票”顺序来进行其重要性判断，并在一定的票数差距内确定重要性等级判断。

为了方便研究，我们对 10 位文化建设方面的专家按因素得票差来确定判断矩阵的标度如下：

票数差	0	1	2	3	4	5
判断矩阵的标度	1	3	3	5	7	7

而对 47 位广东省公路管理局领导和地市公路管理局领导按因素得票差来确定判断矩阵的标度如下：

票数差	0	1	2	3	4	5	6	7	8	9	10
判断矩阵的标度	1	1	1	3	3	5	5	7	7	9	9

以下是文化专家或相关领导从表 7-3 中 U_i 或 U_{in} 中选取的认为公路文化建设中重要的 8 项因素（按得票数由高到低进行排列），根据表 7-1 和得票差与判断矩阵的标度关系，我们可以得到专家或相关领导的咨询结果（表 7-6）。

10 位文化建设专家咨询结果 表 7-6

指标 \ 指标	U_1	U_3	U_2	U_5	U_6	U_{15}	U_7	U_{16}
U_1	1	1	3	3	5	5	5	7
U_3	1	1	3	3	5	5	5	7
U_2	1/3	1/3	1	1	3	3	3	7
U_5	1/3	1/3	1	1	3	3	3	7
U_6	1/5	1/5	1/3	1/3	1	1	1	3
U_{15}	1/5	1/5	1/3	1/3	1	1	1	3
U_7	1/5	1/5	1/3	1/3	1	1	1	3
U_{16}	1/7	1/7	1/7	1/7	1/3	1/3	1/3	1

数据处理:

本节运用 AHP 计算所采集的重要性判断矩阵数据,并计算相应的特征向量。

$$A=\begin{bmatrix} 1 & 1 & 3 & 3 & 5 & 5 & 5 & 7 \\ 1 & 1 & 3 & 3 & 5 & 5 & 5 & 7 \\ 1/3 & 1/3 & 1 & 1 & 3 & 3 & 3 & 7 \\ 1/3 & 1/3 & 1 & 1 & 3 & 3 & 3 & 7 \\ 1/5 & 1/5 & 1/3 & 1/3 & 1 & 1 & 1 & 3 \\ 1/5 & 1/5 & 1/3 & 1/3 & 1 & 1 & 1 & 3 \\ 1/5 & 1/5 & 1/3 & 1/3 & 1 & 1 & 1 & 3 \\ 1/7 & 1/7 & 1/7 & 1/7 & 1/3 & 1/3 & 1/3 & 1 \end{bmatrix}$$

(1)将每一行元素相乘后开 8 次方,得:

$W_1 \approx 3.06924, W_2 \approx 3.06924, W_3 \approx 1.46311, W_4 \approx 1.46311,$

$W_5 \approx 0.58293, W_6 \approx 0.58293, W_7 \approx 0.58293, W_8 \approx 0.25034$。

(2)将特征向量标准化。

因为$\sum_{j=1}^{8} W_j = 11.06384$,由$\overline{W_j} = \dfrac{W_j}{\sum_{j=1}^{8} W_j}$,可得:

$\overline{W_1} \approx 0.27741, \overline{W_2} \approx 0.27741, \overline{W_3} \approx 0.13224, \overline{W_4} \approx 0.13224,$

$\overline{W_5} \approx 0.05269, \overline{W_6} \approx 0.05269, \overline{W_7} \approx 0.05269, \overline{W_8} \approx 0.02263$。

(3)计算最大特征根 λ_{max}。

判断矩阵为:

$$A \cdot \overline{W} = \begin{bmatrix} 1 & 1 & 3 & 3 & 5 & 5 & 5 & 7 \\ 1 & 1 & 3 & 3 & 5 & 5 & 5 & 7 \\ 1/3 & 1/3 & 1 & 1 & 3 & 3 & 3 & 7 \\ 1/3 & 1/3 & 1 & 1 & 3 & 3 & 3 & 7 \\ 1/5 & 1/5 & 1/3 & 1/3 & 1 & 1 & 1 & 3 \\ 1/5 & 1/5 & 1/3 & 1/3 & 1 & 1 & 1 & 3 \\ 1/5 & 1/5 & 1/3 & 1/3 & 1 & 1 & 1 & 3 \\ 1/7 & 1/7 & 1/7 & 1/7 & 1/3 & 1/3 & 1/3 & 1 \end{bmatrix} \cdot \begin{bmatrix} 0.27741 \\ 0.27741 \\ 0.13224 \\ 0.13224 \\ 0.05269 \\ 0.05269 \\ 0.05269 \\ 0.02263 \end{bmatrix} = \begin{bmatrix} 2.29699 \\ 2.29699 \\ 1.08201 \\ 1.08201 \\ 0.42507 \\ 0.42507 \\ 0.42507 \\ 0.19236 \end{bmatrix}$$

即有：$(A\overline{W})_1 \approx 2.29699$，$(A\overline{W})_2 \approx 2.29699$，$(A\overline{W})_3 \approx 1.08201$，$(A\overline{W})_4 \approx 1.08201$，$(A\overline{W})_5 \approx 0.42507$，$(A\overline{W})_6 \approx 0.42507$，$(A\overline{W})_7 \approx 0.42507$，$(A\overline{W})_8 \approx 0.19236$。

故：

$$\lambda_{\max} = \sum_{i=1}^{8} \frac{(A\overline{W})_i}{8\overline{W}_i} = \frac{(A\overline{W})_1}{8\overline{W}_1} + \frac{(A\overline{W})_2}{8\overline{W}_2} + \cdots + \frac{(A\overline{W})_8}{8\overline{W}_8} \approx 8.02357。$$

(4)一致性检验：当 $n = 8$ 时，$CI = \frac{\lambda_{\max} - n}{n-1} = \frac{8.20357 - 8}{8-1} \approx 0.02908$

由于 8 阶矩阵的平均随机一致性指标 $RI = 1.41$，所以

$CR = \frac{CI}{RI} = \frac{0.02908}{1.41} \approx 0.020624 < 0.1$，可见判断矩阵具有很满意的一致性。

运用同样的方法，我们可以得到广东省公路管理局领导和地市公路管理局领导咨询表，见表 7-7。

47 位广东省公路管理局领导和地市公路管理局领导咨询表 表 7-7

指标 \ 指标	U_3	U_6	U_7	U_{15}	U_{16}	U_1	U_2	U_5
U_3	1	3	5	5	7	7	9	9
U_6	1/3	1	1	1	3	3	5	7
U_7	1/5	1	1	1	1	1	3	5
U_{15}	1/5	1	1	1	1	1	3	5
U_{16}	1/7	1/3	1	1	1	1	1	3
U_1	1/7	1/3	1	1	1	1	1	3
U_2	1/9	1/5	1/3	1/3	1	1	1	1
U_5	1/9	1/7	1/5	1/5	1/3	1/3	1	1

同理，运用 AHP 计算所采集的重要性判断矩阵数据，并计算相应的特征向量。

$$A_1=\begin{bmatrix}1&3&5&5&7&7&9&9\\1/3&1&1&1&3&3&5&7\\1/5&1&1&1&1&1&3&5\\1/5&1&1&1&1&1&3&5\\1/7&1/3&1&1&1&1&1&3\\1/7&1/3&1&1&1&1&1&3\\1/9&1/5&1/3&1/3&1&1&1&1\\1/9&1/7&1/5&1/5&1/3&1/3&1&1\end{bmatrix}$$

(1)将每一行元素相乘后开8次方,得:

$\omega_1\approx4.83301,\omega_2\approx1.78916,\omega_3\approx1.14720,\omega_4\approx1.14720,$

$\omega_5\approx0.78408,\omega_6\approx0.78408,\omega_7\approx0.47214,\omega_8\approx0.30273$。

(2)将特征向量标准化。

因为$\sum_{j=1}^{8}\omega_j=11.25961$,由$\overline{\omega_j}=\frac{\omega_j}{\sum_{j=1}^{8}\omega_j}$,可得:

$\overline{\omega_1}\approx0.42923,\overline{\omega_2}\approx0.15890,\overline{\omega_3}\approx0.10189,\overline{\omega_4}\approx0.10189,$

$\overline{\omega_5}\approx0.06964,\overline{\omega_6}\approx0.06964,\overline{\omega_7}\approx0.04193,\overline{\omega_8}\approx0.02689$。

(3)计算最大特征根$\lambda'_{\max}$。

故:

$$\lambda'_{\max}=\sum_{i=1}^{8}\frac{(A_1\overline{\omega})_i}{8\overline{\omega_i}}=\frac{(A_1\overline{\omega})_1}{8\overline{\omega_1}}+\frac{(A_1\overline{\omega})_2}{8\overline{\omega_2}}+\cdots+\frac{(A_1\overline{\omega})_8}{8\overline{\omega_8}}\approx8.33934$$

(4)一致性检验:当$n=8$时,$CI=\frac{\lambda'_{\max}-n}{n-1}=\frac{8.33934-8}{8-1}\approx0.04848$

由于8阶矩阵的平均随机一致性指标$RI=1.41$,所以$CR=\frac{CI}{RI}=\frac{0.04848}{1.41}\approx0.03438<0.1$,可见判断矩阵具有很满意的一致性。

我们对公路行业文化建设内容的“其他”内容再进行量化分析。

同理,可得10位文化建设方面的专家后9项因素投票的判断矩阵,此时$CI=\frac{\lambda_{\max}-n}{n-1}=\frac{9.38939-9}{9-1}\approx0.04867$,当$n=9$时,$RI=1.46$,所以$CR=\frac{CI}{RI}=\frac{0.04867}{1.46}\approx0.03334<0.1$,可见判断矩阵具有很满意的一致性。

同理,我们也可以得出47位广东省公路管理局领导和地市公路管理局领导对公路行业文化建设内容的后9项因素投票的判断矩阵,此时$CI=\frac{\lambda_{\max}-n}{n-1}=\frac{9.18901-9}{9-1}\approx$

0.02363，当$n=9$时，$RI=1.46$，所以 $CR=\frac{CI}{RI}=\frac{0.02363}{1.46}\approx 0.01618<0.1$，可见判断矩阵具有很满意的一致性。

根据以上计算可知，10 位文化建设方面的专家对前 8 项因素投票的判断矩阵特征向量的权向量为：

$[U_1,U_3,U_2,U_5,U_6,U_{15},U_7,U_{16}]=[0.27741,0.27741,0.13224,0.13224,0.05269,0.05269,0.05269,0.02263]$

而 47 位广东省公路管理局领导和地市公路管理局领导对前 8 项因素投票的判断矩阵特征向量的权向量为：

$[U_3,U_6,U_7,U_{15},U_{16},U_1,U_2,U_5]=[0.42923,0.15890,0.10189,0.10189,0.06964,0.06964,0.04193,0.02689]$

我们在进行实践性研究时，应重视公路行业领导的意见，我们对专家和领导的计算结果分别取权重 0.4 和 0.6，将两种情况下相同的指标按给定的权重取加权分值得判断矩阵的特征向量的权向量：

$[U_1,U_2,U_3,U_5,U_6,U_7,U_{15},U_{16}]=[0.1528,0.0781,0.3685,0.0690,0.1164,0.0822,0.0822,0.0508]$

$U_1,U_2,U_3,U_5,U_6,U_7,U_{15},U_{16}$为基础内容的主体部分，对于基础内容的其他 9 项，用同样的计算方法，我们可以得到 10 位文化建设方面的专家对后 9 项因素投票的判断矩阵特征向量的权向量为：

$[U_8,U_{14},U_{11},U_{12},U_4,U_9,U_{13},U_{17},U_{10}]=[0.30961,0.30961,0.09456,0.09456,0.04219,0.04219,0.04219,0.04219,0.02291]$

而 47 位广东省公路管理局领导和地市公路管理局领导对后 9 项因素投票的判断矩阵特征向量的权向量为：

$[U_{14},U_9,U_{10},U_{17},U_4,U_{13},U_{11},U_8,U_{12}]=[0.19462,0.18748,0.18748,0.18748,0.07751,0.07751,0.03581,0.03053,0.02157]$

同理，我们对文化建设方面的专家和公路管理局领导的计算结果分别取权重 0.4 和 0.6，将两种情况下相同的指标按给定的权重取加权分值得判断矩阵的特征向量的权向量：

$[U_4,U_8,U_9,U_{10},U_{11},U_{12},U_{13},U_{14},U_{17}]=[0.0634,0.1422,0.1294,0.1217,0.0593,0.0508,0.0634,0.2406,0.1294]$

为了突显前 8 项因素的主体作用，我们将文化建设方面的专家和公路管理局领导对前 8 项和后 9 项的综合评价的特征向量，分别取权重 0.8 和 0.2，得到公路文化行业建设内容的 17 项因素所占比例。为便于操作，结果保留小数点后两位，即：

$[U_1,U_2,U_3,U_4,U_5,U_6,U_7,U_8,U_9,U_{10},U_{11},U_{12},U_{13},U_{14},U_{15},U_{16},U_{17}]=[0.12,0.06,0.29,0.01,0.06,0.09,0.07,0.03,0.03,0.02,0.01,0.01,0.01,0.05,0.07,0.04,0.03]$

由此可知，公路行业文化建设基础内容的 17 项因素：U_1，U_2，U_3，U_4，U_5，U_6，U_7，U_8，U_9，U_{10}，U_{11}，U_{12}，U_{13}，U_{14}，U_{15}，U_{16}，U_{17}所占比重分别为 12%，6%，29%，1%，6%，9%，7%，3%，3%，2%，1%，1%，1%，5%，7%，4%，3%。

在对公路文化建设基础内容指标进行规划和量化分析后，我们还要在公路文化建设指标评价体系中设立能展现公路文化建设成果的“主题”性指标，所谓“主题”性指标是能集中体现广东省公路行业核心价值理念的人、事和管理制度，或能集中体现广东岭南文化特征的道路景观和路政服务。

“主题”性指标可分两个层次。第一层次是广东省对外展示公路文化的建设成果的指标，这类指标可以是公路行业涌现的全国先进典型人物；或具有深远影响的事迹，如抗冰灾；或能代表广东省公路行业形象的路。第二个层次是广东省公路行业内各地市或公路局各部门能充分反映本地市公路行业形象的人和事，或能充分反映公路局内各部门职能特征的文化建设成果。

“主题”性指标的分值是奖励性分值，可根据不同时期的要求进行设立。此外，在公路文化建设指标评价体系中，我们还要设立“一票否决”性指标，如行业内重大的政治事件、重大的恶性事故等。

根据以上分析，故我们构建广东省公路文化建设指标评价体系，详见表 7-8。

广东省公路文化建设指标评价体系 表 7-8

	指　标　（分　值）		
基础性指标	主体指标（80%）	彰显行业生命力的理念体系 U_1（15.28% ≈15%）	行业使命 U_{11}、行业愿景 U_{12}、行业价值观 U_{13}、行业精神 U_{14}、行业宗旨 U_{15}、公路建设理念 U_{16}、服务理念 U_{17}、养护理念 U_{18}、执法理念 U_{19}、廉政理念 U_{110}、幸福哲学 U_{111} 等
		与理念体系和行业发展相适应的道德准则 U_2（8%）	行业社会责任准则 U_{21}、行业服务道德规范 U_{22}、工作文明准则 U_{23} 等
		行业发展战略与思路 U_3（37%）	发展战略依据 U_{31}、战略思想 U_{32}、战略目标 U_{33}、发展战略重点 U_{34}、战略对策 U_{35}、年度发展规划 U_{36} 等
		行业实验设备、施工设备 U_5（7%）	实验室设备 U_{51}、施工设备 U_{52}、办公自动 U_{53}、信息反馈系统 U_{54} 等
		行业形象传播载体 U_6（12%）	形象标识基础系统 U_{61}、形象标识应用系统 U_{62}、形象延伸系统 U_{63}（产品形象包装、行业电影电视宣传片、行业宣传画册、行业门户网站、行业内部媒体等）

续上表

	指　标　（分　值）		
基础性指标	主体指标（80%）	行业文化活动载体 U_7（8%）	行业文化活动设施 U_{71} 等
		职工行为规范 U_{15}（8%）	工作纪律 U_{151}、服务礼仪 U_{152}、执法风范 U_{153}、文体活动 U_{154}、理论与科技知识培训 U_{155} 等
		行业模范人物行为 U_{16}（5%）	树立模范人物 U_{161}、宣传模范人物 U_{162}、学习模范人物 U_{163}、模范人物待遇标准 U_{164} 等
	其他指标（20%）	行业环境和行业容貌 U_4（4%）	行业建筑 U_{41}、园林环境布局 U_{42}、生产环境布局 U_{43}、各种交通布局 U_{44} 等
		行业产品形象 U_8（31%）	精品工程景观布局 U_{81}、精品工程硬件特质 U_{82} 等
		行业主导性法规及其执行机制 U_9（4%）	主导型法规 U_{91}（《公路法》、《公路管理条例》）、与法规配套的执行制度 U_{92}（目标责任制、检查考核奖惩制度）等
		内部人事管理和财务制度 U_{10}（2%）	内部管理制度 U_{101}、岗位职责 U_{102}、人才选拔与任用制度 U_{103}、财务分配制度 U_{104} 等
		生产安全制度 U_{11}（10%）	安全生产手册 U_{111}、责任追究制度 U_{112}、安全生产管理流程 U_{113} 等
		质量保证制度 U_{12}（10%）	质量管理例会制度 U_{121}、技术交底制度 U_{122}、施工验收制度 U_{123}、三检及交接检制度 U_{124}、质检员岗位职责 U_{125}、现场材料管理办法 U_{126} 等
		危机处置制度 U_{13}（4%）	应对突发事件处置能力建设 U_{131}、突发事件处置预案 U_{132} 等
		管理层行为规范 U_{14}（31%）	工作作风 U_{141}、廉政品格 U_{142}、民主决策范式 U_{143} 等
		仪式与风俗 U_{17}（4%）	节日庆典文化活动 U_{171}、重大工程建设庆典活动 U_{172}、特殊纪念日庆祝活动 U_{173} 等
主题性指标	能集中体现广东省公路行业核心价值理念的人、事和管理制度，或能集中体现广东岭南文化特征的道路景观和路政服务等		
否定性指标	行业内重大的政治事件、重大的恶性事故等		

第三节　用 CI 导入要素设计指标分值

我们用层次分析法规划 U_i 的分值机构后,如何具体对 U_i 的分值如何进行评估?在介绍企业形象的中文版书籍中,常见有两种提法即 CI 和 CIS。CI 即 Corporate Identity 译为"企业识别";CIS 即 Corporate Identity System 译为"企业识别系统"。两者并无本质的区别。本书一律采用 CI 的提法。那么 CI 含义是什么呢?不同的学者和企业家说法不同,至今并未形成一个公认统一的表述。日本专家中西元男认为:意图的、计划的、战略的展示企业所有希望的形象。台湾的 CI 大师林磐耸认为:CI 就是将企业经营理念和精神文化,运用统一的整体传达系统(特别是视觉传达设计),传达给企业周边的关系或团体(包括企业内部与社会大众),并使其对企业产生一种认同感与价值观。我们认为 CI 导入就是通过统一的整体传达系统将企业的精神文化和经营理念外化为企业形象的方法和技术。

企业(或行业)CI 的导入,是指企业(或行业)调查分析、导入形式、反馈评估全过程的先后次序和具体步骤。对于 CI 导入的量化指标,应按照行业 CI 导入的具体要素进行分析与测定,由此建立行业 CI 导入效果的量化评估体系。对于行业 CI 导入构成要素分为理念识别要素系统(即 Mind Identity,简称 MI)、行为识别要素系统(即 Behavior Identity System,简称 BI)和视觉识别要素系统(即 Visual Identity System,简称 VI)。

由于企业文化与行业文化的研究要素相似,故我们可以用 CI 导入的方法来对广东省公路行业文化建设指标评估体系中 U_i 的分值进行评估。

在本节中,我们可将行业精神文化看作 MI,行业行为文化看作 BI,而将物质文化中的行业形象部分看作 VI。(表 7-9 用模糊综合评价法对公路文化内容进行分类)

用模糊综合评价法对公路文化内容进行分类　　表 7-9

U	U_i	U_{in}
精神文化	彰显行业生命力的理念体系 U_1	行业使命 U_{11}、行业愿景 U_{12}、行业价值观 U_{13}、行业精神 U_{14}、行业宗旨 U_{15}、公路建设理念 U_{16}、服务理念 U_{17}、养护理念 U_{18}、执法理念 U_{19}、廉政理念 U_{110}、幸福哲学 U_{111} 等
	与理念体系和行业发展相适应的道德准则 U_2	行业社会责任准则 U_{21}、行业服务道德规范 U_{22}、工作文明准则 U_{23} 等
	行业发展战略与思路 U_3	发展战略依据 U_{31}、战略思想 U_{32}、战略目标 U_{33}、发展战略重点 U_{34}、战略对策 U_{35}、年度发展规划 U_{36} 等

续上表

U	U_i	U_{in}
物质文化	行业环境和行业容貌 U_4	行业建筑 U_{41}、园林环境布局 U_{42}、生产环境布局 U_{43}、各种交通布局 U_{44} 等
	行业实验设备、施工设备 U_5	实验室设备 U_{51}、施工设备 U_{52}、办公自动化 U_{53}、信息反馈系统 U_{54} 等
	行业形象传播载体 U_6	形象标识基础系统 U_{61}、形象标识应用系统 U_{62}、形象延伸系统 U_{63}（产品形象包装、行业电影电视宣传片、行业宣传画册、行业门户网站、行业内部媒体等）
	行业文化活动载体 U_7	行业文化活动设施 U_{71} 等
	行业产品形象 U_8	精品工程景观布局 U_{81}、精品工程硬件特质 U_{82} 等
制度文化	行业主导性法规及其执行机制 U_9	主导型法规 U_{91}（《公路法》、《公路管理条例》）、与法规配套的执行制度 U_{92}（目标责任制、检查考核奖惩制度）等
	内部人事管理和财务制度 U_{10}	内部管理制度 U_{101}、岗位职责 U_{102}、人才选拔与任用制度 U_{103}、财务分配制度 U_{104} 等
	生产安全制度 U_{11}	安全生产手册 U_{111}、责任追究制度 U_{112}、安全生产管理流程 U_{113} 等
	质量保证制度 U_{12}	质量管理例会制度 U_{121}、技术交底制度 U_{122}、施工验收制度 U_{123}、三检及交接检制度 U_{124}、质检员岗位职责 U_{125}、现场材料管理办法 U_{126} 等
	危机处置制度 U_{13}	应对突发事件处置能力建设 U_{131}、突发事件处置预案 U_{132} 等
行为文化	管理层行为规范 U_{14}	工作作风 U_{141}、廉政品格 U_{142}、民主决策范式 U_{143} 等
	职工行为规范 U_{15}	工作纪律 U_{151}、服务礼仪 U_{152}、执法风范 U_{153}、文体活动 U_{154}、理论与科技知识培训 U_{155} 等
	行业模范人物行为 U_{16}	树立模范人物 U_{161}、宣传模范人物 U_{162}、学习模范人物 U_{163}、模范人物待遇标准 U_{164} 等
	仪式与风俗 U_{17}	节日庆典文化活动 U_{171}、重大工程建设庆典活动 U_{172}、特殊纪念日庆祝活动 U_{173} 等

一、行业精神文化要素测评

行业精神文化要素测定基本工作步骤如下。

（1）确定测定要素。我们把本行业精神文化分要素列为测定要素，而将具体的要素内容作为测定指标，即彰显行业生命力的理念体系 U_1；与理念体系和行业发展相适应的道德准则 U_2；行业发展战略与思路 U_3。当然，行业在设计测评要素时，要根据行业在设计精神文化时的事迹创意进行设置。

为了便于阐述行业精神文化的要素分值评估情况,我们以彰显行业生命力的理念体系 U_1 为例进行操作。由表7-3可知,U_1 包含行业使命 U_{11}、行业愿景 U_{12}、行业价值观 U_{13}、行业精神 U_{14}、行业宗旨 U_{15}、公路建设理念 U_{16}、服务理念 U_{17}、养护理念 U_{18}、执法理念 U_{19}、廉政理念 U_{110}、幸福哲学 U_{111},共11个部分。

(2)确定 U_i 的要素分值。对于 U_i 指标的11各个要素的分值不能平均分摊,要突出重点指标。我们以彰显行业生命力的理念体系 U_1 为例按百分制对 U_{in} 进行分值设计:行业使命 U_{11}15分、行业愿景 U_{12}10分、行业价值观 U_{13}15分、行业精神 U_{14}10分、行业宗旨 U_{15}10分、公路建设理念 U_{16}10分、服务理念 U_{17}10分、养护理念 U_{18}5分、执法理念 U_{19}5分、廉政理念 U_{110}5分、幸福哲学 U_{111}5分,(U_1 的分值在整个体系中的权重为0.15)。

(3)确定评价依据。行业可以根据自己的要求设定评分标准,一般确定的评分标准为:语言表述是否准确、表述是否顺口、是否容易记忆、是否有新意、是否有风格。评价者对肯定的打✓,否定的打×。项目的得分等于肯定数占五项评分标准的比值乘以给定要素分值。例如,行业使命 U_{11},如果我们调查了5个人,评价者给了3个肯定结果,2个否定结果,肯定数的比值为3/5,因此行业使命得分为:$3/5\times15=9$。同理可计算其他要素的分数。如果评价者比较多,可以用平均值来确定该要素的分数。

(4)绘制印刷测评表(表7-10)。

MI导入效果量化测评表 表7-10

评价依据 各项目分值	U_{11}15	U_{12}10	U_{13}15	U_{14}10	U_{15}10	U_{16}10	U_{17}10	U_{18}5	U_{19}5	U_{110}5	U_{111}5	小计
1.是否准确												
2.是否顺口												
3.是否容易记忆												
4.是否有新意												
5.是否有风格												
合计												

(5)测评实施。发放表格,请测评者打分,测评者可以是行业内部人员,也可以是行业外请专家。对于两个及以上的测评者,测评结果则取平均值。

(6)收回统计。收回测评表格,进行分数统计。

二、行业行为文化要素测评

行业行为文化要素测定的基本步骤为:

(1)确定需要测定的要素。我们根据本行业行为文化的内容加以设定,将具体的要素内容作为测定指标,即管理层行为规范 U_{14};职工行为规范 U_{15};行业模范人物行为 U_{16};仪式与风俗 U_{17},这四个方面基本涵盖行业行为文化的主要内容。

为了便于说明行业行为文化的要素分值评估情况,我们以职工行为规范 U_{15} 为例。由表 7-3 可知,U_{15} 包含工作纪律 U_{151}、服务礼仪 U_{152}、执法风范 U_{153}、文体活动 U_{154}、理论与科技知识培训 U_{155},共 5 个部分。

(2)确定 U_i 要素的分值。

(3)确定各项得分的评价依据。评分依据有三个方面:规定是否合理、是否具有操作性、确定的标准是否到位。肯定的打 ✓,否定的打 ×。各项得分统计原理同上。

(4)绘制印刷测评表(表 7-11)。

BI 导入效果量化测评表 表 7-11

评价依据各项目分值	U_{151}	U_{152}	U_{153}	U_{154}	U_{155}	小计
1. 规定是否合理						
2. 是否具有操作性						
3. 标准是否到位						
合计						

(5)将测评表发给测评者,进行打分。

(6)收回测评表格,进行分数统计。

三、物质文化中的行业形象要素测评

物质文化中的行业形象要素测评的基本步骤是。

(1)确定测定的分要素。我们根据物质文化的行业文化形象的内容加以设定,将具体的要素内容作为测定指标,即:行业形象传播载体 U_6;行业文化活动载体 U_7;行业产品形象 U_8 这三个方面。

为了便于操作,我们以行业形象传播载体 U_6 为例。由表 7-3 可知,U_6 包含形象标识基础系统 U_{61}、形象标识应用系统 U_{62}、形象延伸系统 U_{63}(产品形象包装、行业电影电视宣传片、行业宣传画册、行业门户网站、行业内部媒体等),共 3 个部分。

(2)确定 U_i 要素的分值。

(3)确定各项得分的评价依据。评分依据有四个方面:是否有内涵依据、是否有独特风格、是否易识别、是否易记忆。肯定的打 ✓,否定的打 ×。各项得分统计原理同上。

(4)绘制印刷测评表(表7-12)。

VI 导入效果量化测评表　　表7-12

评价依据各项目分值	U_{61}	U_{62}	U_{63}	小计
1. 是否有内涵依据				
2. 是否有独特风格				
3. 是否易识别				
4. 是否易记忆				
合计				

(5)将表格发给测评者打分,评价者可以是企业职工也可以是企业外的专家。

(6)收回测评表格,进行分数统计。

对于制度文化建设指标和物质文化建设指标中行业环境和行业容貌 U_4、行业实验设备、施工设备 U_5 指标都是已"固化"可现场考察评分。

我们将 U_i 分值按其在整个系统中的权重计算后相加得到总分。

第四节　公路行业文化建设评价机制

公路文化建设指标评价体系建立之后,若没有实践的评价过程,推进文化建设也只能停留于理论层面。要在实践层面推进文化建设,至少要做好以下两方面的工作。

一方面,各地市公路局应设立文化建设组织机构,这个机构的职能要"实",要把文化建设做"实",就要赋予该机构"过硬"的行政权力和一定的经费支撑,且不可仅将其职能文体娱乐化。首先,各地市公路局应该在充分了解公路行业文化建设内涵的基础上,从公路行业文化是公路行业科学发展软实力的战略高度,来组建公路行业文化建设工作领导组,领导成员应由公路局主要领导、主要职能部门负责人、群团组织负责人和文化建设专家代表组成,领导组应设立公路行业文化建设办公室。其次,公路行业文化建设的功效不是立竿见影的,而是一个长期的、潜移默化的过程,因此公路行业文化建设工作办公室不是临时机构,而是常设机构。再次,公路行业文化建设办公室应制定明确的工作职责工作目标,要对公路行业文化建设进行顶层设计,进行近期、中期和远景的规划。省公路局文化建设工作办公室要依据《广东省公路行业文化建设指标体系》每年对地市公路局文化建设成效进行评价。各地市公路局文化建设办公室要严格依照《广东省公路行业文化建设指标体系》加强文化建设。

另一方面,要建立文化建设评价运行机制。"机制"一词最早源于希腊文,原指机器的构造和动作原理。对机制的这一本义可以从以下两方面来解读:一是机器由哪些部分组成和为什么由这些部分组成;二是机器是怎样工作和为什么要这样工作。"机制"一词现已广泛应用于自然现象和社会现象,指其内部组织和运行变化的规律。在任何一个系统中,机制都起着基础性的、根本的作用。在理想状态下,有了良好的机制,甚至可以使一个社会系统接近于一个自适应系统——在外部条件发生不确定变化时,能自动地迅速做出反应,调整原定的策略和措施,实现优化目标。

从机制运作的形式划分,一般有三种。

第一种是行政-计划式的运行机制,即以计划、行政的手段把各个部分统一起来。

第二种是指导-服务式的运行机制,即以指导、服务的方式去协调各部分之间的相互关系。

第三种是监督-服务式的运行机制,即以监督、指导式的方式去协调各部分之间的关系。

从机制的功能来分,有激励机制,制约机制和保障机制。

激励机制是调动管理活动主体积极性的一种机制;制约机制是一种保证管理活动有序化、规范化的一种机制;保障机制是为管理活动提供物质和精神条件的机制。

当前,公路行业文化建设正朝着自发、自觉、自信方向发展,由于各区域发展不平衡,少数区域处于自信阶段,大多区域处于自觉阶段,也有的区域还处于自发阶段。处于不同阶段的区域,其公路行业文化建设评价机制运作的形式也不同,处于自发阶段的应采用行政-计划式的运行机制,处于自觉阶段的应采用监督-服务式的运行机制,处于自信阶段的应采用指导-服务式的运行机制。无论是采用哪种机制,其功能都应体现出激励机制,和保障机制的功能。

如何实现科学合理的工路文化建设评价运行机制?

(1)完善规章制度,这是推动公路文化建设评价工作的保证;

(2)建立省、市、县公路文化建设组织机构,这是推动公路文化建设评价工作的渠道;

(3)实施奖惩办法,这是推动公路文化建设评价工作的动力;

(4)制定科学的评价方法,这是推动公路文化建设评价工作的手段。

在此,我们重点对公路文化评价方法作个介绍。在对文化建设评价的过程中,文化建设评价应由省公路文化建设工作办公室牵头,文化建设评价工作组对于地市公路文化建设评价应按"过程评价与调查评价相结合"的原则进行。过程评价就是指省公路文化建设办公室在年度工作过程中,依照"广东省公路文化建设指标评价体系"对各地市公路文化建设中已"固化"的指标先进行量化评价,特别是"主题"性和"否定"性指标的认定要准确。"过程评价"的分值在汇报评价之前应已确定。"调查评价"就是对于“广东省公路文化建设指标评价体系”中具有主观判断意向的内容在地市公路局领导汇报的基础上，用 CI 导入要素设计 U_i 指标分值评估的方法进行内外调查，再由专家进行量化评价。调查评价应实行“异地评价”，即本市公路局文化建设评价工作组不对本市公路局文化建设工作进行评价，而对其他地市公路局文化建设工作进行评价。

通过对公路文化建设工作评价，对公路文化建设效果较好的地市或部门应予以表彰与奖励，对文化建设滞后的地市或部门应予以批评与处罚。奖、罚要做“实”，否则就起不到激励的效果。这个激励机制的建立，本身就是公路文化建设的重要成果。

第八章
广东省公路行业文化建设实践案例

自2002年党的十六大明确提出文化建设的重要任务以来,全国各地掀起了文化建设的热潮。2007年,党的十七大报告进一步提出"建设和谐文化,培育文明风尚"的目标,为当前各地文化建设的实践工作指明了前进方向。2011年10月,党的十七届六中全会高瞻远瞩地提出了"文化强国"的战略。2012年11月,党的十八大又明确将"文化软实力显著增强"列为"全面建成小康社会和全面深化改革开放"的五个目标之一,并提出,实现中华民族伟大复兴,必须推动社会主义文化大发展大繁荣,兴起社会主义文化建设新高潮,提高国家文化软实力,发挥文化引领风尚、教育人民、服务社会、推动发展的作用;要加强社会主义核心价值体系建设,倡导富强、民主、文明、和谐,倡导自由、平等、公正、法治,倡导爱国、敬业、诚信、友善,积极培育社会主义核心价值观。社会主义核心价值观的明确提出,高度凝练概括了未来国家、当今社会和公民个人三个层面的价值目标、价值取向和价值准则,这些核心价值元素和中国梦理念共同构成现时代精神的精华和引领社会进步的旗帜。

在此背景下,广东省各级公路管理部门也乘势而上,按照党的十八大所指引的方向,结合广东省实施文化强省的战略目标与要求,文化建设活动开展得如火如荼。例如,省公路管理局把2012年确定为"公路文化建设年",局党委书记顾青波在2012年全省公路管理暨党风廉政建设工作会议上做了题为《加强公路文化建设,引领行业科学发展》的讲话;相继制定了《2012年加强和改进行业作风建设的工作意见》《广东省公路行业精神文明建设规划》(2011~2015),并将韶赣高速公路管理处确定为公路文化建设试点单位;提出要在全省范围内,积极开展社会主义核心价值观教育实践活动,逐步建立具有鲜明时代特征、地域特色和行业特点的优秀公路文化等。

文化源于实践。文化自产生以来就是与实践密不可分的,是始于实践、依存于实践并以实践为其重要表现形态的。文化实践不但是文化的重要组成部分和表现形态,而且是文化观念得以产生的基础,是文化反作用于经济、政治进而推动社会发展的动力因素。[1] 文化实践模式的形成不可能一蹴而就,而是长期艰辛探索的结果。公路行业文化实践模式的形成与发展也是如此。纵观广东省公路行业发展历程,无论是在改革开放之前的艰苦年代,亦或是之后的快速发展新时期,在文化实践方面都有着高度的文化自觉,尤其体现在能充分运用文化引领前进方向、凝聚奋斗力量、推动事业发展,并以物质文化、制度文化、行为文化和精神文化的形式得以积淀和传承。

基于对文化实践问题的深刻认识,我们认为,广东省公路行业文化建设持续、有序、有效的开展,不仅需要加强理论上的研究和探讨,也需要深入了解广东省公路行业文化建设实践,充分把握广东省公路行业文化特质与文化积淀,总结广东省公路行业文化实践规律和基本经验。为此,“广东省公路行业文化理论与实践研究”课题研究小组按照项目既定研究方案,从 2012 年 7 月 23 日至 8 月 28 日,对广东省公路局机关、省局下属单位、部分市局以及部分外省公路管理局,进行了为期一个多月的走访与调查。调研得到了省局相关部门和各地市公路局的积极配合,省局公路文化建设研究会不仅为本次调研提供了协助,还直接参与了调研的全过程。各地市局、各单位因地制宜,抽出了专人负责有关工作的组织、协调和具体实施,从而切实做到了组织领导、专人负责、保障措施“三落实”。参与调研的同志在调研期间深入基层,深入一线,以认真负责的态度,积极开展工作,掌握了翔实的文化建设实践材料。

我们深知,尽管课题组尽可能广泛和深入地走访与调查广东省各地市公路局在文化建设实践方面的成绩和经验,但毕竟无法深入到每一个地市进行实地调研,尤其不能深入到每一条公路的建设、管理、养护一线。因此,在编写本书过程中,为全面和准确反映各地市公路局文化建设的成绩,我们还通过省局向各地市局下发了关于收集广东公路系统内文化建设案例的通知。通知下发后,各市局和省局下属单位积极配合,提供了很多可资借鉴和推广的经验与案例。通过对所收集案例的整理与分析,我们惊喜地发现,这些案例涉及广东公路文化建设实践的方方面面,体现出广东公路系统大力推进行业文化建设和自觉践行社会主义核心价值观的不遗余力与可贵探索,也令我们深切体会到广东公路人在打造具有广东公路特色的文化品牌方面的责任与担当。

择要而言,目前广东省公路行业文化实践经验包括以下两个方面:一方面,广东省公路行业近年来在精神文明建设和繁荣公路文化的实践中,正确处理文化建设和行业发展中的若干重大关系,在理论上形成了一系列规律性认识。比如,正确处理职工基本文化需求与多样化多层次多方面文化需求的关系,坚持一手抓基础性、常规性文化建设工作,一手抓主题性文化建设样板工程,不断提高行业职工精神文化生活水平,提升行业文化品牌;正确处理弘扬主旋律与提倡行业个性的关系,坚持社会主义先进文

[1] 郝立新,路向峰,文化实践初探[J]. 哲学研究,2012 年第 6 期.

化前进方向,大力践行社会主义核心价值观,推动行业文化全面繁荣等。这些规律性认识,是对新时期行业文化发展理念的丰富和发展,反映出广东省公路行业各级部门和组织对文化发展的认识日益深化,标志着行业文化发展的实践模式日趋成熟。另一方面,广东省公路行业在推动行业文化建设,打造具有广东公路特色的文化品牌方面做了一些积极的实践探索。比如,通过完善组织机构,推动组建起全省公路文化与发展研究网络,公路行业文化建设研究和工作的开展日趋常态化、制度化、专业化;通过大力推广统一的行业标识系统,树立起规范的行业形象;通过打造文化公路,创建体现"畅安舒美优"为标准的国道、省道文明示范路,有效提升公路的文化品位,让公路文化建设物质成果更多地惠及社会公众;通过开展群众性文体创建活动和先进人物评选活动,展示了公路人的良好精神风貌,营造了见贤思齐的文化氛围等。

由于版面有限,本书只选取部分市局的文化建设先进经验、先进典型人物事迹和行业歌曲三个方面的文化案例资料。

第一节 公路文化建设案例

一、打造公路文化品牌 推进公路事业发展——惠州市公路局文化建设的经验与做法

近年来,惠州市公路局坚持以公路文化建设为引导,以创建文明机关为主线,以构建惠民之路为目标,紧密联系公路工作实际,积极探索公路文化内容、形式与机制的创新,精心打造了"和衷共济、与时俱进、服务交通、敬业奉献"的惠州公路文化品牌,大力弘扬"把心放在路上、把路放在心上"的惠州公路人精神,有力地促进了公路事业又好又快发展。

1. 建立"三同步、三结合"的科学管理体系

惠州市公路局对公路文化建设高度重视,列入党委工作的议事日程,建立了"三同步、三结合"的科学管理体系,把公路文化建设与公路部门的职能工作一起布置、一起检查、一起考核和验收,大力推进惠州公路文化建设。

一是在建设思路上,坚持典型示范与整体推进相结合,形成百花齐放的公路文化建设格局。在公路文化建设过程中,惠州市公路局坚持抓先进、抓骨干、抓示范与抓全面、抓整体并举,探索出"典型引导、示范带动、点面结合、整体推进"的创建路子。一是抓好示范带动。根据公路行业特点,深入开展"五个一"文化示范点创建活动,分别挑选一个基层机关、一个年票收费所、一个养护中心、一支执法队伍、一条文明管理示范路,量身定制文化建设方案,分工领导包干抓点,定期组织召开观摩会,形成了以点

带面,整体推进,遍地开花的公路文化建设格局。二是利用骨干带动。努力挖掘职工中能写会画、能跳会唱的文艺人才,组成业余文艺演出队。惠州局职工业余演出队自编自演节目《众志成城迎国检》参加“幸福之路”——2011年广东省公路系统迎国庆大型文艺汇演荣获一等奖。三是培育先进带动。惠州局以创建文明机关、文明单位、文明窗口为契机,注重培育典型,塑造公路职工典型形象,先后涌现了“全国五一劳动奖章”荣获者卢金富、“全国三八红旗手”陈丽芬、“市第四届十佳廉政公仆”荣获者洪俊明等一批先进人物。他们在教育引导职工、宣传公路行业方面起到了潜移默化的教育和渗透作用,激励了广大公路职工爱岗敬业、无私奉献精神。

二是在推进方法上,坚持文化建设与文明创建相结合,着力打造惠州文化公路品牌。惠州局坚持把文明创建作为公路工作的“总抓手”,把文化建设作为文明创建的“主课题”,建立了文化研究与文化实践由认识到实践,到再认识再实践的科学创新机制,在各项工作中使文化建设与文明创建水乳交融、相得益彰。在工程建设中突出打造优质品牌,从工程前期、设计、施工、监理等关键环节入手,以高效文明的施工、精益求精的质量作保障,力求“设施更完善、质量更可靠、资源更节约、群众更满意”,倾力打造文明路、文明桥;在公路养护中突出理念创新,坚持“以人为本,以车为本”,积极倡导“把心放在路上,把路放在心上”,实现了由“畅洁绿美”到“车行于路,人游画中”的“舒观畅美”的不断提升,精心打造文明路段、文明养护中心;在收费运营中突出动态传播,采取温馨服务、预约服务、延时服务,改进收费方式、完善服务设施、优化服务环境,为公众提供优质、文明、高效的人性化、亲情化服务,努力打造服务文化,文明站点。在路政执法中突出以人为本,实施队伍素质工程、执法阳光工程,加强信息化、规范化建设,全力打造执法文化、文明窗口。

三是在机制保障上,坚持物质保障与制度保障相结合,建立文化建设的长效机制。一方面,加大投入提供资金保障。列出文化建设的专项经费,用于职工教育培训和开展各项文体活动。在经费十分紧缺的情况下,惠州局足额提取职工教育培训经费,加大投入文化阵地建设经费,保障职工教育培训有经费、文体活动有场地、施展才华有平台。另一方面,加强制度文化建设。积极探索新的管理理念和管理模式,健全规章制度,制定了建、养、管、收、机关管理5个方面的工作制度和职业道德规范,累计修订规章制度230余项,分类汇编成册,形成了科学管理体系。

2. 形成参与广泛、富有活力、全面发展的文化建设格局

近年来,惠州局在公路文化建设上主动做了许多有益尝试,不断拓展公路文化载体,建立了领导重视、专家参与、团队研究的运行机制,形成了参与广泛、富有活力、全面发展的文化建设格局,营造了浓郁的文化氛围。

一是开展“品味书香”读书活动，建设学习型行业。建设学习型行业，体现了知识经济时代对公路行业组织模式的新要求，是顺应时代发展的需要。为此，惠州局党委高度重视，坚持从读书学习抓起，努力创建学习型党组织、学习型机关、学习型单位。坚持以组织需求、岗位需求、个人需求为导向，鼓励干部职工在学习各种专业知识的基础上，博览群书、勤奋学习、刻苦钻研。让职工结合工作实际和岗位需要，以问卷调查、座谈的形式自己“点菜”，选择学习内容，使职工学有兴趣，学有所获。通过读书专题讲座、读书征文、心得体会交流、读书主题实践等活动，形成全行业良好的学习风气，为实现干部职工人生价值和行业价值最大化打下坚实基础。

二是开展各种文体活动，丰富职工文化生活。惠州局在广泛开展公路文化艺术活动中，充分利用重大节庆日和养护生产淡季开展专项活动，紧密联系实际，广泛发动群众，组织职工开展各类文化体育活动。例如，利用重大节庆纪念日，组织职工自编自演文艺节目，举行文艺晚会、军民联欢晚会，滨江公园专场演出，参加上级文艺调演等活动，活跃职工文化生活，陶冶职工情操，激发了行业活力，提高了社会公信力；在开展“机关服务基层年”“党建工作创新年”“创先争优”等专项活动中，举行以“把心放在路上、把路放在心上”等为主题的演讲比赛，参赛选手通过讲述自己身边公路人的动人事例，刻画公路团队爱岗敬业的风采，建立公路人无私奉献的形象，展示公路人奋力建设惠民之州、惠民之路的赤子之心，这些颇具感染力、影响力、号召力，具有广泛性、典型性、教育性的演讲比赛，成为加强惠州公路文化建设的重要载体；为了结合时代和行业发展特点，继承和发扬公路行业的“铺路石”精神，并重新赋予“铺路石”精神的新内涵，在全局干部职工中广泛开展格言警句征集活动，共收集格言警句 2592 条，经群众评选，专家点评，筛选出 100 条结集出书，激发了职工的责任感和使命感，推动公路事业向前发展的强大动力；在公路养护淡季开展的群众性文体活动，既锻炼了职工体质，又增强职工的凝聚力和团队精神。通过拓展载体广泛开展融思想性、知识性、趣味性于一体的群众喜闻乐见的活动，把公路文化辐射到工地、养护中心、家庭，延伸到八小时以外，使广大职工置身于公路文化的浓厚氛围之中，真正使公路文化达到不断渗透、潜移默化的作用，做到“寓教于文”，“寓教于乐”。

三是加强教育培训，提高干部职工综合素质。抓好公路文化建设，就要不断加强对职工职业道德、职业技能、现代管理和现代科技知识等方面的建设，为公路发展提供强大的精神动力和智力支持。为此，惠州局一方面依托职工培训学校加强对职工教育培训，建立了以学历教育为基础，以岗位培训为必需，以继续教育为知识更新，以培养和造就多方位、多层次、全面发展人才为目的的教育培训机制，为公路职工量身定做整套培训计划，分层次、分期、分批进行组织培训，着力培养业务骨干的组织能力和独立操作能力,培养职工岗位专业技能。近年来,开办业务技能培训班 12 期,培训学员 710 余人次,使干部职工理论水平和实际操作能力得到全面提升。另一方面,组织岗位练兵,开展“强素质 树形象”活动。按照各自的业务技能,把常用业务知识、政策法规、职业道德等方面的知识,编成百道问题的小册子,人手一册,利用工作间隙进行学习,并由站、所、班组组织演练,开展业务技能竞赛和丰富多彩的岗位建功活动,有效地提高了公路职工的业务技能水平。

3. 以“四力”持续推动公路事业发展

惠州局通过加强公路文化建设,使公路文化向公路建、养、管、收等领域循序渗透,不断增强全行业的驱动力、向心力、执行力与创造力,形成了惠州公路文化的持久推动力。

一是注重发挥公路文化的激励作用,增强发展的驱动力。近年来,惠州局承担了 7 项重点公路工程建设任务、10 余项大中修工程。面对繁重的重点工程建设任务,全局上下发扬惠州公路人精神,迎难而上,顽强拼搏,“5 +2”,“白 + 黑”,克服重重困难,扎实推进项目建设。同时,深入开展公路综合整治工作,实行班子成员分工包片、分管领导牵头抓总制度,高标准打造示范路段,实现了重点突破、整体推进,公路养护、路政管理水平不断提高,增强了发展的驱动力。

二是注重发挥公路文化的凝聚作用,增强队伍的向心力。惠州局结合时代和行业发展特点,将“铺路石”精神重新赋予“创业、创新、创牌、创效”等新的精神内涵,拓宽行业精神领域,把潜散于职工中的认识、信念、理想、追求凝聚为统一的群体意识,激发职工的责任感和使命感,充分发挥公路职工的积极性和创造性,推动了整个公路行业不断向前发展。2008 年以来,面对税费改革、政府还贷二级收费公路撤站等诸多困难,广大干部职工讲政治、顾大局,不仅在全局平稳地撤销了 7 个收费站,而且顺利地完成了 326 人的分流安置任务,实现了零上访,受到社会各界的高度评价。

三是注重发挥公路文化的规范作用,增强管理的执行力。为规范公路行业与社会其他行业各方面的关系,使职工形成高度自觉的执行力,增强文化上的自觉,共同为公路事业发展创造内和外顺的社会环境,惠州局通过加强廉政文化、安全文化、服务文化建设,为增强管理的执行力打下了坚实的基础。例如,充分发挥网站、宣传栏、图书阅览室、党员活动室等文化阵地作用,采取读书会、报告会、廉政书画展、廉政文化公益广告宣传等多种形式,促进廉政文化进支部、进单位、进家庭,全系统没有发生违规违纪问题,连续四年被评为“广东省公路系统党风勤政廉政建设先进单位”;积极组织开展安全文化活动,深化安全警示教育,提高全员安全意识,树立“安全在于心细,事故出自大意”的理念,营造人人讲安全、会安全、保安全的良好氛围,连续五年实现了安全生产事故为零、死亡为零、重伤为零、经济损失为零的目标,被评为市安全生产监督工作突出贡献单位和市社会治安综合治理先进单位;不断创新“五种服务模式”,通过“窗口式”服务实现了审批服务的统一性,通过“一站式”服务实现了执法服务的连续性,通过“预约式”服务实现了为民服务的方便性,通过“快捷式”服务实现了便民服务的高效性,切实增强服务的人性化、亲情化,在2010年惠州市“万众评公务”活动中,惠州局被评为“群众满意单位”。

四是注重发挥公路文化的提升作用,增强行业的创造力。惠州局通过“架桥铺路造福人类”等传统美德的升华,忠于职守、艰苦创业、勇于进取、乐于奉献的精神风貌的形成,极大地调动了干部职工的积极性和创造性。例如,在建设技术上催生了科研成果,该局工程技术人员负责的“桥涵台后沉降病害防治技术研究”和“新型混凝土路面材料及施工工艺研究”两个项目分别荣获惠州市科学技术一等奖;在竞争中优化了资源配置,该局通过“旧路换资、BT带资、招商融资”等模式成功筹集了近百亿建设资金,开创了惠州公路建设柳暗花明的喜人局面,创造了令人惊叹的“惠州公路筹资模式”;在工程建设上加快了速度,全长71.3公里的金龙大道路面大修主体工程仅用了11个月时间建成通车,得到了各级党政、人大代表、政协委员和广大人民群众的普遍赞誉,创造了“金龙速度”;在精神风貌上提升了行业形象,该局在弘扬“铺路石”精神的同时,成功塑造了“把心放在路上,把路放在心上”这一新时期惠州公路文化主题,凝聚了全局干部职工的力量,营造了“人心向上、人心向善”的良好氛围,极大地提升了惠州公路形象。

二、把公路文化建设落实到基层——茂名市公路局文化建设注重以人为本

多年来,茂名市公路局注重以人为本,把公路文化建设落实到基层,渗透到人心,营造出了良好的文化建设氛围,助推了茂名公路事业又好又快发展。

1. 以“铺路石”精神传播公路文化正能量

茂名市公路管理局紧紧围绕“把心放在路上,把路放在心上”,以践行“铺路石”精神为主题,通过丰富多彩的文体活动和一系列具体的工作举措,传播了公路文化正能量,激发了全系统干部职工爱岗敬业的热情。

首先,大力弘扬“坚守”精神。公路行业工作辛苦,尤其一线职工,日晒雨淋,收入低微,没有“坚守”精神,不可能把路建好、养好、管好。茂名市公路管理局成立30年来,涌现出了一大批甘于平凡、甘于寂寞、坚守岗位、尽职尽责、乐于奉献的公路人,留下了大量的先进事迹。通过发掘典型,树立标杆,将工资福利、评先晋级等具体工作与建设积极向上的公路文化紧密结合起来,在方方面面优先照顾尽心尽责的一线职工,

“坚守”精神逐渐渗入每一个公路人心里。例如,通过本地媒体拍摄播放《高州一家三代养路工》的专题纪录片,宣传报道信宜局木威养护站站长郭建华手握着扫帚倒在养护工作岗位上去世的先进事迹,纪念、尊重平凡英雄,传播公路文化正能量。

其次,大力歌颂“沉潜”品质。沉潜是公路人的另一项特质。公路人普通但不平凡,属于典型的小人物大事业。为了让不起眼的公路人的辛勤付出和所经历的酸甜苦辣能够被更多人了解,茂名局领导将媒体版面、出镜机会让位于基层职工,在本地媒体、局办刊物及社交平台上大量刊发一线职工先进事迹。

再次,大力激发“团结”意识。该局目前执行参公管理和事业单位管理两种体制,造成系统内部干部职工之间身份、收入差异较大,矛盾较多。针对这种情况,局党组倾听民意,营造公开公平公正的氛围,切实解决基层问题,通过机关干部下道班“三同”(同吃、同住、同劳动),机关干部与基层职工一同军训等形式,逐步消除歧见,凝聚人心,激发出全系统同甘共苦、荣辱与共的意识。

2. 让文化建设意识渗透到每一个工作环节

茂名公路局党组高度重视公路文化建设工作,把公路文化建设工作列入重要议事日程,一把手亲自抓,并要求把文化建设意识渗透到每一个工作环节。

早在2013年10月,局党组就提出,要结合建局30周年,开展一系列文化建设活动。整个活动以自省-重塑-再出发为脉络,局主要领导亲自策划,分管领导及各科室、基层单位参与,制播了直面问题深刻反省的内部教育专题片《茂名公路,路在何方?》;分期对包括养护站站长在内的全系统股级以上350多名干部职工进行了军事化管理的集训;举办了建局30周年纪念大会和职工文艺汇演。局领导对这三个文化建设活动重头戏不仅高度重视,而且全程参与,不但做了工作方向部署,而且还参与了创作。如内部专题片的拍摄,从整体架构到解说词的撰写,局主要领导都深度参与;军训方面,课程安排由局党组确定,局领导班子全部参与受训,局主要领导亲自授课;建局30周年职工文艺汇演中,局主要领导上台表演了由其原创的反映公路人精神的散文诗,并亲自修改主持词。

为确保让文化建设意识渗透到每一个工作环节,该局还专门制定了活动实施方案,成立了高规格的领导小组,领导小组下设宣传报道组、文娱体育组、后勤保障组,通过责任到人,各部门各负责人各司其职,相互配合,保证了各项活动的顺利开展。

3. 每一个人参与,每一个人受益

文化建设的成果要让每一位职工受益,是茂名市公路局开展公路文化建设的目标之一。基于此,该局采取了多项有效举措。

一是宣传发动。为使宣传取得更好的效果,该局大幅降低对局领导的宣传报道,通过向电视、报纸提供线索和与之合作等方式，加强了社会媒体对基层一线先进事迹的宣传力度。例如，与茂名电视台合作制播的《高州公路局一家三代养路工》专题纪录片和对道班劳模的专访，在茂名电视台《新闻聚集》播放，在《茂名公路》、局网站、局微博等局办刊物和新媒体平台上传播后，一线职工深受启迪。

二是制播内部专题剖析片及制作成立30周年专题纪录片和画册。专题剖析片直面该局之前存在的种种问题，从各个角度进行了深刻的原因剖析，清楚地指出了未来努力的方向，真正做到触及思想灵魂，使广大干部职工受到了震撼性的局情教育。

三是开展军训。为提高广大干部职工的团结、纪律观念，强化吃苦耐劳的精神，截至目前，该局已在茂名市人民警察培训学校举办了两期军训。军训采取半天操演半天授课的形式，实行全封闭管理，既有军事化的训练，也有国情、市情、局情以及专业知识教育，期间还举办了文娱活动、篮球赛、拔河等一系列团体活动，提升了队伍的团队精神，增强了队伍的纪律性。

四是举办建局30周年文艺汇演。为简朴而隆重地纪念建局30周年，鼓舞士气，传递传承开拓的正能量，该局机关和下属全部14个基层单位将近200名干部职工自发自觉参与到自编自演中来。汇演聚集了建局以来的几代公路人，通过“回顾、创新、展望”，将公路建设情况以及一线工人的工作、生活场景搬上舞台，展现了茂名公路局三十年风雨历程的奋进画面，讴歌了茂名公路人的理想、形象、能力、责任及向上的精神风貌，增强了公路人的自豪感、归属感和使命感。此外，该局还举办了以“回顾历史，爱我公路”为主题的书法、摄影比赛和弘扬“茂路精神”征文比赛活动。所有这些活动得到系统广大干部职工的大力支持和积极响应，创做出的大量主题鲜明、内容丰富、取材广泛的优秀作品，从不同角度描绘了茂名公路人文、生态、环境的风貌，表达了公路人团结进取、凝聚力量、攻坚克难的精神面貌。

五是开展道班“五小”建设，改善基层职工生活环境。该局积极发挥工会组织在基层建家的主导作用，多次召开“职工小家建设现场会”，积极为基层单位建设职工书屋，修缮职工饭堂，添置电视机、电冰箱、饭桌、椅子等设施；对全局87个养护站下拨经费25万多元，恢复或新建养护站职工小家“五小”（小果园、小菜园、小鸡栏、小鱼塘、小猪栏）设施建设，真正把文化建设成果惠及基层、融入群众中，真正让群众受益。

总之，鲜明的主题，丰富的内容，使茂名市公路局文化建设活动吸引了全系统广大干部职工的踊跃参与，最广大的基层一线员工成为公路文化建设的主力军。从局长到一线养路工，从建养到征管，从退休老同志到在职人员，从资深老员工到刚入职场的新公路人，全局系统从机关到下属14个基层单位全部参与了文化建设活动，从而坚持了导向,凝聚了人心,鼓舞了士气,陶冶了情操,促进了发展。

三、建设六大文化载体　将文化融入公路线——清远市英德公路局独具特色的大道班文化

如何用公路大道班文化引导社会认识公路事业的功能?如何用公路大道班文化激发公路职工热爱本职工作?用什么方式才能充分展示公路大道班文化文明?怎样打造大道班文化品牌,推动公路事业的蓬勃发展?近年来,英德公路局运用能够体现公路精神的理念,用具有鲜明视觉和独特的服务形象及标识。以"把心放在路上,把路放在心上"为指导思想,建设大道班环境文化、文体文化、安全文化、服务文化、学习文化、公益文化六种文化内容,通过具体化、形象化的视觉传达形式,打造出独具特色的公路大道班文化。

1. 环境文化:将公路文化融入公路沿线,提升公路文化氛围

英德公路局着重推进以科学养护为主线,以推行预防性、周期性、精细化、标准化、人文化养护为手段,路基路面养护与沿线设施养护同步,预防性养护与养护工程相结合,注重路面日常保洁,加强对公路指示标志、标线的更新和维护。通过将公路环境文化融入公路沿线,提升公路文化氛围,为大众出行提供安全便捷舒适的通行条件。

一是营造绿树带。在河江渡养护所管辖的 S347 线英城至浛洸 28 公里、S348 线河江渡至西牛 13.5 公里两条示范路段新(补)植细叶榕、紫荆、樟树、夹竹桃、大红花等乔灌木 10 万株和两边路肩各 1.5 米铺植草皮,8.5 万平方米的绿化管护工作。营造两个样板路段形成乔、灌木和草皮高矮有致的三重绿树带,使之呈现良好的样板示范性效果。目前,省道 258 线波罗至大湾段、省道 348 线的西牛至九龙段、刚大修完工的省道 253 线英坑公路,绿树成荫,绿色的旋律充分体现了公路绿色环境文化的美。二是对各大道班园种植桂花、樟树、杨梅等多种绿树、果树、香花树,使道班园绿树掩映。三是认真落实、执行清远市公路管理局制定的养护工作规定且严格执行《公路养护技术规范》(JTG H10—2009)和《公路技术状况评定标准附条文说明》(JTG H20—2007),日常养护方面基本上做到了路面清洁,路肩平整,边沟通畅,桥涵构造物完整排水、路容路貌良好,沿线设施标志等齐全、规范。多次在公路小修保养工作检查中得到表扬。四是从 2008 年 12 月份开始,公路局按照英德市委、市政府关于开展实施城乡清洁工程的意见,以推进城乡基本公共服务水平,改善城乡人居和生态环境为目标,深化"城乡清洁"活动,完善卫生长效管理制度,加快城乡环卫一体化建设,全面启动公路沿线路容整治工作,通过两年多的努力,使公路干线路容路貌有新的提升。

2. 文体文化:坚持开展群众性文体活动

一是广泛开展创文明班组、建文明岗位、做文明职工为载体的建功立业的活动。认真开展双文明道班和先进职工之家建设,创建文明道班,通过“创、建、做”活动的深入开展,创建了青塘、大镇、望埠、大湾4个先进职工小家,并在青塘养护所巩固了青年文明号和GBM工程文明路建设。二是开展女职工环保手工艺品制作比赛。活动通过制作环保手工艺品制作比赛,引导女职工树立节能减排,节约资源,保护自然环境,维护生态平衡,创建绿色家园的观念,营造节能、低碳的工作环境,利用生活旧物品制造手工艺品,提高制造和艺术鉴赏水平。三是组织形式多样的文体活动。公路局组织了篮球比赛活动、植树活动、和“迎亚运”太极拳等职工喜闻乐见的文体比赛活动,其中“迎亚运”太极拳比赛代表市局参加省公路系统“迎亚运”太极拳比赛,获得二等奖。四是在喜迎中国共产党成立90年之际,开展“学准则、唱廉歌、颂党恩——幸福英德人人享”大合唱比赛活动。营造崇廉尚洁的廉政文化氛围,通过组织传唱这些紧贴时代脉搏,高扬主旋律的廉歌红歌,抒发了爱党爱国情怀,唱出了真情,唱出了正气,振奋了人心,鼓舞了斗志。五是在大道班举行写春联活动。2012年春节,各养护所书写了迎春对联并张贴在各所门口,迎春对联嵌入了养护所所名,既展示了各养护所风采,又展示了各养护所的公路文化。如青塘养护所的“青塘荡漾旭阳照耀如镜亮,公路畅通骏马飞驰胜龙腾”,大镇养护所的“大海架桥梁贯通东西南北,镇岭开公路运旺春夏秋冬”,望埠养护所的“望尽英州大地路路通,埠外养护工人步步高”,大站养护所的“公路依法依规大展宏图,养护保质保量再创辉煌”,河江渡养护所的“河山锦绣路通华夏国强富,渡庄家园双拥文明争先优”,大湾养护所的“大湾路通车如流水,公路养护人似春风”,九龙养护所的“左弯右曲通九州,龙腾虎跃贺新春”等。

3. 服务文化:用精细养护的思想指导公路日常养护

一是举行水泥混凝土路面修补的现场演示。在国道106线英德青塘段举办水泥混凝土路面修补技术现场交流会,青塘养护所职工对水泥混凝土路面修补的现场演示。通过这次现场交流会,用精细养护的思想指导公路日常养护,对加强预防性养扩,充分发挥养护投资效益,更规范地搞好今后公路养护工作起到积极推动作用。二是公路线上建立便民服务点。三是公路职工分布在公路线上,面广点多,每次在公路上遇到需要提供帮助的司机,都能主动给予帮助。特别是在处理交通事故后的路段,无论白天黑夜,雨天冷天,都第一时间到现场清理打扫。如2012年3月22日晚上9点22分,英德公路局河江渡养护所廖永祥接到110的紧急电话通知:S347线148.5公里处发现有掉落的蔗泥10余包,引起道路路面打滑,造成多辆摩托车滑倒。接到110通知之后,该所马上组织人力,及时进行抢修。9名职工奋战30分钟清理好路面,保证了路面的畅通,避免了更多车辆引发事故。英德公路局河江渡养护所夜间紧急处置公路险情得到交警部门和公路局领导的肯定。

4. 安全文化:以安全生产为主线建设安全文化

一是认真贯彻落实安全生产各项规章制度,落实责任、强化监管,积极防范和遏制重特大安全事故。组织开展"安全生产月"活动,组织开展安全隐患专项排查整改。开展安全知识学习和竞赛,全局一线养护所职工参加安全知识学习竞赛。通过活动,使养护所职工进一步学习掌握公路安全生产基本知识。二是"十一五"期间,投入842.543万元对所管养4条省道及1条乡道(公铁并行线)等5条线共5个项目224处实施了安保工程,共完成整治里程49.315km。2012年投资37.4万元,完成县道406线水泥砼护栏968米。2011年投入89.65万元加高护栏等安保工程。其中加高砼护栏1613米,补种示警2052根。2013投入904万元对S347傍山、堤坝路段增设防撞栏。形成了独特安全文化。

5. 学习文化:通过学习,不断更新知识技能结构

一是建立各种制度,如公路巡查制度、班会制度、事务公开制度、图表管理制度等,并规定每月学习两次。二是进行电脑操作系统培训。各个养护所管养线路长,人员多,机械设置也多,给养护所管理带来了新的难题。为进一步提高各养护所的日常管理水平,实现基层养护所电脑化系统管理,适应当前科学养护发展需要。每个养护所安排三名年轻并有一定文化基础的职工进行电脑操作系统培训,使各个养护所的管理上一个新台阶。三是认真结合公路行业实际,积极开展普法教育工作。利用每月的学习日组织学习,通过普法学习,提高了干部职工法律行为规范和自我保护意识,提高了干部的法制观念,提高了依法行政水平。四是建设"四有"职工队伍是我局新形势下人才资源的战略思想。通过学历教育、岗位培训、技术培训等一系列的培训学习,使职工既掌握自然科学、社会科学知识,又掌握所从事的公路管理的专业知识和能力,不断更新知识技能结构,以适应市场经济及公路管理改革发展要求。五是搞好各班组的宣传专栏,每月更新内容,每个职工每月写一篇学习心得。六是在大道班学习文化熏陶下,10年来有45名职工子弟考上高等院校。公路局也发放了26.1万元奖励金。

6. 公益文化:乐善好施奉献爱心与温暖

一是组织献血活动,广大职工加入了义务献血的行列。五年来,大道班职工主动参加义务献血有50多人。通过义务献血活动,很好地体现了公路职工热爱公益事业、心系社会发展的热情,有力地促进了全市无偿献血工作的开展。二是自2010年起,每年6月30日设定为"广东扶贫济困日"。大道班职工发扬"一方有难,八方支援"的良

好风尚，每年都积极奉献爱心，为贫困人口脱贫致富贡献自己的一份力量。三是多次为患癌症的职工捐款。为患者及家属送上了一份份爱心与温暖。

在大道班文化建设中，英德公路局努力倡导职工诚信，营造一种友善融洽的工作氛围。班组同志间心无芥蒂，团结坦诚蔚然成风。面对浮躁、功利、推诿、不负责任的人间世态，员工守着自己心中的一片宁静，勤奋踏实地做着平凡而有意义的工作，形成了优秀的大道班文化精神环境。“十一五”期间，公路局文明创建取得不少荣誉，如“全国巾帼文明岗”、“广东省模范职工之家”、“清远市公路管理局先进单位”、“清远市公路管理局先进职工之家”、“英德市文明单位”等。

四、践行公路文化新理念　全力打造公路精品——汕头市公路局文化建设以实际成效检验行业职责

2014 年 5 月，国道 206 线大学路改造工程(一期)通过交工验收。改造后的大学路以路面板砼抗变拉强度远超设计强度、路缘石线形美观顺畅、采用暖色调 LED 路灯照明、增设自行车绿道、绿化升级、增设港湾式公交候车亭六大亮点被专家称赞，也为群众所乐道。这正是汕头公路人以实际行动践行“自重慎微、勤勉精进、务实规范、高效阳光”的新公路文化理念、以实际成效检验行业职责的又一范例。

1. 公路行业新要求催生汕头公路文化新理念

“自重慎微、勤勉精进、务实规范、高效阳光”是近年来汕头市公路局大力倡导并深入践行的公路文化新理念。

2012 年 3 月开始，汕头局在认真总结和深刻吸取以往经验和教训的基础上，结合公路行业的新情况、新特点、新要求，提出这一新的价值理念和行为准则，用心用力打造廉洁阳光新公路。这一理念既凝结和积淀了公路物质文明和精神文明，集中反映了汕头公路职工的行为方式、群体意识、价值观念；又孕育于特色鲜明的潮汕地域文化这块土壤之上，深受当地自然环境和社会人文环境影响，融入了地域特色，与当地文化互相渗透包容，蕴含“潮味”，体现了潮汕公路人内敛自省、勤奋刻苦、务求实效、勇于担当等精神特质。

正是这一理念，引领汕头局一方面细致抓好行业文化氛围、干部队伍素质、制度建设、廉政文化等软环境建设，另一方面以精细化管理为抓手，明目标、严管理，抓好了公路畅、安、舒、美硬环境建设，全力打造出一批公路精品工程。

2. 坚持以质量为先，打造公路精品工程

“自重慎微、勤勉精进、务实规范、高效阳光”既是汕头公路人的价值理念，也是其行为准则。汕头局在这一理念统领下，推行精细化管理，精心组织、高效推进公路重点工程项目建设。先后完成了汕揭高速汕头月浦段及泰山段、国道 206 线大学路(一

期)工程、国道324线澄海城区和龙湖外砂路段、省道233线潮汕路大修工程、潮汕路月浦跨线桥、省道237线潮南和惠公路(一期)等项目,建成通车里程32公里,共完成建设投资约10亿元。目前,已动工并抓紧推进建设的国省道项目共9个,总长约108公里,计划总投资约25亿元;同时抓紧储备一批项目,力争再用3~4年时间基本完成全市国省道大修改造任务,全面提升路网通行能力和服务水平;全面落实汕头市委、市政府"绿满家园"部署,大力推进生态文明建设,完成潮汕路月浦平交口、大学路(一期)中央绿化带、国道324线澄海段外砂段等路段的绿化升级改造工程,大步提升公路文化品位。

尽管各项工程前期准备工作时间紧迫、任务繁重、事务庞杂、涉及面广,但汕头局依然将精细化原则运用在工程前期工作的落实上——制订周密计划,明确工作任务,落实工作分工,倒推工作时间,强化勘察设计管理,严控勘察设计质量,提高勘察、设计的深度和精度。例如,大学路二期工程在设计阶段,先后三次请邀请部、省的路面、桥梁、排水方面专家全方位对方案、初步设计、施工图设计进行把关、修编和完善,使大学路二期的施工图质量得到显著提升,为创建精品工程打下坚实基础;在招投标阶段,从招标文件编制、招标公告、评标等一系列工作入手,始终坚持依法依规、公开公平公正的原则开展工程招投标工作,评出技术设备力量过硬、履约能力强、质量体系完善、标价合理的专业队伍,顺利完成项目的各项前期准备工作,确保全面提高工程质量,加快工程建设进度,严格控制工程造价。

为打造高效阳光的新公路,汕头局倡导务实规范、精益求精,提升工程质量成为重中之重。例如,深入推行工程精细化管理,把质量作为行业的生命,实行全过程、无缝隙的精细化管理,加强对工程开工关、材料关、工艺关、检验关的控制;工程施工前制定科学、周密的施工组织设计;质监部门加强督查,针对暴露出的质量问题,严格把关;实行问责,确保建成精品工程;打造专业化的项目管理单位,根据项目建设规模和技术难易程度组建专业化的项目现场管理组,从严控制各参建方关键人物的准入条件,进一步完善招投标、合同管理、材料采购等制度建设,用制度管人、管钱;推行管理标准化、施工标准化和工地标准化,通过统一的技术标准、管理标准和检验标准,努力打造统一、规范、有序的施工标准体系,各项目采用典型示范引导,纳入合同管理、做好技术交底、落实日常巡查等措施,实现对建设过程、安全、质量、工期的有效控制,同时推行设计标准化,统一设计标准和典型结构,狠抓设计深度和质量,严格设计招标和设计质量责任追究,并建立设计质量与费用挂钩机制等。在大学路改造工程(一期)中,汕头局严格执行国家工程建设项目的规章制度,切实落实以上三大管理措施,做到"精心勘察、认真设计、严格管理、规范施工、文明施工、安全施工、环保施工"。整个项目在实施过程中,不管是常规的结构物(如水泥路面板、路缘石)还是新型的道路配套设施(如LED路灯、公交站亭),不管是工程实体质量(如水泥路面板抗弯拉强度),还是外观质量(如路缘石线形),都可圈可点,成效显著。

3. 坚持以廉洁为要,构筑廉洁阳光新公路

践行"自重慎微、勤勉精进、务实规范、高效阳光"的最终目的是打造廉洁阳光新公路。这就决定了必须从强化制度建设入手,培育全体干部职工的廉洁价值理念,切实强化职工的规范意识、底线意识、制度意识。近年来,汕头局狠抓制度建设,制订和完善了《党委议事规则》《局长办公会议事规则》《机关财务开支管理制度(暂行)》《公文运转制度》《效能问责实施办法(试行)》《公路养护工程管理办法》等30多个针对性强、务实、管用的制度,形成靠制度管人、以制度管事、按制度管权、按规矩办事的良好工作机制,有效推动工作有序健康开展。

公路工程建设是资金密集使用的领域,稍微放松警惕,教育和监督不到位,极易发生腐败行为。汕头局引典型、敲警钟,加强对工程招投标、资金使用、工程验收等相关重点岗位、重点环节和重点领域的制约与监督。前移廉政监督关口,建立工程项目廉政建设联系点,实行工程合同与廉政合同"双合同制"。汕头局以大学路大修工程建设项目为试点,实行工程建设项目廉政风险防控工作。参照《汕头市公路局廉政风险防控手册》,结合公路工程建设的特点,理清建设项目分管领导、工程建设管理职能科室、项目现场管理处等的职能,梳理明晰项目建设相关业务事项,理顺工作流程、分岗查找风险点、评定风险等级、制定风险防控措施,切实加强对招投标、设计、施工、监理、变更、计量、资金支付、质量控制等环节廉政风险防控。

4. 坚持以人为本,推动公路行业可持续发展

队伍建设是实现"务实规范、高效阳光"目标、推动公路行业可持续发展的坚实保障。为此,汕头局充分发挥公路文化建设在提高队伍凝聚力、战斗力方面的作用,加强干部队伍建设,通过组织干部培训、公开招录公务员,逐步提升干部队伍整体素质,改善队伍知识和年龄结构,增强队伍活力和发展后劲。同时,健全吸引、培养、使用和留住人才工作机制。

此外,在公路文化新理念的引领下,汕头局深入挖掘公路文化内涵,加强思想道德教育和职业技术培训以提高职工素质,弘扬新时期公路人"铺路石"精神,增强队伍干事创业的行业责任感、使命感和荣誉感。发起"党情满公路"、阳光读书、"风雨同路"爱心互助等主题活动,解决困难职工的实际问题,促进队伍和社会和谐稳定。开展"用心服务、畅享交通"、"文明示范公路""公路桥梁养护竞赛""青年文明号"创建及思想政治研究活动,不断提高广大党员干部职工服务社会、服务民生的技能和综合素

质，展现了汕头阳光新公路形象，推动了汕头公路事业可持续发展。

五、创新文化建设载体　打造公路文化品牌——汕尾市公路局文化建设探索“由虚变实”

近年来，汕尾市公路局公路文化建设工作紧紧围绕中央、省、市以及上级有关文化建设的战略部署，以省局开展“公路文化建设年”“公路文化建设促进年”等系列活动为契机，创新文化载体，精心组织，文化建设“由虚变实”，形成了汕尾公路文化的品牌效应，促进了汕尾公路事业又好又快发展。

1. 成立机构，专人负责，加强公路文化建设

为贯彻落实省公路管理工作会议提出“要从推动我省公路未来全面协调可持续发展的战略高度，进一步推进公路文化大发展大繁荣”精神，汕尾市公路局于2011年成立了公路文化与发展研究会。研究会设置秘书长，并在相关科室抽调专职人员负责公路文化建设工作。

汕尾公路系统注重发挥推动公路文化的引领作用，强化上下联动、学习交流，各县级局、下属各单位也已相应成立公路文化建设机构，均安排人员专门负责此项工作，从而使公路文化建设形成上下联动的工作机制，解决了以往公路文化建设工作零散化、表面化的问题。

2. 创新载体，丰富形式，提高干部职工综合素质

公路文化建设的主要目的是提高公路人的综合素质，促进公路事业的发展。要提高公路人的综合素质离不开生动活泼、和谐融洽的工作氛围。为此，汕尾市公路局公路文化建设从“人”的因素方面进一步激活，不断创新载体，经常性地开展一系列健康、有益的活动。

一是开展文化建设专题研究。结合省局部署的文化建设专题研究活动，汕尾局以文化建设专题研究促进理论提升，深入思考公路文化的布局、目标，工作方向和主题，营造了浓厚的文化氛围。干部职工纷纷拿起笔来，一篇篇优秀公路文化作品脱颖而出，为机关增添了文化气息，使干部职工受到教育和熏陶，充分发挥了公路文化激励人、鼓舞人、引导人的作用，促进了公路事业持续健康发展。文研会推荐选送的《践行公路文化　释放正能量》《公路文化建设基本问题的思考》等2篇文章已在《南方公路》刊登。

二是加强文化载体建设。汕尾公路系统组建了登山类、书画类、棋类、球类、瑜伽五个文体兴趣小组，为公路文化建设注入新元素。通过各类活动，丰富了公路系统文化生活，陶冶了干部职工思想情操，提高了干部职工文化修养和理论水平。如唐诗、宋词、毛泽东诗词书法大赛，汕尾局因地制宜，举办了小型书法展，营造了清新高雅的机

关文化氛围，展示了汕尾公路人的风采与文化底蕴。

三是开展群众性文体活动。近年来，汕尾局举办了“盛世欢歌——共筑汕尾腾飞之路”大型广场文艺晚会、汕尾市“公路杯”首届书法电视大赛、“法治公路”知识竞赛、“公路杯”党团知识竞赛等文艺活动；邀请省委党校教授专家为广大党员干部讲授“全球化背景下社会主义核心价值体系的建设”“社交礼仪”“家庭美德”等专题讲座；组织参加省市各类文体比赛，取得较好成绩。所有这些活动，丰富了机关干部职工的文化生活，增强团队凝聚力、向心力。

四是建设文化型机关。为丰富干部职工文化内涵，促进干部职工综合素质全面发展，局机关先后举办了二期道德讲堂，第一期由时任局长的刘陆同志主讲，重点围绕社会公德、职业道德、家庭美德、个人品德四个方面；第二期由文研会秘书长谢平发同志主讲，分析了干部职工的文化素质如何改良与提升，生动地展示了汕尾公路文化建设的价值内涵。两期讲座反响很大，在系统内传递了道德文明正能量，营造了崇善尚德、文明健康的浓厚文化氛围。

3. 服务基层，重心下移，提升公路文化的内涵

为进一步增强干部职工的凝聚力和向心力，团结和引导汕尾公路系统形成团结协作、诚信敬业、甘于奉献、开拓创新的行业精神，展示新时期革命老区公路人的风采，汕尾局提出强化“以人为本”的科学发展理念，不断提升公路文化的内涵。

一是深入基层解决难题。汕尾局对口帮扶海丰县联安镇坣头村以来，不但千方百计筹集资金 30 多万元，为该村解决生活饮用水设施改造、村道硬底化建设等实际问题以及水产养殖扶贫项目，而且多次到贫困户家里探访慰问，受到当地政府和广大村民的一致好评。在创先争优活动中，汕尾局的先进经验被推荐到《广东省深入开展创先争优活动简报》第 151 期刊登。

二是关心基层干部职工的生活。市局领导班子对基层干部职工的生产、生活时刻放在心上，经常深入基层探访基层职工，特别对困难职工给予很大关怀。例如，组织系统全体干部职工进行健康体检；给每位女职工购买安康保险；每年筹集送温暖专项资金 10 多万元到退休、困难职工家中走访慰问；开展“金秋助学”“感恩母爱”“庆六一、献爱心”等爱心活动，让职工感受到集体的温暖及组织的关怀。

三是融入基层结对帮扶。局领导班子多次带领有关科室人员到基层单位调研，积极开展“机关融入基层、干部融入群众，建立适应时代要求的新型党群关系、干群关系”主题实践活动，以机关各党小组为单位，与下属 12 个养管站结对帮扶，每月至少一次与基层养管站的党员“同上一堂党课、同读一本好书、同议一个课题，同做一件好事”。

4. 加大宣传,打造品牌,树立良好的行业形象

近年来,汕尾局通过各种途径加大公路文化宣传力度,打造公路文化品牌,进一步树立公路行业的良好形象。

一是加强公路文化传播。通过汕尾市公路局信息网、市纠风办、市电视台联合举办的“行风热线”、《城市今日谈》、“民主评议公务”以及新闻媒体等向社会宣传公路文化、行业信息、公路法、路政执法许可等,让社会了解公路、爱护公路、支持公路建设工作。例如,近两年来,汕尾局参与“行风热线”、《城市今日谈》汕尾电台、电视直播5期;在《汕尾日报》专版中报道《筑康庄大道　铺亚运坦途》专题,并在汕尾电视频道中播放专题片。

二是打造公路文化品牌。发挥全体干部职工集体智慧创作《汕尾公路之歌》,海丰局也制作了宣传片,增强了广大干部职工对集体的认同感。办公楼大厅有群众路线教育实践活动宣传栏、法规宣传栏等;在机关大楼楼道两侧醒目的位置悬挂奋发向上、勤奋修心、道德修养的名言警句;局机关大楼还设有独立阅览室,打造出独具魅力的公路文化“室、墙、廊”文化阵地。根据省局《关于规范广东省公路行业统一标识的实施意见》精神,汕尾局自2012年3月开始,在全市公路局系统内逐步开展统一行业标识工作。统一标识实施工作进一步提升了汕尾公路行业形象,打造了“公路名片”服务品牌,彰显了公路行业凝聚力和影响力。

三是建设便民服务点。经实地考察、多次调研,在交通量比较繁忙的国道324线上的海丰后门管养站、陆丰城东养护中心各设置了一处便民服务点,全力全方位开展优质文明服务。近年来,为过往车辆行人提供休息场所、加水、修车工具、信息咨询等服务2000多次,服务点的“为民、便民、利民”实践服务活动使文化建设“由虚变实”,有力推动了公路文化的品牌效应。

目前,汕尾市公路局正因地制宜,将党的群众路线教育实践活动和实际工作结合起来,贴近基层,力求打造便民利民为民新举措,促进公路服务理念逐步提升,弘扬主旋律,激发正能量,引导干部职工把个人追求融入到公路工作实践中,在实现“中国梦”的伟大进程中展现公路人的风采。

六、核心在于提升人的素质——中山市公路局公路文化建设的探索与实践

最近几年,中山市公路局着眼于建设和美公路,从战略的高度认识和建设公路文化,适时采取得力措施,不断深化和提升公路文化建设内涵,以“创一流业绩、育优秀人才、炼健康身心”为核心价值体系,引导员工树立共同的核心价值观,收到良好的成效,受到社会各界的广泛关注。

目前,中山市公路局已基本形成人人爱岗敬业、事事为单位发展奉献、单位为人人发展进步服务的可喜局面;反过来,这种局面又成为推动中山公路建设和发展的强大内在动力,从根本上保证了中山市公路局和谐单位的建设和中山公路事业的长期健康发展。

1. 推动公路文化建设的举措

中山市公路局始终坚持把公路文化建设作为提升公路行业核心竞争力的重要途径,多措并举,巧打“组合拳”,通过不断探索实践和总结提升,使公路文化建设活动进行得有声有色,富有成效。

1)核心价值体系日趋完善

在长期的探索实践中,中山市公路局创造、丰富、发展了公路文化,逐步提炼并形成了“创一流业绩、育优秀人才、炼健康身心”的公路核心价值体系,并以核心价值体系为重点,持之以恒地开展公路文化建设;以核心价值体系为导向,审视公路建设、养护、管理、应急保障等工作,使每一位员工的身心逐步融入到共同目标之中,形成人人爱岗敬业、事事为单位发展奉献、单位为人人发展进步服务的良好局面。

2)工作机制坚强有力

(1)中山市公路局重视在实践中不断摸索、总结和推行公路文化建设的工作机制,以促使公路文化渗透到工作的方方面面。

一是重视文化工作机制建设。成立了以局党委书记、局长为会长,副局长为副会长,各科室、各单位负责人为成员的公路文化与发展研究会及其领导机构和常设机构。

二是重视学习型单位的建设。加强公路文化的宣传,班子成员和各单位负责人,带头学习和实践,把调研成果转化为工作措施。

三是党政工青妇围绕中心工作开展主题实践活动,使公路文化渗透到工作的各个层面,形成工作合力。

(2)丰富公路文化的内容,不断深化公路文化的内涵,扩展公路文化的外延。在领导干部身体力行的带动下,全体员工积极参与,自始至终形成一个全员参与、相互交融的建设局面。

(3)将文化建设融入公路事业发展和工作制度的建设之中,先后数次修订《中山市公路局工作制度汇编》,通过制度的完善、创新,推动公路文化内涵的宣传、教育,形成用制度管人,按制度办事的人性化管理环境。

3)形成了一个强有力的公路文化展示平台

积极运用各种宣传载体,全方位、多层次、多渠道地开展公路文化宣传教育,将创作表演活动有机融入公路文化建设,有效地促进了公路核心价值体系的形成。

(1)充分利用各种信息宣传载体,将公路文化建设宣传教育体现在局域网、各类信息报送、《中山公路信息》、墙报宣传栏等,开辟局域网文化交流论坛、开设中山公路网文化建设专栏、将《中山公路信息》升级改版为《中山公路》杂志,定期出版,每月由各科室分别出版一期介绍各自主业的宣传板报等。

(2)提供文艺展示平台。每月由各基层工会轮流承办一次员工生日晚会,每年由共青团、纪检监察室分别举办一次专题晚会。晚会表演的文艺节目都由员工自编自导自演,以乐器演奏、小品、歌舞、朗诵等各种艺术形式,展示公路人的风采,让员工既感受到公路局大家庭的温暖和谐,又观赏到发生在身边的事迹,体现着公路文化的艺术表演。

(3)鼓励文艺创作。以局歌《我们是路》为背景音乐编排的舞蹈,是中山公路文化建设的一个代表作,它以公路局员工日常朴实的工作为素材,以优美的舞姿充分展示了一代公路人质朴的情怀和积极进取、砥砺奋进的良好精神风貌。集体创作的《中山市公路局反腐倡廉警句汇编》《中山市公路局安全生产"三字经"》,获上级好评,并取得了良好的宣传效果。

4)培育了一支德才兼备的公路文化建设队伍

公路局党政工青妇各部门分工合作、齐心协力,组织员工开展喜闻乐见的各类宣传、技术、文娱、体育活动,把有技术特长、文化体育特长和爱好的员工编成各种小组,让他们成为中山公路文化建设的动力源。逐步形成"能文、能武"的公路文化建设活动队伍。先后创立了文化协会、文学社、摄影协会、业余艺术团、游泳队、羽毛球队、乒乓球队、足球队等文艺体育社团。公路局创造条件让各社团活跃起来,聘请专业老师授课,不断提高其技能和艺术水平,提高员工参与的积极性、主动性和持久性。

5)开展丰富多彩的主题活动

党政工青妇等各部门围绕公路局的中心工作,每年开展一个主题活动,如人才拓展进步计划、党团员志愿服务、为公路事业多献一份力、扶贫助学、和谐家庭建设等主题实践活动等。这些主题活动充分体现了公路文化工作的内涵,推动和保障了中心工作任务的完成。同时,主题活动还提高了员工的素质。

6)营造和谐美好的工作环境

在公路核心价值体系的支撑下,全局上下都营造起"关怀帮扶、温暖人心"的和谐单位氛围,致力于"四个环境"建设,即工作(生产)环境建设、用膳环境建设、住宿环境建设和文化娱乐环境建设。每个单位均设有员工饭堂、员工宿舍、职工之家,为员工解决食宿等问题。公路局机关及局属各单位都设有标准篮球场、羽毛球场、乒乓球室、棋牌室等健身娱乐场所,并配置了羽毛球、篮球、跳绳、哑铃等健身器材,为员工能够在工体和业余时间里进行锻炼、强身健体增添了一个好去处。建立“助难济困”帮扶机制，将全体在职及退休员工都纳入救助范围；对患病、困难员工和他们的家属，做到住院必访，困难必帮，完善了帮扶工作的长效机制。

2. 公路文化建设取得的成效

近几年，中山市公路局公路文化建设的载体和内涵丰富，员工们对“创一流业绩、育优秀人才、炼健康身心”的核心价值体系及其内涵的认识更加深刻，把握更加准确，公路文化建设为中山市公路局持续健康发展提供了源源不断的精神动力、智力支持和动力保障，推动了各项工作更上一层楼，取得了累累硕果。

据不完全统计，2011 年至 2013 年，中山市公路局先后获得市级以上表彰奖励 97 项次，其中包括全国交通运输行业文明单位、全国公路交通系统模范职工小家、广东省青年文明号等。个人获得的市级以上先进和奖励共 252 人次，其中包括“全国五一劳动奖章”“全国公路交通系统金桥奖”“广东省交通系统工会工作突出贡献奖”“广东省先进工作者”等。已创建起“全国五一巾帼标兵岗”“全国模范职工之家”“全国交通建设系统工人先锋号”、中山市“党员示范岗”和市“示范青年文明号”等文明品牌，也涌现出中山市劳动模范、广东省劳动模范、“中国好人”“全国交通技术能手”等先进典型。

3. 公路文化建设的影响

经过近年公路文化建设的探索和实践，中山市公路局深深地体会到，公路文化的建设过程，也是公路事业发展、队伍素质提高、单位竞争力提升的过程。中山公路人紧紧围绕核心价值体系的建设，促进工作制度体系的构建并通过激励团队精神，逐步建立起具有中山公路特色的公路文化，以此引领全局各项工作发展进步。

1）核心价值体系建设是文化建设的灵魂

“创一流业绩、育优秀人才、炼健康身心”的核心价值体系，是中山公路文化建设的灵魂所在，是公路行业发展的内在驱动力，是日常工作思维的依据，是员工行为准则的源头，为员工的进步提供价值的选择和心灵的支持。中山市公路局在社会上树立了良好的形象，中山公路人争做推动公路事业发展的排头兵，很好地证明了正确的价值观在促进公路事业发展、人才成长与和谐单位建设所起到的重要作用和所产生的重大影响，证明了有什么样的价值观，就有什么样的看法，就有什么样的选择，就有什么样的行为，就有什么样的生活方式。换句话说，把核心价值体系融入员工教育的全过程、融入精神文明建设的全过程，融入制度建设、重大决策和日常管理中，贯穿于各项工作之中，是中山市公路局大力推行公路文化建设所获得的最有成效的实践之一。

2)制度体系建设是中山公路文化建设的保障

我们重视把公路文化所体现的核心价值体系融入制度建设,即融入制度设计、制订和实施中,体现了对本职职责责任的明晰,体现了对个人进步的促进,体现了对幸福生活的追求,体现了对工作目标完成的要求,体现了实现良好的工作结果,体现了对事业的热爱和执着。中山公路人清楚,没有自身文化内涵的制度,最终会沦为一种管理的“摆设”。工作制度落实、完善、创新的过程,使公路文化所体现的价值观以及由此倡导的行为方式逐步规范化、科学化,使公路员工的行为更趋于进步和习惯,从而既保证了公路文化建设成果的巩固和发展,又推动了制度建设,呈现出公路文化发育与制度建设成长的互动,相互为对方的发展而发展,在单位的整体进步中产生可喜的递加效应。

3)公路文化建设凝聚团队精神

在公路文化建设中,把团队精神内化于各项工作之中,促进工作进展,取得了事业发展和人员进步双丰收,有力地推动了单位竞争力的提升。中山市公路局以团体协作为核心,培养良好的团队精神,致力于将公路局建设成一个强大的团队。对日常性、反复性、经常性的一般性工作,按既定目标各负其责;对突发性、重大性、复杂性的任务,则由公路局协调组织,确定主责单位负总责,多方分工参与负责,共同完成任务。如架桥抢险应急演练、公路迎国检省检、完成市人大一号议案等重大特殊任务,就是分别由分管局长主持,主管部门负总责,调动相关部门、单位共同完成任务,保障公路局各项工作创一流业绩。

中山市公路局发扬孙中山先生“敢为天下先”的精神,在公路文化建设上“先走一步”,已初步建立起具有中山特色的公路文化形态。随着公路事业的发展,公路文化在增强行业内部凝聚力、树立良好社会形象、规范行业行为、提高管理水平、提高员工能力等方面所起的作用必将越来越大,中山公路文化的建设步伐将紧跟公路事业的发展而不断加强、不断深入、不断发展。我们坚信,只要坚定理想信念,中山公路事业的发展之舟必将继续乘风破浪,永立潮头。

第二节　先进人物事迹

一、奉献,是一种境界——记广东省交通运输系统“身边的楷模”陈纪林

在阳山公路局管养380多公里的公路上,闪动着一个兢兢业业、勤奋刻苦、深入实际、调查研究、严格执法、宽以待人的公路人身影——他就是全省路政管理工作先进个

人、“抗冰灾、保畅通”先进个人、全省交通运输系统“身边的楷模”、清远市阳山公路局路政管理所所长陈纪林。

一

1998 年夏，全省各地大面积遭受洪水的袭击，陈纪林巡查到了 S347 线水口路段时，发现洪水把公路整个淹没了。他毫不犹豫就脱掉鞋袜，到水里去探视深浅。但水淹的很深，有些地方甚至超过车轮，很容易使发动机熄火。他立即和同事在水淹路段的两头设立禁止通行示警标志，禁止汽车通行。设立示警标志后，他还是担心有些司机为了赶路，不听指挥，贸然通过会出危险，一直守在被水淹没的路口，整整守了一个白天。到半夜水退了以后，看着被堵的车辆已能缓缓通行，陈纪林才和同志们一起回家休息。

除了水患，陈纪林所在的管养公路还经常发生冰雪灾害。阳山地处广东第一峰，高处不胜寒，这里的常年气温比珠三角低 3 ~4 度，尤其是到了冬天，雨雪纷飞，道路经常被封冻，给来往车辆造成很大的困难，也给负责公路安全的路政执法人员增加了许多困难。

陈纪林当所长后的第二年冬天，突下大雪，他管辖下的 G323 线称架一带公路属于高山公路，结冰严重，许多车辆被堵在那里无法通行。他巡查到称架，发现了这情况后，立即通知了附近的道班，并带领车上所有的路政人员每人带一把洋镐，一镐一镐的挖，想把路上的积雪清掉，好让车辆通过。人人挖得腰酸背痛，棉衣的里层都被汗水所湿透，可是由于这里是个坡道，愈往上挖愈吃力，积雪也愈厚。陈纪林看着大家气喘吁吁，却无济于事，在心中琢磨：看来手工挖是不行了。他果断做出决定，马上和局联系，调来铲车，使用大型机械疏通道路。

铲车来了。陈纪林在前面拿一杆小红旗引路，让铲车跟着他的信号，指挥到哪里就铲到哪里。头一天，干到天黑才收工。第二天开始时，发现头天铲的地方又结了冰，只好从第一天铲过的地方继续铲。就这样，陈纪林领着本站的路政人员和赶来的道班养护工人，在称架那段结冰的公路上连续铲了两天，但效果还是不理想。他只好再次请示上级，又从外地调来了一些工业盐当融雪剂，沿着结冰的路，一直往上撒。开始是用木柄勺子从蛇皮袋里掏盐往公路上撒，掏到后来，勺子柄断了，没东西掏，陈纪林就伸出双手，用手掌捧着这些工业用盐往上撒，撒到最后，路上的冰雪倒是融化了，他的双手却被腐蚀得开了裂，出了血，医了 1 个多月才好。当时冻伤的骨头成了病根，至今一到阴天下雨就会隐隐作痛。

陈纪林经常对他的同事说：“别人说，‘奉献，是社会人应尽的责任和义务，是一种文明的自觉、文化的自觉，更是一种境界’，我很赞同，我既然在路政部门工作，就要把自己的这份力量奉献出来。这是我的责任,也是我的义务。”

二

作为一个基层路政所长,对路面、路容、路貌的管理是他最基本的工作,也是最烦琐、最累人的工作。那时候,清连高速还没有修建,他所在的阳山县和他所管辖的G107线,由于过往汽车多,路面比较宽,许多住在沿线的农民打起了这条公路的主意,每逢晴好天气,都把自己家的谷子摊晒在这条修得平坦整洁的公路上,有时一摊就有好几公里,过往汽车开上去都打滑没办法走,经常因此而引发交通事故。

还有一些外来人和本地人,看到国省道旁边余地宽敞,过往的车辆多,又没人管,认为这正是赚钱的好机会,于是一个接一个的在公路两旁控制范围内开起了路边洗车场。那段时间,光是新圩罗村路段5公里山坡路段就开了20家洗车场,路面经常脏水横流,交通秩序混乱,事故频发。

除了洗车场外,还有不少人在路边开修理店、杂货店、小吃店,或是随便在路上堆放杂物、摆摊卖货。

陈纪林对这种现象做过统计,仅G107线杜步路段,修理厂就有20个,修理店18间。他曾一间一间去调查,发现这些店既没有工商局核准的营业执照,也没有国土局的土地使用证,更没有公路部门的许可,都是属于违章建筑和违法经营。

怎么办?难道就一直这样下去?如果要管,又该怎么管?那段时间,他苦苦思索解决这个问题的办法。他看到,这些违章违法现象也有两种:一种比较容易解决,比如公路上堆放杂物、晒谷子问题;比较难解决的是那些在公路旁边开店、开场的经营者,那涉及他们的经济利益,有不少人还靠此生活。

陈纪林是一个办事稳重的人,经过权衡后,他决定采取先易后难的做法,先解决在公路上晒谷子的问题。那些晒谷子的都是农民,他们上午当太阳出来时,把谷子朝公路上一摊,就各自回家去了。为弄清楚这些谷子是谁的,陈纪林等在这些谷子旁边不走,从上午一直等到太阳落山。那些农民来收谷子了,他才走上去,亮出自己的工作证,做他们的思想工作,请他们以后别再来公路上晒谷子。那些农民一般都还比较听话,见是政府不允许,并且在公路上晒谷子确实也影响交通,容易造成交通事故,就都满口答应。以后,他管辖的路段再也没有晒谷子的现象了。

解决了晒谷子的问题,他开始着手解决那些在公路两旁控制范围内的非法搭建问题。起初,他找了一两家路边店主做思想工作,指出他们的违章所在,希望他们为避免损失,最好自行拆除。这些店主们要么是委婉拒绝,要么是完全不理。口头劝告不行,他就对违章当事人发出路政违章通知书限期自行拆除;同时,加大宣传力度,印了几十份公路法规宣传资料,盖上路政所的大印,每个违章店铺前面贴一张,敦促他们自行拆除。几十公里几十间违章建筑,他和同事们一间一间的走,一间一间的贴。由于工作太劳累,常常风餐露宿,吃不饱,睡不好,加上办事不顺利,心里着急,身体越来越差。

1999 年 9 月 12 日,在送完最后一张路政违章通知书,贴完最后一个公路法规条文宣传资料,深夜回到家里冲凉时,陈纪林突然吐血,当场晕倒在冲凉房。幸好被妻子及时发现,送到医院救治。第二天被检查出早期肝硬化,转送到广州治疗了将近一个月才好转。

生病后,组织上安排陈纪林在家里休息,但他十分挂念路面上的情况。从广州回家的第 3 天,他又带病上路巡查了。当他来到工作面上,发现那些店面照常营业,根本没有理会他贴的路政违章通知书,有的甚至已经把通知书撕下来扔到垃圾堆里。他只好再次一户一户地说理,一户一户的劝告。

但是,因为那段时间他走的路太多,操劳过度,他的肝病又复发了,晕倒在一家洗车场外面。这两次病的突发,让他的妻子很是着急,含着泪对他说:"纪林啊,路政工作任务重责任大,你的身体已累成了这样,如果有这么一天,你真的起不来,我们可怎么过呢?叫领导安排一份轻松的工作吧,平常你照顾不了家庭,我也认了,但你也总不能不考虑自己的身体吧?"他说:"我在路政干了十几年,对全县公路路产情况非常了解,现在还可以坚持,等我到了实在坚持不了的那一天再说吧。"

就这样,他一边吃药打针,一边继续关心着公路两旁控制范围内的那些违章建筑的拆迁情况,病情稍好点,就又上路巡查。他见那些违章户还是没有自行拆除的意向,于是亲自跑县政府,跑公安局,跑国土局,跑交警大队,找领导说明情况和问题,希望由沿线政府、县交警大队、公路局多方联合行动。通过开展大规模的统一整治行动,一度泛滥的侵占公路产权现象,终于得到了有效的遏制,保障了正常的交通秩序。

为了更有效地管理好公路产权,从 2005 年开始,陈纪林大胆探索山区公路路产管理新模式,尝试与国土部门联合,制定"凡群众申请在公路两旁非公路用地建筑的,都必须经路政部门与国土部门联合现场勘测审批,否则作违章建筑处理"等一系列制度。这一想法得到了县政府和国土部门的认可和支持。经过多年尝试,收到了良好效果。

三

路政管理牵涉面广,接触的人事关系错综复杂。这里面,有颇具影响的私营企业,有自认为有靠山的钉子户。为了执法,陈纪林和他的同事们时常面对的不是"红道"的关系求情,就是当事人和一些村民的围攻谩骂,甚至是"黑道"的恐吓威胁。

“人在虎豹丛中健,山在峰峦缺处明”,只要自己依法办事,就问心无愧;只要自己依法行政,就心雄胆壮!陈纪林是这样想的,也是这样做的。

1998年,一位村民在G107线紧靠水沟的地方擅自建房,打算开铺面做生意。砌墙砌到1米多高的时候,被路政人员发现。陈纪林找到违章者并下达通知书,责令限期拆除。经过多次协商仍然没有结果,于是决定强制执行。当陈纪林和铲车到达时,事主纠集了30多名村民,阻止执行公务。由于村民不明真相,情绪也很激动,甚至围攻、追打执法人员。陈纪林当时被一老大娘扯住,衣服撕破了,纽扣和帽子掉了。虽然心里气不过,但为了避免发生更大的冲突,他始终坚持骂不还口、打不还手,一有机会就做解释工作。最终,在当地有关部门的配合下,达到了依法拆除的目的。

1999年8月,在依法拆除国道G107线黎埠镇沙冲路段一幢80平方米的违章建筑时,户主不服,召集家人阻拦。虽然最后强制拆除,但户主却多次打电话恐吓陈纪林,扬言要找他的家人进行报复,并要炸他的房子。

作为路政工作者,受苦受累、恐吓谩骂是常事。对陈纪林来说,最难处理的,是亲情、人情上的纠葛。

2008年5月,陈纪林的一位亲戚,在国道G323线黄坌路段擅自搭建了一个临时洗车场。所里发现后,立即对其发出了路政违章通知书。当晚这位亲戚就到他家里,好话说了一大堆,希望他念在亲戚的份上,不要拆除他的洗车场。陈纪林对他的这位亲戚说:“你没有办任何手续就在公路控制范围内搭建了这个洗车场,这是不允许的。作为亲戚,我当然很想帮你,但如果因为是我亲戚的洗车场就不拆除,那其他人办的我就一个也拆不了。为了减少你的损失,希望你能在尽快自行拆除,如果你在限期内不自行拆除,就算我陈纪林不带队来拆除,公路局也会另外组织人员依法强制拆除。”他的一番推心置腹的话打动了这位亲戚,第三天就自行拆除了洗车场。

从事路政工作的二十多年里,陈纪林始终秉承着一个工作理念,那就是:我首先是一名路政员,保障畅通是我的职责和使命。

走了多少路,磨破了多少双鞋,说通了多少钉子户,陈纪林自己也记不清了。但他那种对工作的热情和处理难题时的不懈坚持,感动着他身边的每一个人,诠释着奉献的真谛。

二、一位养路人的梦想——记广东省五一劳动奖章获得者赖海洋

公路,承载着经济的腾飞,服务着群众的出行,也犹如万里长风,托起拥有一身精

湛技术又精于管理创新的优秀公路青年和养护技术能手——广州市公路管理局东城分局赖海洋的养路梦想,助他在广州公路展翅高飞。

赖海洋的养路梦想很简单,就是成为公路的"美容师",成为公路畅通的"卫士",成为公路养护技术革新的"创新家"。

十余年的披星戴月,十余年的沐风栉雨,赖海洋凭借精湛的技术和丰富的经验,以辛勤和汗水,致力于为社会营造"安全、畅通、舒适、高效"的公路通行环境,为广州公路事业建功立业,为人民群众构建和谐畅通的坦途大道,曾被评为"广东省技术能手""广东省交通技术能手""广州市职工经济技术创新能手""全国交通技术能手""2008 年度广州市青年岗位能手""全国百名模范养路工""广州市交运工会十大优秀一线职工",2011 年 4 月被广东省总工会授予"广东省五一劳动奖章"。

广州公路的"美容师"

因为大哥在家乡从事公路养护,从小耳濡目染的赖海洋对公路养护也有着特殊和深厚的感情,他幼小心灵深处,早已萌发了一个理想,立志要当一名"公路美容师",为社会铺坦途、养好路。

2002 年 8 月,他从广东省交通技校中技毕业后便进入了广州公路系统从事公路养护工作,成为一名光荣的公路人。

养路向来被称为"苦差累差",晴天一身汗与尘,雨天一身水和泥,还是移动式的"吸尘器"。但赖海洋不怕脏、不怕苦、不怕累,怀揣"公路美容师"的梦想,用钢铁般的意志、春风化雨般的热忱,演绎着"铺路石精神",在公路养护一线一干就是十几年。

十几年来,赖海洋深深地热爱着公路事业,爱一行,精一行,爱路护路,路在心上,心在路上。这些年的公路养护,使他从一名普通的公路养护工人成长为一名"知识综合型、技术专业型"的养护技术能手。他常说,养护公路是造福社会的民生事业,路养好了,群众出行方便了,经济自然也上去了。

秉着优质服务的理念,赖海洋每天迎日送月,以"畅、洁、绿、美、安"的高标准精雕细琢养护公路,摊铺沥青、修补坑槽、灌缝路面、铲路肩等技术活儿样样精通,每个养护细节都力求做到尽善尽美,养出路况平整、路貌优美、设施完善的旅游样板路。他养护的公路被称为"绣花路",展现了广州公路的社会服务形象。

为了确保管养公路的安全畅通,赖海洋每天对国道、省道必巡查一次,县道、乡道每周三次以上。全年工作超过 320 天,巡查总里程超过 28000 公里。由于工作出色,25 岁那年,他被提拔担任单位下属的养护中心副主任,走上了管理岗位。

公路畅通的"卫士"

早晨柔和的阳光普照大地。这一天,赖海洋像往常一样起了个早,简单漱洗后便齐整地穿好养护工作服和反光衣,和同事开着养护车出发前往国道 G107 广深公路养护现场。

这条国道车流量大,重型车多,路面在暴雨后出现了几处较大的坑槽,为了保障公路交通的安全畅通,赖海洋和他的同事们今天的工作是进行坑槽修补。现场做足安全措施后,他们手脚麻利地干起活儿来。切割坑槽边线、破碎坑槽沥青混凝土、处理混凝土碎块、用吹风机吹干坑槽、填补沥青熟料、夯实路面,一道道养护工序一气呵成、一丝不苟地高质量完成。

几个小时过去了,路面恢复了平整,保证了行车的安全舒适。而此时,汗水早已浸透了赖海洋和他的同事们的衣服,脸上的汗滴在正午刺眼的阳光下闪着光芒,仿佛是卫士胸前熠熠生辉的勋章。

赖海洋从成为一名公路养护人那天起,就把自己定位为公路畅通的"卫士"。十几年来,他时刻把公路的安全畅通放在心上。苦活累活抢着干,加班加点毫无怨言。每逢暴雨台风天气公路发生塌方水浸等险情,他总是第一时间带队赶赴现场抢险救灾,全力保障公路安全畅通。

2010 年 9 月,特大台风"凡比亚"席卷广州,赖海洋所在单位管养的多条省道多处发生严重塌方。半夜接到水毁通知后,他二话不说,立即穿上工作服,带领抢险队伍赶赴现场抢修。到达现场时,塌方淤泥已掩盖了路面,水沟也被阻塞了,积水漫过了路面,公路交通严重受阻。他一边组织专人指挥疏导交通,一边带队投入抢险,清理路面淤泥,疏通排水系统。经过连夜奋战,积水退了,淤泥清了,公路终于恢复了畅通,而此刻他的身上早已分不清汗水和雨水,双眼布满血丝。

技术革新的"创新家"

在路面养护现场,一部崭新的微波热再生综合养护车在运作,赖海洋一边指导司机操作机械,一边向身边的机械操作手们讲解操作要点和注意事项。赖海洋养护经验丰富,是技术过硬的"机械作业能手"和"养护技能手",不仅熟悉公路养护的各种病害处理方法和养护机械性能,还能熟练操作装载机、清扫车、自卸养护车、微波热再生综合养护车等先进养护机械。

赖海洋虚心请教资深养护工,积极参加学习培训,巩固养护专业知识,在养护领域摸索出自己的一套工作方法,成为养护工人学习的楷模。每次单位购进新型的养护机械,他总能在最短的时间里熟悉操作并教会机械操作手,带头推广推行"机械化养护"和"精细化养护",提高养护效率和养护成效。

由于赖海洋长期坚持岗位锻炼，潜心苦练技能，默默奉献公路，因而练就了一流的养护技术，2008年，他以优异成绩获选参加广东省交通行业公路养护工职业技能竞赛。在理论知识考核中，他一举取得了满分；在实操性的竞赛项目沥青路面坑槽修补中，他和队员们以娴熟的养护技术高质量完成比赛任务，且用时比规定的时间快了一半，最终夺得了“团体一等奖、个人一等奖”的优异成绩。

2009年9月，赖海洋参加广东省首届全国交通运输行业“厦工杯”筑养路机械操作手技能竞赛选拔赛，获得补坑槽机械项目技能第一名；11月，参加首届全国交通运输行业‘厦工杯’筑养路机械操作手技能竞赛获得表现优异奖，个人全能第12名，成为广州公路系统众所周知的养护技术能手。

但是，赖海洋并不满足于此，他更希望在公路养护技术方面有所创新。在他的身上，既有老一辈养路工人勤劳肯干、吃苦耐劳的优良传统，又有时代青年善于探索创新、勇于开拓进取的精神。

赖海洋带头开展技术“小革新、小发明”，带领机械操作手和大中专生研究、改装机械，根据养护实际需要进行机械技术革新，提高机械的使用性能和养护效率，取得了明显成效。

这样的例子很多。比如，在灌缝机的热熔炉改装一个手动输油口，对龟裂、网状裂缝进行人工灌缝，并实现修复路面病害时可以从灌缝机直接进行手动输油，既省时省力又快速方便；再如，在灌缝机输油软管上加装一个小滑轮，增强输油管移动的灵活性，既减少人工又提高工作效率；又如，在灌缝机后面加装旋转电子导向灯，导向灯可以随着车道的变换而灵活变换，增加灌缝机作业的安全性；他带头自制的示警桩，成本低、安全快捷、安全耐用、防盗性强，每根比市场价低了24元，为单位直接节省了1万多元。

凭着一股韧劲和一颗爱路之心，赖海洋像一朵奇花，在广州公路上盛情绽放。这位可爱的公路人，还在用他的热情和实干继续着他的公路养护的梦想，谱写着一曲公路养护的壮丽乐章。

三、用青春和责任铺就美丽人生——记坪石公路局田头养护中心主任李德耀

美丽粤北最北端的坪石—乐昌公路两旁群山高耸入云、逶迤连绵，汽车在盘山公路上驰行，遥望脚底山腰处如云朵般飘浮的白烟，欣赏一路上悬崖飞瀑，感受曲径通幽的神秘，简直有来到世外仙境般的享受。

在山下，有一群朴实的公路人，他们在自己的岗位上坚守，日复一日年复一年地守护着这条通往人间仙境的纽带，确保道路的畅通和过往车辆行人的安全。他们就是坪

石公路局田头养护中心的28名干部职工。中心主任李德耀更是身先士卒，在平凡的岗位上发光发热，用青春和责任铺就出了美丽人生。

一

周日，李德耀一家三口难得聚到一起吃顿晚餐。能和家人一起在饭桌旁其乐融融地聊聊，他很惬意。妻儿在坪石，但他多半时间是住在田头养护中心，一周只回来一次。

“爸，明晚你回来不?”孩子望着爸爸，清澈的眼睛里盈满期盼。

“不回，最近下过几场暴雨，怕塌方。”李德耀一边扒饭一边不假思索地回答，“你有事?”

“哦，没事。我们……明天中考……”懂事的孩子欲言又止。

他一愣，停住了手中的夹菜的筷子。他知道，孩子肯定是因为中考到了有点紧张，想要爸爸给他壮壮胆。一想起孩子，他就觉得有愧：孩子那么大了，他都没能好好地陪过孩子。他想了想，对妻子说：“明天多做几个好菜。”然后拍拍儿子的肩膀，说：“好好考，儿子，爸爸会打电话回来的。”

其实，田头离坪石也不远，要回家也不难。但养护中心虽然不大，事情却不少，而且事无巨细他都要操心，加上辖区内的公路多在河边、山上，路况复杂，李德耀实在是放心不下。

自从参加工作到现在，李德耀始终把工作放在第一位，把家庭的重担交给了妻子。事实上，他一直都觉得愧对家庭：儿子中考，他不能做他坚强的后盾；爷爷年老病重住院、弟弟车祸受伤时他在抢险；洪灾的时候，妻儿困在楼上，他也没能陪在他们身边。

人们习惯于把公路养护人员喻为“铺路石”，因为选择这个职业就意味着选择了奉献：一年365天，没有春夏秋冬，不分严寒酷暑，不论狂风暴雨，他们都得坚守在公路第一线，奋战在养护最前沿，巡查路况、排水清污、修补裂缝、清扫路面、植树绿化、救灾抢险，无论哪一项任务都意味着要付出无休止的体力和汗水。

李德耀却义无反顾地选择了当“铺路石”。“不是你美丽，我才呼唤你——铺路石。只是泥泞弯曲的公路需要你用无私的身躯去铺一条通向富裕的路，一条通向文明的路，一条通向幸福的路。”他没事时就默念书中摘来的句子。

二

2006年7月15日早上7点，在暴雨中一夜未眠的李德耀突然发现，半个小时来，河面水位突然上涨得非常快。他心里一惊，心想，这次的涨水与往年都不同，说不定会引起一场大灾难。

没错，一场百年一遇、突如其来的洪灾伴随着倾盆大雨正在侵袭着粤北大地。

“快，先安排人员转移！家属转移后，马上搬东西。值钱的先搬！”李德耀大声叫道。可这时旁边的一名老职工却说道：“没必要吧，每年都涨水，没事。”

李德耀没时间解释了，“今天不同，快按我说的做，这是命令！”

命令就得执行。当人员都安全撤离后，水已经漫上地面了。这时，李德耀又不顾被洪水冲走的危险，和几位职工把中心内重要的物资设备搬到养护车上，连同养护车、铲车一起撤离到安全地带。

当最后一辆车开出养护中心的时候，只听见“轰”的一声，养护中心的围墙已经被推倒了。从开始发现水位异常，不到一小时，田头养护中心的围栏就全部被冲垮，洪水淹到一楼，整个养护中心成了一片泽国。可田头养护中心却没有一名人员受伤，重要的机械设备也全部转移。那位老职工激动地对李德耀说：“主任，还是你果断啊，要是我们再迟那么一点点，后果可真不敢想啊。”

李德耀没有时间庆幸，他顾不上外面的滂沱大雨，带着几位职工出去巡查管养路段。

随着水位的不断上涨，养护中心旁的田头桥新桥已经被冲垮了。李德耀和同事们冒着生命危险，小心翼翼地一路翻爬，检查险情。他们发现，S248 线坪石至水楼下段，该路段田头大桥被冲垮，大塌方随处可见，有些路段路基被冲断。他立即组织职工对危险路段设置安全标志、标牌，并在第一时间将灾情信息向局领导报告，请求在坪石镇路段对 S248 线实行封路，为上级部门提供了宝贵的抗洪抢险的第一手资料。

洪水过后，必须尽早抢通 S248 线，以方便大型工程机械和车辆进入沿线乡镇抢险救灾。34K＋300 米处是抢通的关键所在，该处因洪水冲毁形成了一个宽 50 米、深达 17 米的断面层，必须在这尽快抢修出一条便道，为上级部门输送救灾物资、工程机械设备提供条件。

大灾过后的天气异常炎热，此时的李德耀已顾不上这些了，他带领职工不分昼夜地装沙袋、堆沙袋，就这样，一身汗、一身泥，一层一层地把沙袋堆上来，渴了喝点水，饿了吃点干粮，戴着手套的手磨出的血干了流、流了干，手掌裂开的口子越来越大，一位工友说：“主任，你都累成这样了，休息一下吧。”李德耀坚定地说：“没事，只要能尽早把路抢通，为受灾群众及时得到救助，这点累算什么。”经过两天两夜奋战，便道终于抢通了。

在抢通狮子山路段时，职工们 24 小时都吃住在工地上。狮子山是出了名的险要地段，山上和山下的落差有几百米，洪灾过后更是随处可见塌方，公路变成了山路，到处都是坑坑洼洼。

从上山那天起,李德耀就一直奋战在工地。因为距离工地最近的乡镇也要十几公里,而且都是山路,打个盒饭来回都要三个多小时。为了不增加施工队伍的负担,他带领全体职工饿了就吃八宝粥,渴了就喝点瓶装水,困了就在车上睡一会,连续三天三夜,终于提前完成抢通任务,为进入重灾区抢险救灾赢得了宝贵的时间。

三

2008 年元月,粤北大地也遭遇了严酷的雨雪侵袭。连续的低温天气导致了云岩、梅花路段出现了路面结冰现象。

27 日,李德耀接到紧急通知,要求他立即组织人员前往坪乳线 17K－30K＋700 米参加破冰工作。

在雨雪交加的天气中破冰,其难度可想而知。到了现场,李德耀马上组织装载机、推土机,指挥大家在厚厚的冰层上进行铲冰作业。雨和雪落在他的身上很快变成了冰块,走在又滑又冷的路面不知跌倒了多少次,脸冻裂了,手、脚冻得失去了知觉,但他心里只有一个信念,就是加紧把路面上这厚厚的冰层铲掉,让滞留在公路上的广大司机、旅客尽快脱离险境,赶回家与家人过上一个欢乐祥和的新年。

为了尽快完成破冰任务,李德耀和养护中心的职工没能按时吃上一口热饭喝上一口热汤。路面的冰块铲除了,马上就是撒盐工作。面对一包包重达一百多斤的盐袋,装车、拆包、把盐撒上路面,在体力已经完全透支的情况下,又经过几个昼夜的努力,终于在 2 月 4 日全线抢通坪乳线。坪乳公路的通车使停滞在京珠高速公路的车辆顺利分流通过,让受困的司机、旅客脱离险境安全回家与亲人团聚。当司机们向他们鸣笛致谢时,李德耀忘记了满身的疲倦,古铜色的脸上露出了几天来难得的笑容。

2 月 5 日,已是农历腊月二十八,连续抗冰作战的李德耀又集合田头养护中心职工赶到 S248 线(庆云—狮子山路段)开展破冰工作。由于是百年不遇的冰灾,庆云—狮子山路段又处于高寒山区,路面又弯又陡加上路面结冰,汽车不能行走。为铲除十几公里的路面冰块,李德耀带领大家用肩背人扛的原始办法,把盐一点一点地往路面撒,仅十几公里的路段就撒下了七十多吨盐,由于走路撒盐进展缓慢,他和职工们放弃除夕与家人的团聚,终于在大年初二打通了单边的行车道,为沿线群众欢度春节提供了便利、安全的交通条件。

正像一首诗歌写的那样:“你无怨无悔,任寒风苦雨吹打,任滚滚车轮碾压,任匆匆脚步踏过……为了人间多一份平坦,你把一颗滚烫的心溶入大地的怀抱;为了人间少一段崎岖,你把满腔热情洒向了远方,人们总是在你的双手中找到希望,总是从你的肩膀上走向辉煌。”

第三节 行业歌曲选编

希望在路上

——惠州市公路管理局之歌

1=F 2/4

作词：杨湘粤
作曲：刘长安

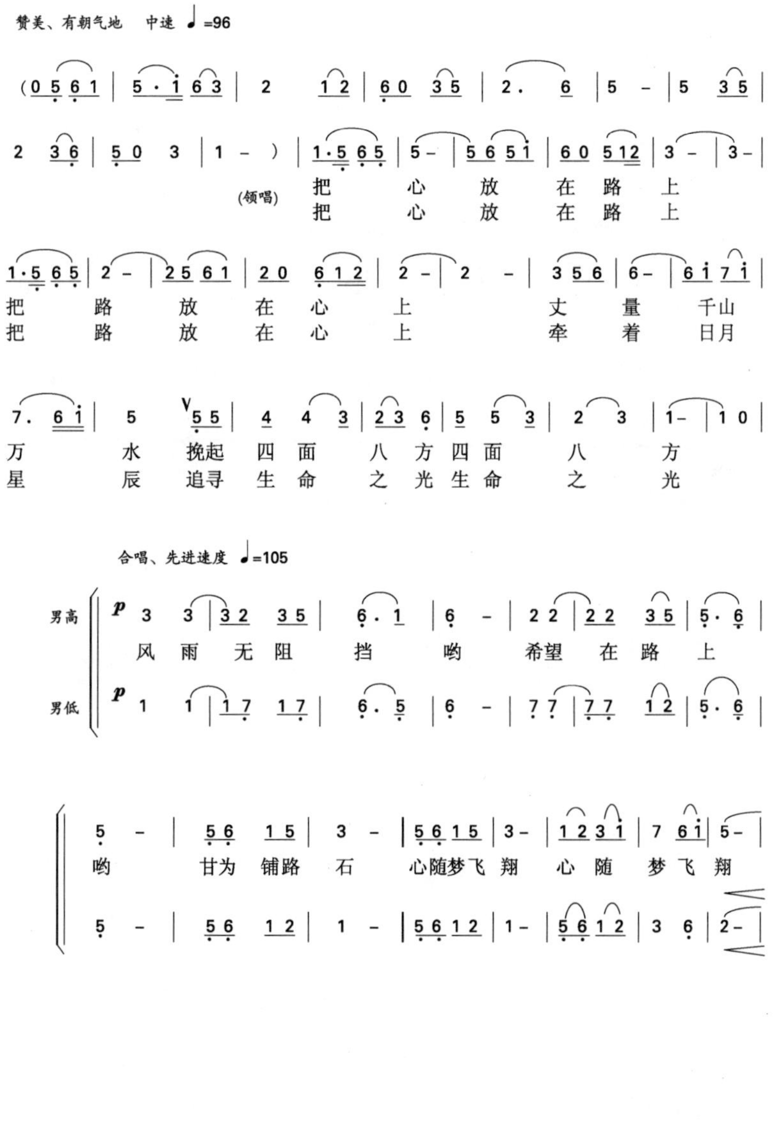

赞美、有朝气地 中速 ♩=96

(0 5 6 1 | 5·1 6 3 | 2 1 2 | 6 0 3 5 | 2. 6 | 5 – | 5 3 5 |

2 3 6 | 5 0 3 | 1 –) | 1·5 6 5 | 5 – | 5 6 5 1 | 6 0 5 1 2 | 3 – | 3 – |

(领唱) 把 心 放 在 路 上
把 心 放 在 路 上

1·5 6 5 | 2 – | 2 5 6 1 | 2 0 6 1 2 | 2 – | 2 – | 3 5 6 | 6 – | 6 1 7 1 |

把 路 放 在 心 上 丈 量 千山
把 路 放 在 心 上 牵 着 日月

7. 6 1 | 5 ᵛ5 5 | 4 4 3 | 2 3 6 | 5 5 3 | 2 3 | 1 – | 1 0 |

万 水 挽起 四 面 八 方 四 面 八 方
星 辰 追寻 生 命 之 光 生 命 之 光

合唱、先进速度 ♩=105

男高 p 3 3 | 3 2 3 5 | 6·1 | 6 – | 2 2 | 2 2 3 5 | 5·6 |
风 雨 无 阻 挡 哟 希望 在 路 上

男低 p 1 1 | 1 7 1 7 | 6·5 | 6 – | 7 7 | 7 7 1 2 | 5·6 |

5 – | 5 6 1 5 | 3 – | 5 6 1 5 | 3 – | 1 2 3 1 | 7 6 1 | 5 – |
哟 甘为 铺路 石 心随梦飞 翔 心 随 梦 飞 翔

5 – | 5 6 1 2 | 1 – | 5 6 1 2 | 1 – | 5 6 1 2 | 3 6 | 2 – |

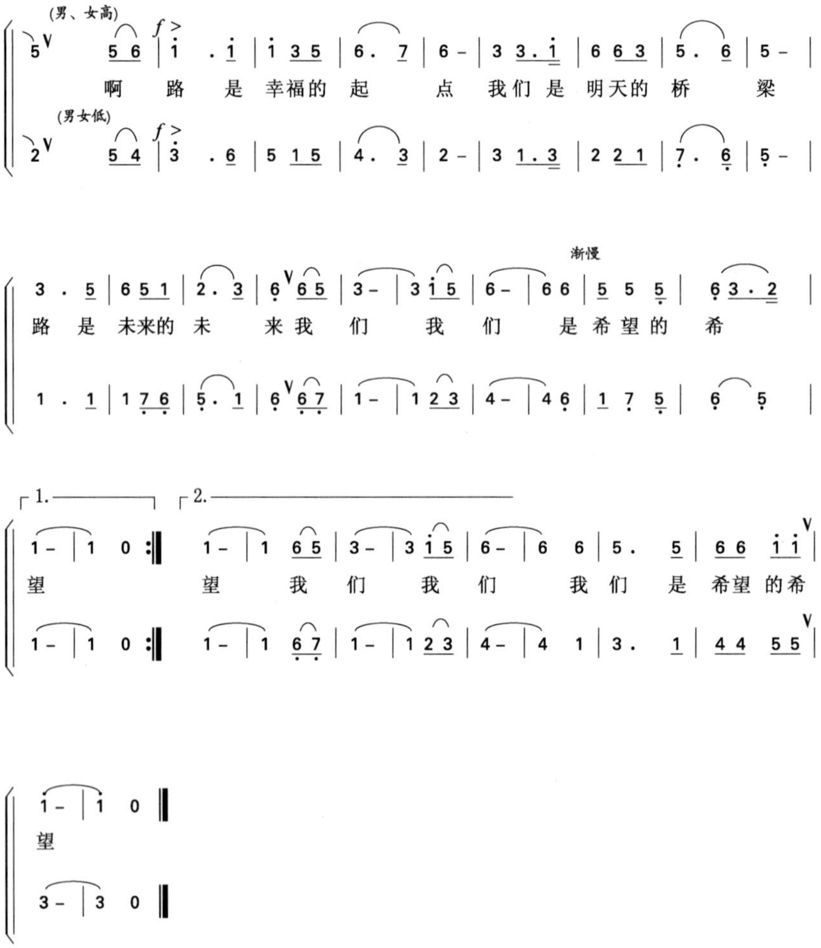

(男、女高)

5 5 6 | 1 . 1 | 1 3 5 | 6 . 7 | 6 - | 3 3 . 1 | 6 6 3 | 5 . 6 | 5 - |

啊 路 是 幸福的 起 点 我们 是 明天的 桥 梁

(男女低)

2 5 4 | 3 . 6 | 5 1 5 | 4 . 3 | 2 - | 3 1 . 3 | 2 2 1 | 7 . 6 | 5 - |

渐慢

3 . 5 | 6 5 1 | 2 . 3 | 6 6 5 | 3 - | 3 1 5 | 6 - | 6 6 | 5 5 5 | 6 3 . 2 |

路 是 未来的 未 来 我 们 我 们 是 希 望 的 希

1 . 1 | 1 7 6 | 5 . 1 | 6 6 7 | 1 - | 1 2 3 | 4 - | 4 6 | 1 7 5 | 6 5 |

1. 2.

1 - | 1 0 :‖ 1 - | 1 6 5 | 3 - | 3 1 5 | 6 - | 6 6 | 5 . 5 | 6 6 1 1 |

望 望 我 们 我 们 我 们 是 希望 的 希

1 - | 1 0 :‖ 1 - | 1 6 7 | 1 - | 1 2 3 | 4 - | 4 1 | 3 . 1 | 4 4 5 5 |

1 - | 1 0 ‖

望

3 - | 3 0 ‖

我们是路
作词：李正思
作曲：崔臻和
1=C
♩=70
一条 路 很宽很 宽 一条 路 很长很 长 盘上了
一条 路 很宽很 宽 一条 路 很长很 长 送走了
高山 淌过了 大江 跨入了 雪域 绕进了 水乡 有了
昨天 迎来了 曙光 放飞了 信念 满载了 辉煌 为了
你 家乡笑声 朗朗 有了 你 母亲满面 红光 啊
你 汗水湿透 衣裳 为了 你 几许雨雪 风霜 啊
我们就是路 我们 就是路 承 载着 中 山 繁荣的梦 想 啊
我们就是路 我们 就是路 延 伸着 祖 国 发展的希 望 啊
我们 就是 路 我们 就是 路 在 这 里 树 立 起
我们 就是 路 我们 就是 路 在 这 里 铺 展 着
1. 2.
3.
阳光 形 象 时代 的 篇 章
时代的 篇 章

汕尾公路之歌

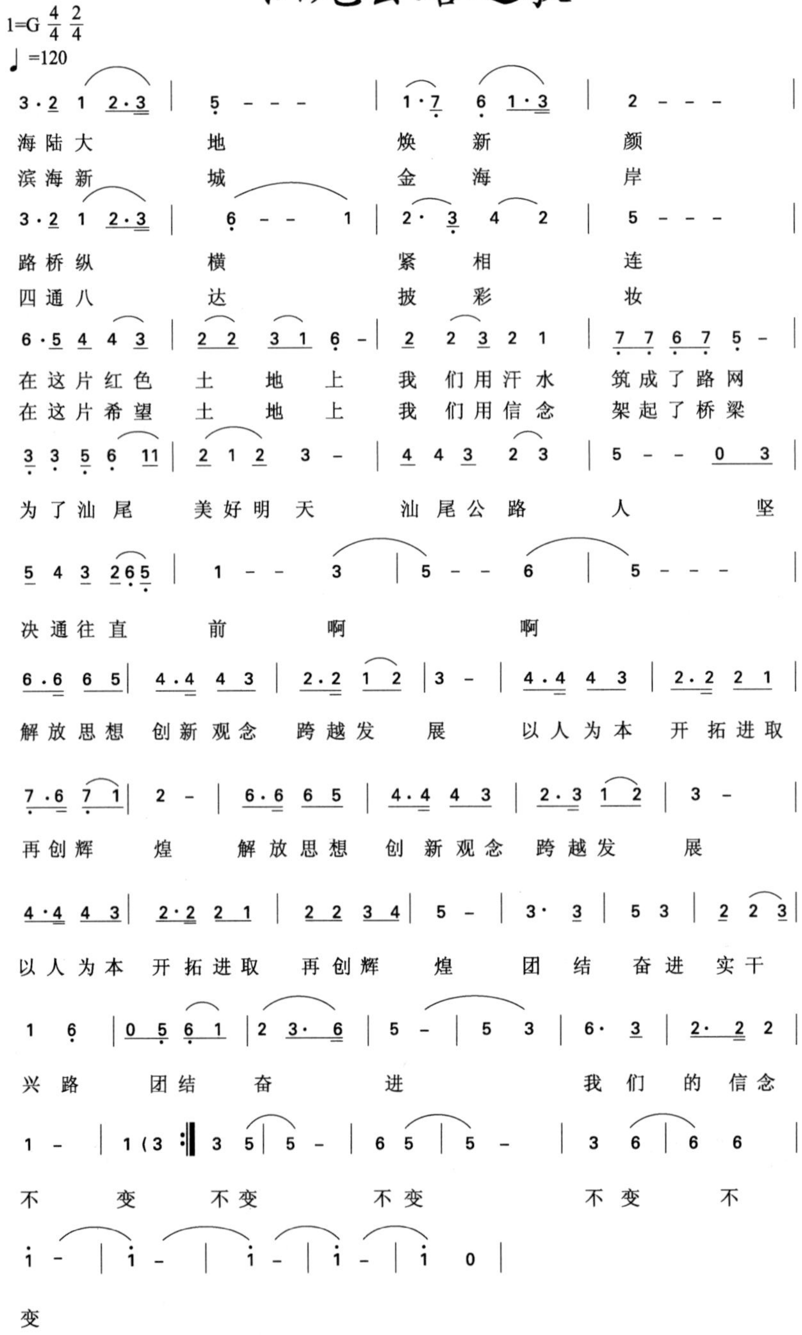

1=G 4/4 2/4
♩=120

3·2 1 2·3 | 5 - - - | 1·7 6 1·3 | 2 - - - |
海陆大 地 焕 新 颜
滨海新 城 金 海 岸

3·2 1 2·3 | 6 - - 1 | 2· 3 4 2 | 5 - - - |
路桥纵 横 紧 相 连
四通八 达 披 彩 妆

6·5 4 4 3 | 2 2 3 1 6 - | 2 2 3 2 1 | 7 7 6 7 5 - |
在这片红色 土 地 上 我 们用汗水 筑成了路网
在这片希望 土 地 上 我 们用信念 架起了桥梁

3 3 5 6 11 | 2 1 2 3 - | 4 4 3 2 3 | 5 - - 0 3 |
为了汕尾 美好明天 汕尾公路 人 坚

5 4 3 265 | 1 - - 3 | 5 - - 6 | 5 - - - |
决通往直 前 啊 啊

6·6 6 5 | 4·4 4 3 | 2·2 1 2 | 3 - | 4·4 4 3 | 2·2 2 1 |
解放思想 创新观念 跨越发 展 以人为本 开拓进取

7·6 7 1 | 2 - | 6·6 6 5 | 4·4 4 3 | 2·3 1 2 | 3 - |
再创辉 煌 解放思想 创新观念 跨越发 展

4·4 4 3 | 2·2 2 1 | 2 2 3 4 | 5 - | 3· 3 | 5 3 | 2 2 3 |
以人为本 开拓进取 再创辉 煌 团 结 奋进 实干

1 6 | 0 5 6 1 | 2 3· 6 | 5 - | 5 3 | 6· 3 | 2· 2 2 |
兴路 团结 奋 进 我 们 的 信念

1 - | 1 (3 :‖ 3 5 | 5 - | 6 5 | 5 - | 3 6 | 6 6 |
不 变 不变 不变 不变 不

1 - | 1 - | 1 - | 1 - | 1 0 |
变

情系公路

——揭阳公路人之歌

1=^{b}E 2/4 4/4

♩=72

作词：倪永东
作曲：张 胜
演唱：许小琼

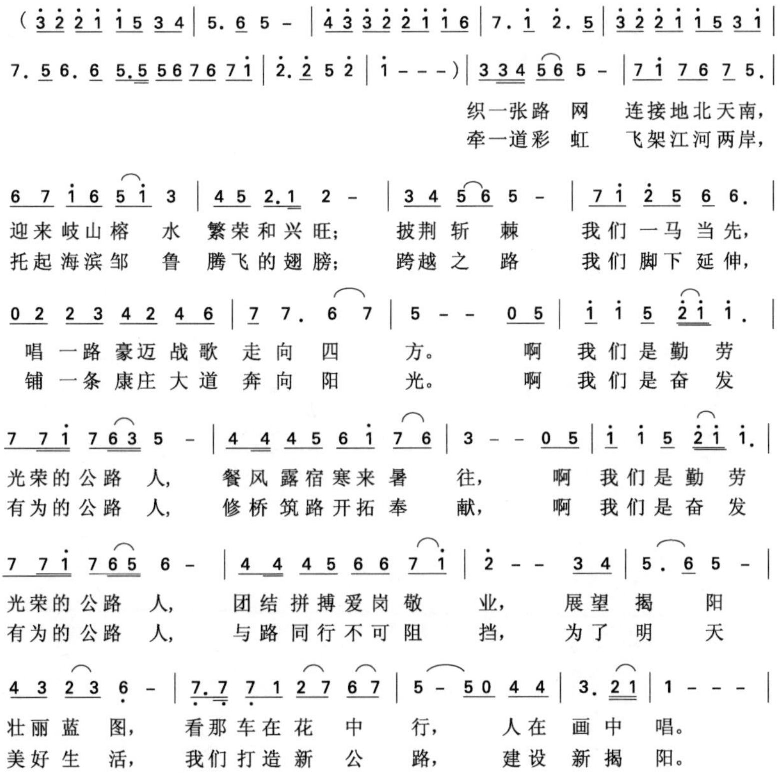

(3 2 2 1 1 5 3 4 | 5. 6 5 - | 4 3 3 2 2 1 1 6 | 7. 1 2. 5 | 3 2 2 1 1 5 3 1 |

7. 5 6. 6 5. 5 5 6 7 6 7 1 | 2. 2 5 2 | 1 - - -) | 3 3 4 5 6 5 - | 7 1 7 6 7 5. |

织一张路 网 连接地北天南，
牵一道彩 虹 飞架江河两岸，

6 7 1 6 5 1 3 | 4 5 2. 1 2 - | 3 4 5 6 5 - | 7 1 2 5 6 6. |

迎来岐山榕 水 繁荣和兴旺； 披荆 斩 棘 我们一马当先，
托起海滨邹 鲁 腾飞的翅膀； 跨越之 路 我们脚下延伸，

0 2 2 3 4 2 4 6 | 7 7. 6 7 | 5 - - 0 5 | 1 1 5 2 1 1. |

唱 一路 豪迈 战歌 走 向 四 方。 啊 我们是勤劳
铺 一条 康庄 大道 奔 向 阳 光。 啊 我们是奋发

7 7 1 7 6 3 5 - | 4 4 4 5 6 1 7 6 | 3 - - 0 5 | 1 1 5 2 1 1. |

光荣的公路 人， 餐风露宿寒来暑 往， 啊 我们是勤劳
有为的公路 人， 修桥筑路开拓奉 献， 啊 我们是奋发

7 7 1 7 6 5 6 - | 4 4 4 5 6 6 7 1 | 2 - - 3 4 | 5. 6 5 - |

光荣的公路 人， 团结拼搏爱岗敬 业， 展望 揭 阳
有为的公路 人， 与路同行不可阻 挡， 为了 明 天

4 3 2 3 6 - | 7. 7 7 1 2 7 6 7 | 5 - 5 0 4 4 | 3. 2 1 | 1 - - - |

壮丽蓝 图， 看那车在花 中 行， 人在 画 中 唱。
美好生 活， 我们打造新 公 路， 建设 新 揭 阳。

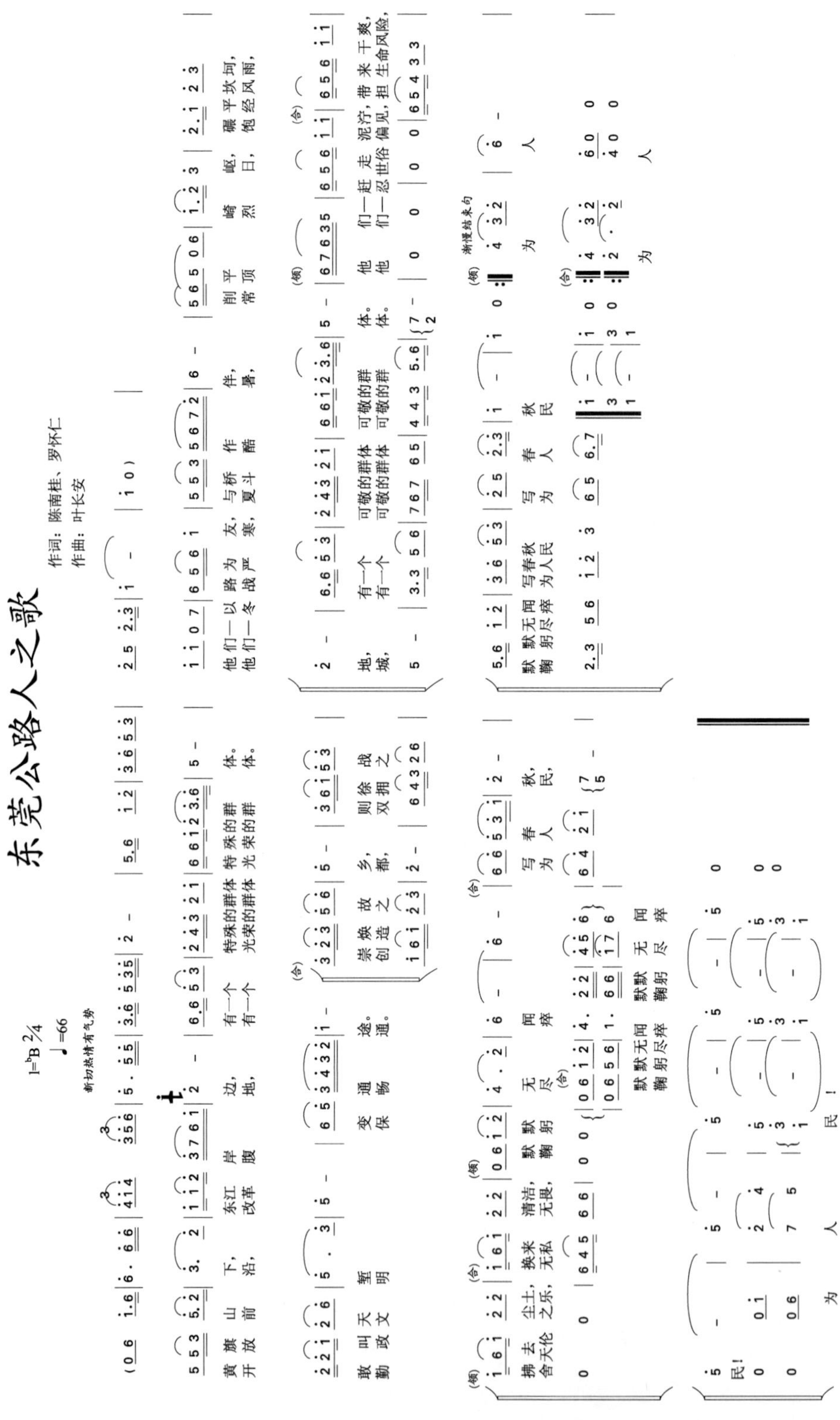

东莞公路人之歌

1=♭B 2/4

♩=66

亲切热情有气势

作词：陈南桂、罗怀仁

作曲：叶长安

黄旗山下，东江岸边，有一个特殊的群体特殊的群体。
开放前沿，改革腹地，有一个光荣的群体光荣的群体。

他们一以路为友，与桥作伴，削平崎岖，碾平坎坷，
他们一冬战严寒，夏斗酷暑，常顶烈日，饱经风雨，

敢叫天堑变通途。（合）崇焕故乡，则徐战
勤政文明保畅通。创造之都，双拥之

地，有一个可敬的群体可敬的群体。（领）他们一赶走泥泞，（合）带来干爽，
城，有一个可敬的群体可敬的群体。他们一忍世俗偏见，担生命风险，

（领）拂去尘土，（合）换来清洁，（领）默默无闻（合）写春秋，
舍天伦之乐，无私无畏，鞠躬尽瘁为人民，

（合）默默无闻 默默无闻
鞠躬尽瘁 鞠躬尽瘁

默默无闻写春秋 写春秋（领）渐慢结束句 为人
鞠躬尽瘁为人民 为人民

（合）为人

民！

为人民！

附　　录

附录一　发表的论文

有效提升行业文化软实力

顾青波

党的十八大报告提出：要提高国家文化软实力，发挥文化引领风尚、教育人民、服务社会、推动发展的作用。当前，社会各行业正在践行党的群众路线教育实践活动的各项要求，我们应当加强行业文化建设，通过提升行业文化的软实力，引领行业科学发展，用以社会主义核心价值体系为主导的社会主义先进文化教育熏陶员工，推动行业服务于社会经济的发展。

行业文化是指该行业在社会文化和经济文化背景中逐步形成的具有本行业特色、为全行业所认同的价值理念、精神信念、经营思想、道德准则和行业规范以及由此产生的思维方式、行为方式、品牌效应的综合体现。

行业文化作为一种"软实力"，具有导向、凝聚、激励、约束、塑造五个方面的功能。行业文化软实力能对行业员工起引导作用，能对行业整体和行业组织以及行业成员的价值规范和行为取向起导向作用。行业文化建设所凝练的行业价值观被行业员工共同认可后，将会成为一种黏合力，把其成员聚合起来产生一种巨大的向心力和凝聚力。行业文化还能起到向社会展示行业成功的管理风格、积极的精神风貌等方面的作用，从而为行业塑造良好的现象。

当前，行业文化正在朝着自觉、自信的方向发展，但仍存在对行业文化的发展规律、理念效用、构建方式、呈现形式认识不到位，行业文化建设流于形式或囿于浅薄，不能统领所属行业组织等滞后于社会经济发展的问题。认识上的误区暴露了对行业文化建设重要性认识的肤浅与片面，行为上的误区导致行业文化建设难以在实践层面纵深拓展。为克服以上误区，加强行业文化建设，应在以下几方面着力：

一是以提升全行业职工凝心聚力求发展的集体意志为切入点，将行业价值取向和行业形象鲜明地传达给全行业职工和社会公众，这是加强行业文化建设、提升行业软实力的有效途径，对于提升行业核心竞争力，推进行业的持续、跨越和科学发展大有裨益。唯其如此，行业文化展示的才是富有感染力、吸引力、影响力、公信力的行业群体的理想追求、价值取向和全行业人奋发向上的精神魅力与气质风范。

二是巩固制度文化成果，提高职工的执行力。行业文化发展需要严格的制度、到位的管理和行业职工模范的执行力。我国各行业在长期的实践中形成了体系严谨的管理制度、政策条例，但是相对缺乏的是制度的执行力。营造全行业忠于职守的责任观和令行禁止的执行观是加强行业文化建设的必然抉择。所以，行业文化建设要在忠实贯彻行业法规和各项规章制度，强化职工依法依规按章办事意识，并形成科学规范、权责明确的管理制度和考核机制的基础上，以柔性制度文化约束行业全体职工的工作行为，使行业职工自觉自愿地、无条件地执行行业既有的制度和标准，使行业决策的贯彻畅通无阻。

三是体现行业文化先进性，统领行业科学发展。文化同样存在正向功能和负向功能。先进的行业文化一定会带动行业的科学发展，而落后的行业文化势必要拖行业发展的后腿。所以，加强行业文化建设要在提升行业职工核心价值观和执行力的基础上，凝练行业员工认可的行业使命、共同愿景、行业精神、职业道德等基本内容，从而明确行业的发展方向、时代责任、价值取向，以及精神动力、职业操守等，并不断赋予行业文化以新的内涵，不断扩展行业文化建设的外延。通过行之有效的方法，引导、教育、感染行业职工以饱满的工作热情、良好的职业道德、共同的价值理念、模范的执行力投身于行业的转型科学发展实践，进而提升行业的社会美誉度和影响力，促进行业的持续、跨越和科学发展。

四是建立科学的行业文化评价体系，强化行业文化实践效果。当前，文化建设普遍存在重理论研究轻实践推广或重建设过程轻考核评价的现象，致使文化建设流于表象，与实际工作融合度不深。要在实践层面推进行业文化建设，就要建立量化的、操作性强的行业文化评价体系，赋予文化建设职能部门“过硬”的行政权力，通过科学的评价方法，切实推进行业文化建设，有效提升行业文化软实力。

（原载于2013年10月8日《光明日报》）

强化软实力

顾青波　邹兴平

文化，是一个民族精神力量的集中反映，是一个国家核心竞争力的基础内容。历史的经验表明：一个民族的复兴，其背后必然是民族文化的复兴；一个拥有强大的文化软实力的国家，必然能够在激烈的国际竞争中赢得主动。

基于对国际国内形势的准确把握，党的十七届六中全会提出了建设“文化强国”的战略，党的十八大又明确将“文化软实力显著增强”列为“全面建成小康社会和全面深化改革开放”的五个目标之一，并将文化建设列为中国特色社会主义建设“五位一体”总体布局的一部分。

作为国家发展的基础性、保障性行业，公路行业的文化建设任重道远。要贯彻落实党的十八大精神，践行“文化强国”战略，就要重视行业文化，用行业文化引领公路事业科学发展，以更好的公路建设成绩保障经济社会发展，促进“全面建成小康社会”目标的更快实现。

文化支撑行业科学发展

文化是行业科学发展的根本动力。公路行业文化是公路行业在公路建设、养护、管理和收费等工作中逐渐形成的，为公路系统广大干部职工所普遍认同的基本信念、价值观念、行业精神，以及由此产生的行业规范、道德准则、行为规则。工作习惯和品牌效应等，是公路行业核心竞争力的整体体现，也是公路行业生存之根、发展之魂、活力之源。先进的行业文化是凝聚并激励职工的重要力量和精神支柱，加强公路行业文化建设，才能形成公路行业的共同价值取向和奋斗目标，增强干部职工的自豪感、责任感，营造行业内积极健康！

活泼向上的精神氛围，增强队伍的凝聚力、战斗力。

文化是行业科学发展的题中之义。科学发展观的核心是以人为本，其基本要求是全面协调可持续发展，根本方法是统筹兼顾。以此为指针，公路行业的科学发展，不仅表现为公路建设里程、建设质量等外在硬指标的发展，更体现在包括从业人员自身素质与幸福感。行业先进发展理念与核心价值观、行业基本规章制度、行业社会影响力等的行业软实力、行业核心竞争力的发展。

文化是行业科学发展的时代选择。新的历史时期有新的使命和任务。近年来,我国公路交通基础设施总量规模实现了跨越式增长,交通运输紧张状况已总体缓解,瓶颈基本消除,路网结构总体上能满足群众"有路走"的需求。在此基础上公路行业的发展必然要由"有路走"向"走好路"提升,这就要求行业充分注重公路与人。公路与自然的和谐,着力打造公路特色文化,全面提高公路服务质量,满足群众"更便捷、更安全、更舒适"的幸福出行期望。

强化软实力任重道远

每个行业,都有自己不朽的文化。在长期的实践过程中,公路行业也已经逐渐形成了独特的行业文化,这些文化为推动经济社会的进步起到了重要作用。但随着交通事业持续迅速发展,人们对公路出行的期待和要求也会不断提高。从最初的"有路走"到现在"走好路"。简单几个字的变化,使得进一步研究公路文化的本质特征、主要作用及如何加强公路文化建设显得愈发重要。

但客观来看,当前的行业文化建设还存在一些问题,比如:部分干部职工对文化建设重视不够、对公路文化的特性认识不足;相关建设机制不够健全;公路文化体系不够完善;理论研究不能适应形势发展以及文化建设与业务工作脱节等问题。这些问题的出现在一定程度上阻碍着文化的全面、稳定发展,亟待关注和解决。

全面强化文化软实力

加强公路物质文化建设是基础。公路物质文化是公路物质背后体现出的价值取向和价值理念。公路基础设施的建设水平就是文化建设的基础和支撑点,更是公路文化的直接载体和成果体现。

首先,要做好公路建养,构筑畅通公路。要全面坚持交通运输部确定的"畅通主导、安全至上、服务为本、创新引导"方针,牢固树立"以人为本、养护优先、依法治路、科技支撑、体制创新"理念,切实保障道路安全畅通,保证工程安全优质,让群众放心出行。

其次,注重公路美化,打造文化公路。参照包括美国 6 号公路在内的世界知名文化公路范例,将社会主义核心价值观和公路行业文化、地域文化融入公路建设的实践中,从体现时代精神、承载行业价值、展示行业风范、展现地域风情、传承地域文明出发,建设具有文化名片价值的景观公路,创造"车在路上走,人在画中游"的通行体验。

最后,要统一行业标识,打造公路品牌。在全国统一路徽的基础上,设计公路文化形象识别系统,推进统一行业标识工作,将公路文化价值理念和行业形象通过整体的视觉形象鲜明地传达给全体职工和社会公众，增强行业凝聚力，提升行业社会形象。

加强公路制度文化建设是保障。制度文化是公路文化的运行主导系统，是公路精神依附的体制平台，从根本上决定着公路正常运行和创新发展的组织文化形态。但公路制度文化与平常提到的规章制度不同，后者是刚性的外在管理，而前者是柔性的内在约束。

首先要加强公路行业制度建设，完善行业的领导体制，落实好《公路法》《公路管理条例》等法律法规，结合地方实际制定好针对具体工作的各种规章、管理制度、职工行为准则等。

其次要强化依法治路按章办事的制度意识，形成科学规范。权责明确的管理制度和工作机制，落实目标责任制，坚持规范、合理、公平、公正、公开的理念，落实工程建设招投标等管理规定，落实行政许可"阳光工程"，形成忠于职守的责任观和令行禁止的执行观。

最后要以考评奖惩制度保障行业文化建设，建立对各地公路部门行业文化建设成效的考核测评办法，在科学考评的基础上表彰先进、树立典型、推广经验、鼓励创新，同时批评后进、整改不足，为行业文化建设做好硬性保障。

加强公路行为文化建设是关键。行为文化是职工在公路建设、管理、养护和工作之余的学习娱乐等活动中产生的活动文化，包括生产管理、教育宣传、文体娱乐和人际交往等活动中产生的文化现象，它是行业作风、精神面貌、人际关系的动态体现，也是公路精神、公路行业价值观的折射。

首先要树立"把路放在心上，把心放在路上"的服务理念，实现工作思路由"方便管理"向"方便群众"的转变，从思想根源出发，提升服务质量。

其次要广泛总结基层单位在具体工作中的成功经验并及时推广，深入挖掘公路人在行为文化方面的先进做法并树立样板。

最后要通过公路行为文化建设规范行为模式、引导行为方向、评判行为方式、彰显行为榜样，在职工中形成统一的行为准则。

加强公路精神文化建设是核心。公路精神文化主要包括核心价值观、行业使命、行业愿景和行业精神等诸多方面，是社会主义核心价值观在公路行业的具体化，是公路文化的灵魂与核心，在整个公路文化体系中处于最重要的位置。公路行业在长期建设实践中形成了"铺路石精神"、"开路先锋精神"等诸多优秀的公路精神文化，要在继承发扬的基础上着重抓好以下几个方面的精神文化建设工作。

首先是与时俱进，凝练公路行业的文化理念，培育和践行行业核心价值观。要立足时代特征与行业特点，提炼、挖掘、总结，提出先进的行业价值理念、良好的行业愿景、具有代表性的公路精神、具有普遍意义的公路人职业道德,并采取措施使其在干部职工心中不断强化,使之转化为职工群体的共同愿望和一致行为。

其次是大力开展文化实践活动,培育公路行业的凝聚力和向心力。精心设计活动载体,有组织、有计划地持久开展文明创建活动和各类丰富多彩的文化主题活动,以浓厚的文化氛围引导职工自觉参与文化建设。

最后要树立先进、宣传楷模,培育公路行业品牌在品牌创建上下功夫,完善机制,规范品牌选树、示范单位创建、典型培育、总结表彰及推广示范等各个环节,深入挖掘一些具有全局性、普遍指导意义和能反映公路行业价值理念的典型,借助榜样的力量,在职工内心植入公路文化核心价值体系,提升公路行业的社会美誉度和影响力。

(原载于《中国公路》2013 年第 14 期)

加强公路文化建设　引领行业科学发展

顾青波

广东公路系统紧紧围绕省委“加快转型升级、建设幸福广东”的总体部署和交通行业“加快转变交通运输发展方式”的要求，致力于构建更安全、更畅通、更和谐、更高效的公路交通网络，各项工作都取得新突破，实现了“十二五”公路管理良好开局。回顾一年来的工作，公路文化在促进公路事业发展方面起到了巨大的推动作用。目前，全国、全省正在掀起文化建设的新热潮，我省第十一次党代会更是提出“没有文化支撑和精神富足，就没有真正意义上的幸福广东。”我省公路系统也在进行“公路文化建设年活动”的实践。

一、正确认识繁荣公路文化的重要性，努力加强公路文化建设工作

文化是一个非常广泛的概念。从宏观的国家层面来说，文化是一个民族的灵魂。如果说历史是根，那么文化就是魂。文化积淀历史，文化展示未来，文化承载希望，文化凝聚力量。文化的力量是社会进步和发展的根本力量。古希腊历经马其顿的铁蹄践踏和古罗马的战刀屠掠，但其古典文化却顽强地生存下来，点燃了欧洲文明之光。全球500多个孔子学院，再一次凸显了这位东方先哲无与伦比的文化影响力和穿透力。一部《神曲》敲响了中世纪封建主义的丧钟，开启了启蒙运动的先河；一篇《共产党宣言》使得一个幽灵，共产主义的幽灵，在欧洲大陆徘徊，把“全世界无产者联合起来”；一本薄薄的《新青年》凝聚起一群热血青年，掀开了中华民族走向民主与科学的新篇章；一曲雄壮激扬的《义勇军进行曲》，鼓舞了亿万不愿做亡国奴的中国人忘我的投入到反侵略战争……历史雄辩地证明，人类社会的每一次跃进，人类文明的每一次升华，无不镌刻着文化进步的印记。文化精神是超越国家、民族、地域的最重要的精神财富，也是人类文明得以世代传承的根本力量。

国际文化讲堂上流传着这样一句话：19世纪靠军事改变世界，20世纪靠经济改变世界，21世纪则要靠文化改变世界。在经济与文化相互交融、科技与文化紧密结合的当下，文化“软实力”的比拼和较量，已成为一个单位、一个组织乃至一个地区、一个国家综合实力的博弈与竞争，成为发展的“硬功夫”。大力推动文化建设，提升文化软实力已成为社会的普遍共识。党的十七届六中全会指出：文化越来越成为民族凝聚力和

创造力的重要源泉,越来越成为综合国力竞争力的重要因素,越来越成为经济社会发展的重要支撑。并提出要“建设社会主义文化强国”的奋斗目标。中共广东省委制定了建设文化强省的规划纲要;交通运输部在《全国交通运输行业精神文明建设规划(2011—2015年)》中特别把“加强交通运输行业文化建设”放在突出位置,并指出:行业精神文明建设要在促转变谋发展中提供强大的精神动力。

如何理解有文化?可用四句话来表述:即根植于内心的修养,无须提醒的自觉,以约束为前提的自由,为别人着想的善良。提高文化素养的途径最重要的是读书,读书可以改变人生,文化可以改变一切。对一个行业、群体或组织来讲,文化对引领发展方向、凝聚奋斗力量,发挥着不可替代的重要作用。独有的特色文化是生存之根、发展之魂、活力之源。国内外众多知名的大公司、大企业,如IBM、摩托罗拉、大众、同仁堂等,它们之所以能够长盛不衰,历经激烈的市场竞争而日益焕发出更强大的活力和生命力,就在于这些企业在其发展过程中,形成了各具特色的独特的企业文化,并经过长期的历史积淀,最终成为自身的核心竞争力。受此启发,越来越多的企业和行业都提出了要建设具有自身特色的企业或行业文化。公路文化正是在这一大背景下应运而生。公路文化是交通运输行业文化的重要组成部分,是公路行业各单位、各部门在公路建设、养护、管理和收费等工作中逐渐形成的,并升华为公路系统广大干部职工所普遍认同并自觉遵守的道德规则和行为价值观,它是我们公路行业的灵魂,是推动公路事业发展的不竭动力,是承载公路行业未来发展的希望,它如同一个标杆、一面旗帜,指引和推动着行业乃至广大干部职工的发展。

近年来,省公路管理局在推动公路行业文化建设,打造具有广东公路特色的文化品牌方面做了一些积极的探索:一是完善组织机构。成立公路文化与发展研究会,并推动组建起全省公路文化与发展研究网络。同时,问计于外脑——聘请政府部门领导、专家学者、文化名流担任名誉会长或顾问,定期召开专家顾问座谈会,为公路部门文化建设诊断把脉。二是规范行业标识。按照国家现行法律、法规、政策的规定,在全省公路系统积极推动行业标识的统一规范。三是打造文化公路。“十二五”时期,我们以创建体现“畅安舒美优”为标准的10条国道、10条省道文明示范路为契机,提升公路的文化品位。目前,我省正在进行创建国道205线文明示范路的工作。四是建设文化型机关。实施“建设学习型组织”工作方案,举办“广东公路青年人才论坛”,分批组织省局机关干部及省局直属单位、市、县公路系统的负责人到清华、北大、厦大参加人文素养与综合能力的培训学习。坚持每年举办4期学习论坛,设置图书漂流吧,为每个党支部开通“网上读书直通车”。五是开展群众性文体创建活动。在全省公路系统评选、表彰了“南粤公路红旗飘扬”百佳人物,并将先进事迹以《标杆》为名结集出版；去年国庆前夕，组织举办了以“幸福之路”为主题的大型文艺晚会，展示了我们公路人的良好精神风貌。以“小悦悦”事件为切入点，在全省公路系统开展了以“路路相通，心心相连”为主题的思想道德活动。六是拓展公路文化阵地。利用《广东公路信息》、开办《南方公路》杂志及公众网等信息发布平台，开设反映公路文化建设的栏目，出版展现公路职工精神风貌的画册，制作体现公路行业建设成果的专题片。七是提升文化理念内涵。组织广大干部职工对公路事业科学发展方式等问题献计献策，共收到相关研究论文近百篇。积极开展公路职工思想政治研究工作，分东、西、中和直属单位片每年开一次片会，全省每两年召开一次年会。

通过开展公路文化建设，我们有几点体会，一是公路文化是行业发展到一定时期的产物，即是行业管理及行业从业人员综合素质发展基础上的必然产物，是行业向更高层次迈进的内在要求，是推动行业进一步发展的重要力量。二是没有文化的行业就没有灵魂，没有优秀文化的引领，就不可能协调可持续发展，更谈不上科学发展。三是只有建立起优秀的公路文化，才能在广大干部职工内部营造出一种积极健康、活泼向上的精神氛围，才能激发大家的热情和干劲，才能形成对各方面工作起推动作用的巨大合力。四是通过公路文化建设，进一步明确了行业责任和公路职工的使命，建立起一套行为规范，并引导职工的思想行为，加强凝聚力，提升行业的软实力。

虽然我们在公路文化建设方面取得了一定的成绩，但由于受公路行业当前的管理体制、机制问题的影响，公路文化对整个行业的支撑力还很不够，进而影响了行业的发展。

二、广东公路文化建设存在的问题及影响

通过对我省公路文化建设进行梳理和分析，制约公路文化建设的主要原因表现在以下几个方面。

(1)部分干部和职工对公路文化建设的认识不足，思路不清。主要有几个表现：对公路文化建设的目标和方向不明确，缺乏行之有效的管理方式和监督方法；对公路文化建设的重要性和必要性认识不足；对公路文化在行业各项工作中的地位和所起的作用认识模糊。

(2)文化建设工作与业务工作脱节。公路文化建设本质上是一种管理行为，目的在于规范管理，优化行业形象，增强行业的品牌效应。但纵观当前我省的公路文化建设大都还是表现为提口号、拉标语、定制度，开展文体活动，停留在公路文化建设的外延和表象上，与行业的建设、养护和管理等工作实践结合不够。因此，出现对文化建设定位不准确，文化建设与行业工作脱节的现象。

(3)对公路文化的特性存在认识上的误区。有些单位和个人对公路文化的认识与实践方面还存在误区,认为搞文体活动就是文化建设,文体活动开展较多,但却没有形成一以贯之的文化理念、行为准则和价值观体系,文化建设成为一种短期的运动式的活动。

(4)文化建设的机制不够健全,理论研究工作不适应形势要求。公路文化建设在组织保障、考核评价和交流互动等方面还没有建立起长效机制;公路文化建设缺少人员、缺乏科学的管理制度、完善的培训体系和有效的激励机制;基层各单位之间未建立起文化建设的交流平台,动态的信息交流不够,成果与经验难以共享。

(5)公路文化体系不够完整。对于公路行业特色文化来说,完整的文化体系应该全面体现物质文化、制度文化、行为文化和精神文化的要素。但从整体情况来看,文化建设基本还处于自发的、分散的初始阶段,没有把握公路文化的各要素之间及其与公路发展之间的内在关系。

公路文化建设方面的不足对我省的公路工作产生了不利影响。主要表现在:

一是没有公路文化的有效引领,行业发展缺乏持久动力,显得后劲不足。先进的行业文化是凝聚并激励职工的重要力量和精神支柱。文化的最大特点是"化",是在人们心灵深处的"内化"。由于缺乏有效的文化引领,行业的先进理念、科学精神和有效举措在职工之间"内化"不够,不利于行业共同价值取向和奋斗目标的形成,行业的发展显得后劲不足。

二是没有公路文化的有效引领,队伍素养、精神面貌和整体形象都受影响,进而影响了行业工作的开展。随着市场经济的发展,公路行业价值观多元化,一些优秀的传统价值观受到挑战,对公路养护管理工作带来了一些负面影响。同时,受过去重建轻养倾向及税费改革、养护体制改革的影响,公路职工的自豪感、责任感和使命感意识有所削弱,行业的凝聚力和影响力有待进一步增强。队伍的整体素质有待提高,敬业精神和服务意识有待进一步增强。

三是没有公路文化的有效引领,封闭和保守现象比较突出。公路行业是个传统行业,长期以来比较封闭。主要表现在公路行业与社会之间缺少制度性和经常性的沟通与交流,参与社会公众事务管理的渠道不够畅通等。最典型的就是在抢险救灾工作中,公路职工不畏艰险抢险救援,投入了巨大的人力、物力和财力,但在此过程中表现出的无私奉献精神和英勇无畏的行为却不能得到全面、有效反映,社会、媒体关注度不够,从而影响了公路行业社会形象的提升。

四是没有公路文化的有效引领,行业品牌意识淡薄,社会影响力不够。我们往往埋头于平时具体的建设、养护和管理工作实践,而对从中提取经验,打造成品牌指导今后的工作重视不够。也正因为缺乏脍炙人口的品牌,使得社会对我们行业的认知更加有限,印象不深,社会影响力削弱。

三、加强公路文化建设的举措

今年是我省开展“公路文化建设年”活动的重要一年,通过掀起公路文化建设热潮,初步构建公路文化建设基本框架,大力弘扬“厚于德、诚于信、敏于行”的广东精神,探索“以人为本、积极进取、知足常乐”的幸福公路文化,逐步建立具有鲜明时代特征、地域特色和行业特点的公路文化体系,不断增强行业的凝聚力和影响力,提升公路行业的软实力,促进公路事业又好又快发展。

1)加强公路物质文化建设,为深化文化建设提供可靠基础

物质文化是公路文化建设的基础。公路基础设施的不断完善、公路通行能力和整体服务水平不断提高是公路文化建设的基础和支撑点,是公路文化的直接载体和成果体现。

一是做好公路建养,构筑畅通公路。要全面坚持交通运输部“畅通主导、安全至上、服务为本、创新引领”的十六字方针,牢牢把握“以人为本;安全第一;养护优先;依法治路;科技支撑;体制创新”的原则,重点推进“10 条国道、10 条重要省道”养护管理示范路建设进程,进一步提高路网通行能力。坚持预防性养护、周期性养护,继续认真开展危桥改造工程、灾害防治工程及安全保障工程等专项工程,完善标志标线,增强公路防抗灾害的能力,改善行车环境和生态环境,保障道路安全畅通,保证工程安全优质,让公众出行更为放心。

二是统一行业标识,塑造品牌公路。加强公路文化体系建设,将公路文化价值理念和公路行业形象通过整体的视觉形象设计,鲜明地传达给全体职工和社会公众,提升行业社会形象,是公路文化形象识别系统的基本任务。为此,我们在全省公路系统统一行业标识,优化现有全国统一路徽和“广东公路”中英文字样结合对外形象标识。遵循依法、分步实施、不浪费原则,在两到三年的时间推广实施。今年我们将视推进情况,选定 1 ~2 个单位作为建设示范单位召开现场会,努力推进统一行业标识工作,增强行业凝聚力和向心力。

三是注重典型示范,打造文化公路。曾被称为母亲之路、飞翔之路和梦想之路的美国 66 号公路见证了美国人民一路走来的艰辛历程,成为展示美国人追求自由精神及独特地域风貌的国家名片。我们现阶段所打造的文化公路也应该是这样一张能体现时代精神、承载行业价值、展示行业风范、展现地域风情、传承地域文明的地区文化名片。它应该具备五点:第一,它应该是一条安全之路。要处理好急弯、陡坡、桥梁、涵

洞等重点路段,做好有效的防护设施,并对标志、标线进行综合设置,采取限速措施;对全线指路标志体系进行统一设计,规范字体、版式和内容,统一提示原则,增强标志的指示功能。第二,它应该是一条智能之路。可以及时为公路使用者提供出行信息服务,全面提升公路智能化服务水平。第三,它应该是一条景观之路。绿化设置能突出地域和自然文化并兼顾城市出入口、交界点和服务区等重要节点的路域特点,有效防止视觉疲劳。第四,它应该是一条服务之路。服务设施要能根据公路等级、车辆平均运行速度、交通量构成、城镇分布等因素进行科学布设,满足司乘人员的生理需求和车辆安全行车要求。另外可以借助服务区对公路视觉识别系统进行统一应用,借以传播广东公路行业理念,塑造广东公路行业形象。第五,它应该是一条文化之路。应能展现沿线各地历史和人文文化。今年我们将继续以韶赣高速公路为载体开展公路文化建设试点,对正在建设的江番高速公路及各市局我们也要求开展一条以上公路作为文化公路建设项目,通过文化公路规划、建设,将我省公路特有的核心价值观与各种最好、最新的理念融入到公路实践的每个方面、每个环节,打造与众不同的文化公路,创造"车在路上走,人在画中游"的通行体验。

2)加强公路制度文化建设,为公路文化体系建设提供有力保障

制度文化是公路文化建设的保障,是公路文化运行的主导系统,是公路精神依附的体制平台,它从根本上决定公路正常运行和创新发展的组织文化形态。公路制度文化建设体现在:一是制定公路制度的理念。如通过制定、完善《公路法》《公路管理条例》《公路安全保护条例》《政府还贷高速公路管理办法》等法律、法规,使依法行政、依法办事的理念深入人心。二是遵守和执行公路制度的理念。强化目标责任制、检查考核奖惩制的落实,形成科学规范、责权明确的管理制度和工作机制。如坚持规范合理的公平、公正、公开理念,落实工程建设招投标规定,落实行政许可"阳光工程",形成忠于职守的责任观和令行禁止的执行观。

3)加强公路行为文化建设,为公路行业发展提供规范的行为准则

行为文化是指职工在公路实践、学习娱乐等活动中产生的活动文化,包括生产管理、教育宣传、人际关系活动、文娱体育等活动中产生的文化现象。行为文化是行业作风、精神面貌、人际关系的动态体现,也是公路精神、公路行业价值观的折射。公路行为文化体现在养路工人坚持风雨无阻保畅通,遇到水毁冰灾泥石流及时抢通修复;收费员坚持"微笑服务",做到百万收费无差错;路政执法人员查治超、拆违章,秉公执法,铁面无私等。公路人牢固树立"以人为本、以车为本,以及更好地为公众服务"的价值观,实现服务方式由"方便管理"向"方便群众"的转变,不断提升服务质量。行为文化的意义,就在于规范行为模式、引导行为方向,评判行为方式、显示行为榜样,形成

统一的行为准则并为全体员工所自觉遵守。

4)加强公路精神文化建设,为公路事业发展提供强大的精神动力

精神文化是公路文化建设的核心。汪洋书记在参加吴南生书画展览时曾提到,物质享受是有限的,而精神享受是无限的。随着物质生活水平不断提高,要加强引导群众提高文化情趣和文化素养。因为精神享受和人的文化素养成正比,文化素养越高、精神享受就越高,人生就更加丰富、充实、健康。公路精神文化在整个公路文化体系中,处于最重要的地位,是一种更深层次的文化现象,是公路文化的灵魂和核心。

(1)以文化建设活动培育公路行业的文化理念和价值观。

理念建设是公路文化建设的先导。公路行业的价值理念是公路文化的核心和灵魂,是文化建设的根基。公路交通行业核心价值观就是:人便于行,货畅其流,服务群众,奉献社会。公路交通行业的共同愿景是:建设一个畅通、高效、安全、绿色的现代化公路交通运输系统,实现人便于行,货畅其流,让人们享受高品质的运输服务,让经济社会发展更加充满活力,让公路交通与自然、社会更加和谐。公路交通精神概括为:艰苦奋斗、勇于创新、不畏风险、默默奉献。公路交通职业道德为:爱岗敬业、诚实守信、服务群众、奉献社会。公路行业职工的共同愿景和价值理念对公路文化建设有着重要的影响,当先进的价值理念、良好的行业愿景在职工心目中不断强化,具化为职工群体的共同愿望和一致行为后,就会产生强大的凝聚力、创造力,成为促进公路发展的不竭动力。

在价值理念的提炼挖掘方面,惠州市公路管理局进行了许多有益探索。在多年的公路建设和养护管理工作经验基础上,该局提出了“把路放在心上,把心放在路上”的养路爱路理念,并举办了以此为主题的演讲比赛,收到了很好的效果。这个理念已提升为我省公路的养路爱路理念,成为广大干部职工的共识。东莞、揭阳、清远、深圳和珠海等公路系统职工谱写了公路建设者之歌。省厅提出了“用心服务,畅享交通”的服务理念。在今后的工作中我们要以“建优质工程,树行业丰碑”的建设理念筑造优质公路;以“路在心上,心在路上”的养护理念构造畅通公路;以“全心全意服务,依法高效办事”的窗口服务理念营造便民公路;以“公路为公,清正廉洁”的廉政理念打造阳光公路,按照服务型政府要求,从大局着眼,从实事抓起,不断提高公路部门的服务能力,更好地为公众服务。

(2)以文化实践培育公路行业的凝聚力和向心力。

以文化建设为引领,大力开展文化实践活动,不仅有利于增强职工群众性文化建设的积极性、主动性,引导广大干部职工树立共同的理想和信念,激发他们对行业的责任感和使命感,而且有利于增强团队意识和团队精神,进一步提高行业的凝聚力、向心

力和战斗力。要通过精心设计文化活动载体,广泛吸引职工群众参与,有组织、有计划、有步骤地在全系统持久地开展以创建青年文明号等为内容的文明创建活动;举办青年文明礼仪大赛、职工书画摄影、文体娱乐、读书活动、知识竞赛等丰富多彩的主题活动,以浓厚的文化氛围引导职工树立自觉参与文化建设的观念,发挥公路文化的导向和激励作用。

今年我们正在实施“四个一”工程。即拍摄一部公路系统宣传片。以公路建设大场面及经典公路桥梁图片展现我省公路系统的辉煌成就。拍摄一部以公路为题材的电影。用两年时间拍摄一部以公路为题材的电影,展现公路行业的苦与乐及公路人的坚守。目前正在着手剧本的编写工作。创办一本杂志。创办《南方公路》杂志,拓宽宣传阵地,提高行业知名度。目前各市公路局已相应设立通讯站,全省已统一对各地通讯员进行了先期培训。举办一次摄影比赛。组织摄影培训班,并举办“我爱公路”为题材的全省摄影比赛,鼓励广大干部职工参赛,优秀作品将结集出版。

(3)以选树先进培育公路行业品牌。

培养先进典型,坚持典型引路,是在职工内心植入公路文化核心价值体系,推进文化建设的有效形式。近年来,我们及时发现、树立、宣传和推广能代表和反映新的公路职业价值观念的先进典型。如阳山公路局路政管理所所长陈纪林同志,在水患、冰雪灾害多发的粤北山区坚守路政岗位,长年坚持路面巡查,特别是在灾害发生期间,更是不分白天黑夜,为过往车辆提供及时的路况信息和安全保障。中山市公路局东升养护所徐汝扬同志,以对人民群众生命、财产安全高度负责的精神,始终加强业务学习和技能培训,不断提升公路养护的机械化水平,成长为全国百佳养路工候选人、养护机械能手。他还毫无保留地把自己的知识和技能传授给年轻的同事,积极开展传、帮、带,为公路养护事业做出了突出贡献。

今后我们将继续在品牌创建工作上下功夫,全面实施公路交通系统文化建设“十百千”工程,完善评审条件与表彰机制,规范品牌选树、示范单位创建、典型培育、总结表彰及推广示范等各个环节,深入挖掘一些具有全局性及普遍指导意义的先进典型,充分发挥创建工作的联动作用和辐射效应,发挥先进典型的引导和激励作用,促进文明创建和文化建设工作的深入开展。

(4)以班组文化建设培育公路行业的窗口形象。

班组文化建设是公路文化的基本细胞,是职工公路文化建设多样化的个性表现,是开展公路文化建设的重点和亮点。近年来,通过大道班的整合,我们在一线道班和养护中心全力打造舒适健康的工作环境和生活环境,让职工从良好的文化氛围中体会到人文关怀,增强了班组的凝聚力。在收费站和路政服务大厅,我们大力提倡细节意识,完善服务细节,树立起良好的服务理念。今后,我们要继续通过开展班组文化建设,不断增强班组凝聚力,培育团队精神,提升班组的服务能力和水平,使公众感受到更贴心的服务,展现出公路文明窗口的良好形象。

公路文化建设是一项系统性和长期性的工作。面对新的机遇与挑战,我们要进一步拓展公路文化建设的内容,丰富文化建设工作的形式,延伸文化建设工作的范围,增强文化建设工作的针对性和实效性,充分发挥文化建设的引领作用,为公路行业的促转变谋发展提供更强大的精神动力。

(原载于《南方公路》2012 年第 1 期)

附录二　公路文化建设参考资料

关于培育和践行社会主义核心价值观的意见

中共中央办公厅印发(2013 年 12 月)

社会主义核心价值观是社会主义核心价值体系的内核,体现社会主义核心价值体系的根本性质和基本特征,反映社会主义核心价值体系的丰富内涵和实践要求,是社会主义核心价值体系的高度凝练和集中表达。为深入贯彻落实党的十八大和十八届三中全会精神,积极培育和践行社会主义核心价值观,现提出如下意见。

一、培育和践行社会主义核心价值观的重要意义和指导思想

(一)培育和践行社会主义核心价值观,是推进中国特色社会主义伟大事业、实现中华民族伟大复兴中国梦的战略任务。党的十八大提出,倡导富强、民主、文明、和谐,倡导自由、平等、公正、法治,倡导爱国、敬业、诚信、友善,积极培育和践行社会主义核心价值观。这与中国特色社会主义发展要求相契合,与中华优秀传统文化和人类文明优秀成果相承接,是我们党凝聚全党全社会价值共识做出的重要论断。富强、民主、文明、和谐是国家层面的价值目标,自由、平等、公正、法治是社会层面的价值取向,爱国、敬业、诚信、友善是公民个人层面的价值准则,这 24 个字是社会主义核心价值观的基本内容,为培育和践行社会主义核心价值观提供了基本遵循。面对世界范围思想文化交流交融交锋形势下价值观较量的新态势,面对改革开放和发展社会主义市场经济条件下思想意识多元多样多变的新特点,积极培育和践行社会主义核心价值观,对于巩固马克思主义在意识形态领域的指导地位、巩固全党全国人民团结奋斗的共同思想基础,对于促进人的全面发展、引领社会全面进步,对于集聚全面建成小康社会、实现中华民族伟大复兴中国梦的强大正能量,具有重要现实意义和深远历史意义。

(二)培育和践行社会主义核心价值观的指导思想是:高举中国特色社会主义伟大旗帜,以邓小平理论、“三个代表”重要思想、科学发展观为指导,深入学习贯彻党的十八大精神和习近平同志系列讲话精神,紧紧围绕坚持和发展中国特色社会主义这一主题,紧紧围绕实现中华民族伟大复兴中国梦这一目标,紧紧围绕“三个倡导”这一基本内容,注重宣传教育、示范引领、实践养成相统一,注重政策保障、制度规范、法律约

束相衔接,使社会主义核心价值观融入人们生产生活和精神世界,激励全体人民为夺取中国特色社会主义新胜利而不懈奋斗。

(三)培育和践行社会主义核心价值观要坚持以下原则:坚持以人为本,尊重群众主体地位,关注人们利益诉求和价值愿望,促进人的全面发展;坚持以理想信念为核心,抓住世界观、人生观、价值观这个总开关,在全社会牢固树立中国特色社会主义共同理想,着力铸牢人们的精神支柱;坚持联系实际,区分层次和对象,加强分类指导,找准与人们思想的共鸣点、与群众利益的交汇点,做到贴近性、对象化、接地气;坚持改进创新,善于运用群众喜闻乐见的方式,搭建群众便于参与的平台,开辟群众乐于参与的渠道,积极推进理念创新、手段创新和基层工作创新,增强工作的吸引力感染力。

二、把培育和践行社会主义核心价值观融入国民教育全过程

(四)培育和践行社会主义核心价值观要从小抓起、从学校抓起。坚持育人为本、德育为先,围绕立德树人的根本任务,把社会主义核心价值观纳入国民教育总体规划,贯穿于基础教育、高等教育、职业技术教育、成人教育各领域,落实到教育教学和管理服务各环节,覆盖到所有学校和受教育者,形成课堂教学、社会实践、校园文化多位一体的育人平台,不断完善中华优秀传统文化教育,形成爱学习、爱劳动、爱祖国活动的有效形式和长效机制,努力培养德智体美全面发展的社会主义建设者和接班人。适应青少年身心特点和成长规律,深化未成年人思想道德建设和大学生思想政治教育,构建大中小学有效衔接的德育课程体系和教材体系,创新中小学德育课和高校思想政治理论课教育教学,推动社会主义核心价值观进教材、进课堂、进学生头脑。完善学校、家庭、社会三结合的教育网络,引导广大家庭和社会各方面主动配合学校教育,以良好的家庭氛围和社会风气巩固学校教育成果,形成家庭、社会与学校携手育人的强大合力。

(五)拓展青少年培育和践行社会主义核心价值观的有效途径。注重发挥社会实践的养成作用,完善实践教育教学体系,开发实践课程和活动课程,加强实践育人基地建设,打造大学生校外实践教育基地、高职实训基地、青少年社会实践活动基地,组织青少年参加力所能及的生产劳动和爱心公益活动、益德益智的科研发明和创新创造活动、形式多样的志愿服务和勤工俭学活动。注重发挥校园文化的熏陶作用,加强学校报刊、广播电视、网络建设,完善校园文化活动设施,重视校园人文环境培育和周边环境整治,建设体现社会主义特点、时代特征、学校特色的校园文化。

(六)建设师德高尚、业务精湛的高素质教师队伍。实施师德师风建设工程,坚持师德为上,完善教师职业道德规范,健全教师任职资格准入制度,将师德表现作为教师

考核、聘任和评价的首要内容,形成师德师风建设长效机制。着重抓好学校党政干部和共青团干部,思想品德课、思想政治理论课和哲学社会科学课教师,辅导员和班主任队伍建设。引导广大教师自觉增强教书育人的荣誉感和责任感,学为人师、行为世范,做学生健康成长的指导者和引路人。

三、把培育和践行社会主义核心价值观落实到经济发展实践和社会治理中

(七)确立经济发展目标和发展规划,出台经济社会政策和重大改革措施,开展各项生产经营活动,要遵循社会主义核心价值观要求,做到讲社会责任、讲社会效益,讲守法经营、讲公平竞争、讲诚信守约,形成有利于弘扬社会主义核心价值观的良好政策导向、利益机制和社会环境。与人们生产生活和现实利益密切相关的具体政策措施,要注重经济行为和价值导向有机统一,经济效益和社会效益有机统一,实现市场经济和道德建设良性互动。建立完善相应的政策评估和纠偏机制,防止出现具体政策措施与社会主义核心价值观相背离的现象。

(八)法律法规是推广社会主流价值的重要保证。要把社会主义核心价值观贯彻到依法治国、依法执政、依法行政实践中,落实到立法、执法、司法、普法和依法治理各个方面,用法律的权威来增强人们培育和践行社会主义核心价值观的自觉性。厉行法治,严格执法,公正司法,捍卫宪法和法律尊严,维护社会公平正义。加强法制宣传教育,培育社会主义法治文化,弘扬社会主义法治精神,增强全社会学法尊法守法用法意识。注重把社会主义核心价值观相关要求上升为具体法律规定,充分发挥法律的规范、引导、保障、促进作用,形成有利于培育和践行社会主义核心价值观的良好法治环境。

(九)要把践行社会主义核心价值观作为社会治理的重要内容,融入制度建设和治理工作中,形成科学有效的诉求表达机制、利益协调机制、矛盾调处机制、权益保障机制,最大限度增进社会和谐。创新社会治理,完善激励机制,褒奖善行义举,实现治理效能与道德提升相互促进,形成好人好报、恩将德报的正向效应。完善市民公约、村规民约、学生守则、行业规范,强化规章制度实施力度,在日常治理中鲜明彰显社会主流价值,使正确行为得到鼓励、错误行为受到谴责。

四、加强社会主义核心价值观宣传教育

(十)用社会主义核心价值观引领社会思潮、凝聚社会共识。深入开展中国特色社会主义和中国梦宣传教育,不断增强人们的道路自信、理论自信、制度自信,坚定全社会全面深化改革的意志和决心。把社会主义核心价值观学习教育纳入各级党委

(党组)中心组学习计划,纳入各级党委讲师团经常性宣讲内容。深入研究社会主义核心价值观的理论和实际问题,深刻解读社会主义核心价值观的丰富内涵和实践要求,为实践发展提供学理支撑。深入推进马克思主义理论研究和建设工程,发挥国家社科基金的导向带动作用,推出更多有分量有价值的研究成果。加强社会思潮动态分析,强化社会热点难点问题的正面引导,在尊重差异中扩大社会认同,在包容多样中形成思想共识。严格社团、讲座、论坛、研讨会、报告会的管理。

(十一)新闻媒体要发挥传播社会主流价值的主渠道作用。坚持团结稳定鼓劲、正面宣传为主,牢牢把握正确舆论导向,把社会主义核心价值观贯穿到日常形势宣传、成就宣传、主题宣传、典型宣传、热点引导和舆论监督中,弘扬主旋律,传播正能量,不断巩固壮大积极健康向上的主流思想舆论。党报党刊、通讯社、电台电视台要拿出重要版面时段、推出专栏专题,出版社要推出专项出版,运用新闻报道、言论评论、访谈节目、专题节目和各类出版物等形式传播社会主义核心价值观。都市类、行业类媒体要增强传播主流价值的社会责任,积极发挥自身优势,适应分众化特点,多联系群众身边事例,多运用大众化语言,在生动活泼的宣传报道中引导人们培育和践行社会主义核心价值观。强化传播媒介管理,不为错误观点提供传播渠道。新闻出版单位和从业人员要强化行业自律,切实增强传播社会主义核心价值观的责任意识和能力,将个人道德修养作为从业资格考评重要内容。

(十二)建设社会主义核心价值观的网上传播阵地。适应互联网快速发展形势,善于运用网络传播规律,把社会主义核心价值观体现到网络宣传、网络文化、网络服务中,用正面声音和先进文化占领网络阵地。做大做强重点新闻网站,发挥主要商业网站建设性作用,形成良好的网上舆论环境,集聚网上舆论引导合力。做好重大信息网上发布,回应网民关切,主动有效进行网上引导。推动中华优秀传统文化和当代文化精品网络化传播,创作适于新兴媒体传播、格调健康的网络文化作品。依法加强网络社会管理,加强对网络新技术新应用的管理,推进网络法制建设,规范网上信息传播秩序,整治网络淫秽色情和低俗信息,打击网络谣言和违法犯罪,使网络空间清朗起来。

(十三)发挥精神文化产品育人化人的重要功能。一切文化产品、文化服务和文化活动,都要弘扬社会主义核心价值观,传递积极人生追求、高尚思想境界和健康生活情趣。提升文化产品的思想品格和艺术品位,用思想性艺术性观赏性相统一的优秀作品,弘扬真善美,贬斥假恶丑。加强对新型文化业态、文化样式的引导,让不同类型文化产品都成为弘扬社会主流价值的生动载体。加大对优秀文化产品的推广力度,开展优秀文化产品展演展映展播活动、经典作品阅读观看活动。完善文化产品评价体系,坚持文艺评论评奖的正确价值取向。完善公共文化服务体系,提供均等优质的文化产品，开展多姿多彩的文化活动，丰富群众精神文化生活。

五、开展涵养社会主义核心价值观的实践活动

（十四）广泛开展道德实践活动。以诚信建设为重点，加强社会公德、职业道德、家庭美德、个人品德教育，形成修身律己、崇德向善、礼让宽容的道德风尚。大力宣传先进典型，评选表彰道德模范，形成学习先进、争当先进的浓厚风气。在国家博物馆设立英模陈列馆。深化公民道德宣传日活动，组织道德论坛、道德讲堂、道德修身等活动。加强政务诚信、商务诚信、社会诚信和司法公信建设，开展道德领域突出问题专项教育和治理，完善企业和个人信用记录，健全覆盖全社会的征信系统，加大对失信行为的约束和惩戒力度，在全社会广泛形成守信光荣、失信可耻的氛围。把开展道德实践活动与培育廉洁价值理念相结合，营造崇尚廉洁、鄙弃贪腐的良好社会风尚。

（十五）深化学雷锋志愿服务活动。大力弘扬雷锋精神，广泛开展形式多样的学雷锋实践活动，采取措施推动学雷锋活动常态化。以城乡社区为重点，以相互关爱、服务社会为主题，围绕扶贫济困、应急救援、大型活动、环境保护等方面，围绕空巢老人、留守妇女儿童、困难职工、残疾人等群体，组织开展各类形式的志愿服务活动，形成我为人人、人人为我的社会风气。把学雷锋和志愿服务结合起来，建立健全志愿服务制度，完善激励机制和政策法规保障机制，把学雷锋志愿服务活动做到基层、做到社区、做进家庭。

（十六）深化群众性精神文明创建活动。各类精神文明创建活动要在突出社会主义核心价值观的思想内涵上求实效。推进文明城市、文明村镇、文明单位、文明家庭等创建活动，开展全民阅读活动，不断提升公民文明素质和社会文明程度。广泛开展美丽中国建设宣传教育。开展礼节礼仪教育，在重要场所和重要活动中升挂国旗、奏唱国歌，在学校开学、学生毕业时举行庄重简朴的典礼，完善重大灾难哀悼纪念活动，使礼节礼仪成为培育社会主流价值的重要方式。加强对公民文明旅游的宣传教育、规范约束和社会监督，增强公民旅游的文明意识。

（十七）发挥优秀传统文化怡情养志、涵育文明的重要作用。中华优秀传统文化积淀着中华民族最深沉的精神追求，包含着中华民族最根本的精神基因，代表着中华民族独特的精神标识，是中华民族生生不息、发展壮大的丰厚滋养。建设优秀传统文化传承体系，加大文物保护和非物质文化遗产保护力度，加强对优秀传统文化思想价值的挖掘，梳理和萃取中华文化中的思想精华，做出通俗易懂的当代表达，赋予新的时代内涵，使之与中国特色社会主义相适应，让优秀传统文化在新的时代条件下不断发扬光大。重视民族传统节日的思想熏陶和文化教育功能，丰富民族传统节日的文化内

涵，开展优秀传统文化教育普及活动，培育特色鲜明、气氛浓郁的节日文化。增加国民教育中优秀传统文化课程内容，分阶段有序推进学校优秀传统文化教育。开展移风易俗，创新民俗文化样式，形成与历史文化传统相承接、与时代发展相一致的新民俗。

（十八）发挥重要节庆日传播社会主流价值的独特优势。开展革命传统教育，加强对革命传统文化时代价值的阐发，发扬党领导人民在革命、建设、改革中形成的优良传统，弘扬民族精神和时代精神。挖掘各种重要节庆日、纪念日蕴藏的丰富教育资源，利用五四、七一、八一、十一等政治性节日，三八、五一、六一等国际性节日，党史国史上重大事件、重要人物纪念日等，举办庄严庄重、内涵丰富的群众性庆祝和纪念活动。利用党和国家成功举办大事、妥善应对难事的时机，因势利导地开展各类教育活动。加强爱国主义教育基地建设，形成实体展馆与网上展馆相结合、涵盖各个历史时期的爱国主义教育基地体系。推进公共博物馆、纪念馆、爱国主义教育基地和文化馆、图书馆、美术馆、科技馆等免费开放，积极发展红色旅游。

（十九）运用公益广告传播社会主流价值、引领文明风尚。围绕社会主义核心价值观，加强公益广告的选题规划和内容创意，形成公益广告传播先进文化、传扬新风正气的强大声势。加大公益广告刊播力度，广播电视、报纸期刊要拿出黄金时段、重要版面和显著位置，持续刊播公益广告。互联网和手机媒体要发挥传输快捷、覆盖广泛的优势，运用多种方式扩大公益广告的影响力。社会公共场所、公共交通工具要在适当位置悬挂张贴公益广告。各类公益广告要注重导向鲜明、富有内涵、引人向上，注重形式多样、品位高雅、创意新颖，体现时代感厚重感，增强传播力感染力。

六、加强对培育和践行社会主义核心价值观的组织领导

（二十）各级党委和政府要充分认识培育和践行社会主义核心价值观的重要性，把这项任务摆上重要位置，把握方向，制定政策，营造环境，切实负起政治责任和领导责任。把社会主义核心价值观要求体现到经济建设、政治建设、文化建设、社会建设、生态文明建设和党的建设各领域，推动培育和践行社会主义核心价值观同实际工作融为一体、相互促进。建立健全培育和践行社会主义核心价值观的领导体制和工作机制，加强统筹协调，加强组织实施，加强督促落实，提高工作科学化水平。党的基层组织要在推动社会主义核心价值观培育和践行方面，发挥政治核心作用和战斗堡垒作用，筑牢社会和谐的精神纽带，打牢党执政的思想基础。

（二十一）党员、干部要做培育和践行社会主义核心价值观的模范。党员、干部特别是领导干部要在培育和践行社会主义核心价值观方面带好头，以身作则、率先垂范，讲党性、重品行、作表率，为民、务实、清廉，以人格力量感召群众、引领风尚。加强理想

信念教育，引导党员、干部着力增强走中国特色社会主义道路、为党和人民事业不懈奋斗的自觉性和坚定性，做共产主义远大理想和中国特色社会主义共同理想的坚定信仰者。加强党性教育，引导党员、干部贯彻党的群众路线，弘扬党的优良传统和作风，以优良党风促政风带民风。加强道德建设，引导党员、干部始终保持高洁生活情趣，坚守共产党人精神追求。

（二十二）培育和践行社会主义核心价值观是全社会的共同责任。坚持全党动手、全社会参与，把培育和践行社会主义核心价值观同各领域的行政管理、行业管理和社会管理结合起来，形成齐抓共管的工作格局。党政各部门，工会、共青团、妇联等人民团体，要在党委统一领导下，加强沟通、密切配合，形成共同推进社会主义核心价值观培育和践行的良好局面。各地区各部门各单位要制定实施方案，落实工作责任制，明确任务分工，完善工作措施。重视发挥民主党派和工商联的重要作用，支持民主党派和工商联开展培育和践行社会主义核心价值观的各项工作。加强同知识界的联系，引导知识分子用正确观点阐释和传播社会主义核心价值观。党委宣传部门要切实担负起组织指导、协调推进的重要职责，积极会同有关部门采取有力措施，推动各项任务落到实处。

（二十三）把培育和践行社会主义核心价值观的任务落实到基层。城乡基层是培育和践行社会主流价值的重要依托，农村、企业、社区、机关、学校等基层单位要重视社会主义核心价值观的培育和践行，使之融入基层党组织建设、基层政权建设中，融入城乡居民自治中，融入人们生产生活和工作学习中，努力实现全覆盖，推动社会主义核心价值观不断转化为社会群体意识和人们自觉行动。充分发挥工人、农民、知识分子的主力军作用，发挥党员、干部的模范带头作用，发挥青少年的生力军作用，发挥社会公众人物的示范作用，发挥非公有制经济组织和新社会组织从业人员的积极作用，形成人人践行社会主义核心价值观的生动景象。

《人民日报》(2013 年 12 月 24 日 01 版)

广东省公路行业精神文明建设规划(2011—2015年)

精神文明建设是现代公路行业发展的重要内容和重要保证,在推动公路快速发展、高效发展、安全发展、绿色发展中具有不可替代的重要作用。“十二五”时期,是深化改革开放,加快转变经济发展方式,构建安全、畅通、和谐、高效的公路交通网络,推进现代公路发展的关键阶段和重要机遇期。面对公路发展的新形势新任务新要求,必须深入学习中国特色社会主义理论体系,贯彻落实科学发展观,围绕“加快转型升级、建设幸福广东”的核心任务和“加快转变公路发展方式”的要求,深化精神文明建设,构建公路行业核心价值体系,打造“以人为本、积极进取、知足常乐”的幸福文化,逐步建立鲜明时代特征、地域特色和行业特点的精神文明建设体系,不断增强行业的凝聚力和影响力,提升公路行业的软实力,为加快转变发展方式、推进现代公路行业发展提供强大的精神动力和思想保障。

一、指导思想

“十二五”时期,推进公路行业精神文明建设科学化新发展,要坚持以邓小平理论和“三个代表”重要思想为指导,深入贯彻落实科学发展观,以坚定建设中国特色社会主义的共同理想为基础,以践行行业核心价值体系为主线,以“学先进、树新风、建体系、创一流”活动为载体,坚持围绕中心,服务大局,进一步深化群众性文明创建活动,不断增强职工文明素质和行业文明程度,为加快发展现代公路行业提供可靠的精神动力和思想保证。

二、基本原则

坚持理论武装。以科学发展观为统领,用中国特色社会主义理论武装干部职工,用公路行业创新发展理念引领干部职工,打造发展现代公路行业的共同思想基础。

坚持服务大局。紧紧围绕现代公路行业发展的中心,服务公路改革发展稳定大局,服务转变发展方式、建设资源节约环境友好的低碳绿色公路行业,推动提高“三个服务”的能力和水平。

坚持以人为本。尊重人的全面发展,把教育人、鼓舞人与关心人、理解人结合起来;尊重人民群众的切身利益,以人民群众关注的行业突出问题为精神文明建设的着眼点,以人民群众的满意度为文明创建活动的根本标准。

坚持文化建设。不断丰富和深化公路行业文化建设的内涵,推进公路行业文化建设实践活动，践行公路行业核心价值体系，全面提升公路行业文化软实力。

坚持继承创新。传承公路行业精神文明建设的优良传统和经验成果，构建符合行业特点的体制机制，创新体现时代精神、具有科技含量的载体平台和方法途径，提升行业精神文明建设的科学化水平。

坚持齐抓共管。党委统一领导，主要领导重视，分管领导负责，班子成员支持，主管部门协调，业务部门配合，上下合力，内外联动，形成党政工团齐抓共管的精神文明建设工作机制。

三、主要目标

"十二五"时期，公路行业精神文明建设的总体目标是：

职工队伍素质明显增强。以思想道德修养、民主法治观念、科技业务技能为主要内容的职工素质建设取得明显成效，广大干部职工的思想政治修养和技术业务素质显著提高。

行业文明程度显著提高。深化行业文明创建活动，运用现代服务业理念和现代科技手段，拓展创建工作内涵，解决突出问题，完善服务设施条件，提高服务质量和水平。

行业文化建设取得新突破。建立完善体现行业发展特色的公路行业文化建设体系，行业核心价值观得到广大干部职工的高度认同，行业行为规范健全完善，行业服务标志标识基本统一，在全社会树立良好的公路行业形象。

政风行风建设得到社会认可。在全行业树立起依法行政、诚实守信、公开透明、清正廉洁的政风行风，完善职业道德诚信体系和反腐倡廉惩防体系，建立良好的公路市场秩序和发展环境。

舆论引导能力显著增强。新闻宣传工作力度持续加强，新闻宣传体系不断健全完善，建立起指挥协调、运转高效、保障有力的新闻宣传体制机制，有效整合行业内外媒体资源，妥善应对突发事件，为行业改革发展营造良好的舆论环境。

科学化管理水平明显提升。政工干部综合素质明显提高，精神文明建设领导体制、工作机制、规范标准体系和考核评价体系不断健全完善，充分发挥行业内外资源作用的协调机制基本形成，精神文明建设充满生机和活力。

四、主要任务和基本要求

"十二五"时期，我省公路行业精神文明建设要以践行公路行业核心价值体系为主线，围绕学习型公路行业建设、行业文化建设、行业文明创建活动、行业风气建设、新闻宣传工作等重点方面内容，全面推进，持续开展，切实发挥行业精神文明建设对公路改革发展的保障和支撑作用,使行业精神文明建设与物质文明建设协调发展。

(一)推进学习型公路行业建设

开展学习型行业建设是落实中央提出的建设学习型党组织、践行社会主义核心价值体系的重要举措。推进学习型公路行业建设,要深入贯彻落实科学发展观,紧紧围绕公路工作大局,按照科学理论武装、具有世界眼光、善于把握规律、富有创新精神的要求,以提高全行业干部职工思想道德素质和技术业务能力为基本目标,组织干部职工深入学习政治理论、方针政策、法律法规、科技知识和业务技能,全面提升职工队伍的综合素质,不断在武装头脑、指导实践、推动工作上取得新成效。

1.加强中国特色社会主义理论体系教育

围绕贯彻落实党的十七大以来的路线方针政策,教育干部职工准确理解和掌握中国特色社会主义理论的重大意义、科学内涵、精神实质和根本要求,把思想统一到省委省政府和省交通运输厅对"十二五"时期公路发展的决策部署上来。深入学习实践科学发展观,巩固和扩大学习实践科学发展观活动的成果,不断增强贯彻落实科学发展观的自觉性和坚定性。以宣传科学发展为主题,围绕"加快转型升级、建设幸福广东"的核心任务,根据公路科学发展的新形势新要求,着力转变不适应不符合科学发展的思想观念,着力解决影响和制约科学发展的突出问题。要继续解放思想、实事求是,创新发展理念,理清发展思路,转变发展方式,破解发展难题。要紧密结合公路行业发展实际,引导干部职工不断提高"三个服务"的能力和水平,实现"三个转变",落实"一条主线、五个努力",增强公路快速发展、高效发展、安全发展、绿色发展的战略意识,促进形成有利于公路科学发展的舆论导向、政策导向、用人导向和体制机制,推动安全、畅通、和谐、高效的公路交通网络的加快构建。

2.努力践行公路交通行业核心价值体系

积极推进行业核心价值体系建设,大力宣传贯彻《交通运输行业核心价值体系建设实施纲要》,把社会主义核心价值体系总体要求贯穿于干部职工教育管理全过程。广泛开展群众性宣传教育活动,引导公路行业干部职工学习并掌握马克思主义指导思想、中国特色社会主义共同理想。通过生动的岗位实践活动,推动干部职工大力弘扬以爱国主义为核心的民族精神和以改革创新为核心的时代精神,以"八荣八耻"为主要内容的社会主义荣誉观,不断深化社会公德、职业道德、家庭美德和个人品德教育,把公路行业干部职工的智慧和力量凝聚到发展现代公路行业上来。

引导广大干部职工学习弘扬先进英模人物事迹精神,将社会主义核心价值观教育与行业文明创建活动紧密结合,使行业核心价值体系转化为广大干部职工的生动实践,进一步激发公路行业广大干部职工发扬艰苦奋斗、勇于创新、不畏风险、默默奉献的精神，为现代公路行业发展做贡献；实现以崇高使命引领行业，以共同愿景凝聚力量，以崇高精神鼓舞斗志，以优秀道德培育风尚的目标。

在践行行业核心价值体系活动中，党员干部特别是党员领导干部要发挥先锋模范作用，树立正确的世界观、人生观、价值观和政绩观，带头讲党性、重品行、作表率，加强党性修养，树立良好风气，建设为民、务实、清廉的领导机关、领导班子和负责任的公路行业。

3. 学习掌握公路现代化发展所必需的知识

认真贯彻省委省政府、省交通运输厅对公路工作的决策部署，准确把握我省“十二五”公路发展的战略思路，按照我省公路行业发展要求，积极推动全行业干部职工树立终身学习理念，认真学习现代化建设所需要的经济、政治、文化、科技、法律等知识。组织干部职工深入了解反映当代世界发展趋势的现代市场经济、现代国际关系、现代社会管理、现代信息技术和现代服务业等知识信息，深刻总结公路发展实践中的成功经验，学习掌握现代公路行业发展所必需的岗位知识和岗位技能。针对行业发展的重点难点问题，充分利用各类学习平台和信息资源，引导干部职工完善知识结构，拓宽知识视野，增长业务技能，提高战略思维和把握大局的能力，提高解决突出矛盾、破解发展难题的能力，提高履行职责做好本职工作的能力，努力成为本领域、本专业、本岗位的行家里手。

4. 创新建设学习型行业的载体方法和途径

重视学习型行业各类主体的建设，包括建设学习型党组织、学习型领导班子、学习型团组织、学习型团队、学习型集体和培养学习型职工，明确主体定位、学习内容和工作方向，从基础和基本抓起，夯实建设学习型行业的基础。

积极探索建设学习型行业的新载体、新方法和新途径，拓展建设学习型行业的活动阵地，采取多种生动有效的活动形式将学习引向深入。

充分发挥党委（党组）中心组作用，规范制度，严格管理，增强学习效果；抓好基层党支部（总支）和基层班组的学习，把各项学习制度和学习内容要求落实到最基层。

加强和改进以“广东省公路管理局学习论坛”为主的各类学习讲座、理论培训、专题调研等学习交流形式，提高培训教育质量；鼓励和支持职工业余自学和参加各种形式的成人教育培训；充分运用报刊书籍、网络媒体、知识竞赛、技能比武、参观考察等方法推动学习。

以党和国家重大事件、重大活动、重要纪念日和行业重要活动等为契机组织好主题学习活动。

加强组织领导，建立完善建设学习型行业的长效机制，提供建设学习型行业的人、财、物保障，认真探索总结经验，立足实际，持之以恒，务求实效。

（二）加强公路行业文化建设

以提升公路行业发展软实力为目标，大力加强行业文化建设。在建立和完善适应现代公路业发展要求、符合先进文化发展规律、具有鲜明时代特征、体现行业发展特色的公路行业核心价值体系的过程中，要把推进行业文化建设与促进转变公路发展方式、加快公路基础设施建设、深化行业体制改革、引导调整产业结构紧密结合起来，与加强行业各个领域的管理工作和服务工作相融共进，用先进文化凝心聚力，用高尚精神统一思想，用科学管理规范行为，用优秀品牌提升形象，使公路行业发展的综合实力和竞争力得到全面提升。

1. 以行业核心价值体系为引导，着力巩固行业团结奋斗的思想基础

以学习践行公路行业核心价值体系为重点，深入开展公路行业核心价值体系学习教育活动，着力提高干部职工对公路行业核心价值体系的认知度和认同感，使“人便于行，货畅其流，服务群众，奉献社会”的行业核心价值观，“建设一个畅通、高效、安全、绿色的现代化公路交通运输系统，实现人便于行，货畅其流，让人们享受高品质的运输服务，让经济社会发展更加充满活力，让公路交通与自然、社会更加和谐”的共同愿景，“艰苦奋斗、勇于创新、不畏风险、默默奉献”的公路精神，以及“爱岗敬业、诚实守信、服务群众、奉献社会”的职业道德等公路行业核心价值理念成为引导干部职工奋发向上的精神力量和团结奋斗的文化纽带。

2. 以推进文化建设与行业管理相融共进为手段，着力创新文化管理实践活动

不断适应现代服务业管理理念与管理方法对行业管理提出的新要求，以转变发展方式、提高行业管理效能和服务水平为目标，将公路行业文化理念融入行业管理体系，开展全行业各个领域、各个方面的文化管理创新实践，用文化力指导和规范行业管理行为，提高职工思想道德和文化素养，提升行业管理品位和服务水平，激发行业创新活力。

把行业文化建设与各专业、各系统科学管理有机结合起来，以开展安全管理、质量管理、精细管理、廉政管理、诚信管理等方面的内容为重点，拓展文化管理的覆盖领域，丰富行业文化管理体系，进一步加强行业精神文化、制度文化行为文化和物质文化建设，发挥行业文化的感染力、约束力，深化行业科学管理。

3. 以加强文化建设示范点培树为重点，着力打造影响力较强的行业文化品牌

精心打造一批内涵丰富、特点突出、体系完备、质量过硬、享誉行业内外、辐射带动力强的公路文化品牌，不断扩大公路行业的社会美誉度和影响力。

开展公路行业文化进机关、进基层、进班组、进职工头脑活动。在全省公路系统开展形式多样的文明实践活动,加强对公路文化品牌的宣传和推广,充分发挥其典型示范和辐射带动作用。认真贯彻落实文化建设“十百千”工程,打造具有广东特色的公路文化品牌,创建公路文化建设示范单位,培养公路行业先进典型。

4. 以加强物质文化建设为基础,着力改善行业文化阵地的环境条件

抓住现代公路大发展、大建设的机遇,在基础设施硬件建设和软环境建设中融入公路文化元素,将公路行业核心价值理念物化于公路设施及环境建设中,形成文化人文景观,增强行业文化的视觉冲击力和影响力,推进公路文化的创新实践,使硬实力与软实力相互渗透、相互促进。

建设和完善公路行业以及各系统部门的视觉形象识别系统,逐步统一规范行业服务窗口、工作场所等外观标识,将公路文化价值理念和公路行业形象通过整体的视觉形象设计,鲜明地传达给全体职工和社会公众,提升行业社会形象。

加强图书阅览室、荣誉陈列室、文化活动室、健身运动室、职工俱乐部等文化体育场所建设,逐步改善基层职工文化体育活动的硬件设施条件。

5. 以开展丰富多彩的群众文化活动为载体,着力营造奋发向上的浓厚氛围

围绕公路行业“转变发展方式、调整产业结构”的中心工作,服务于发展现代公路业的新形势新任务新要求,组织开展多种形式的、充分体现和展示行业核心价值体系的主题文化活动、特色文化活动和群众文化活动,运用文化沙龙、兴趣协会、博客微博等群众喜闻乐见的形式载体,活跃和丰富公路职工的精神文化生活,激励公路职工在本职岗位上建功立业,自觉地为构建安全、畅通、和谐、高效的公路交通网络做贡献。

着眼于满足职工的精神文化需求,进一步调动各方面的积极性,精心创作思想精深、艺术精湛、制作精美的文学作品、文艺节目、书画摄影作品等,充分反映和宣传公路发展成就,生动具体地彰显行业核心价值理念,展现公路人奋发向上的精神风貌。

以庆祝建国65周年等重大活动为契机,围绕创先争优,组织开展主题(巡回)演讲、征文比赛、文化讲堂、书画摄影作品展、职工文艺汇演、体育竞赛等丰富多彩的群众性文化活动,让干部职工在文化体育的愉悦体验中倍受鼓舞激励。

(三)深化公路行业文明创建活动

创新和深化行业文明创建活动,围绕学习具有时代精神和行业特点的先进典型,树立良好的政风和行风,建设公路行业核心价值体系,创建一流的队伍、一流的业绩、一流的行业,在全省公路行业开展文明创建活动,努力提升职工队伍素质和行业文明程度。

1. 以行业核心价值体系统领文明创建活动

根据行业核心价值体系的根本要求,认真研究部署新时期文明创建工作,赋予创

建活动新的内涵，探索创建活动新的途径，追求创建活动新的境界。在活动决策上，要充分体现行业核心价值体系的要求，确保正确的创建方向；在活动主题上，要彰显时代精神和公路特色；在活动载体上，要勇于创新，广泛吸引群众参与；在活动内容上，要贴近公路实际；在活动效果上，要达到促进工作、推动发展、让群众满意。坚持以行业核心价值体系为主线，用行业核心价值体系统领创建活动、深化创建活动，不断增强行业凝聚力、战斗力，提升行业竞争力、影响力。

2. 以现代服务业要求拓展创建工作重点

按照转变发展方式，加快发展现代公路业的要求，以现代化的新技术、新业态、新标准和新服务方式，为人民群众提供高附加值、高层次内涵、高精神体验、高信息化智能化的公路服务。

在公路管理部门、公路服务窗口单位等服务范围广、与社会联系紧密、百姓关注度高的重点部门，更要高度重视创建工作，把现代服务业的根本要求融入创建活动的关键环节，精心组织，深度推进，当好示范。

公路管理部门，要深入开展“创先争优”和建设学习型党组织和学习型行业等活动，组织动员各级组织、广大党员干部在推动科学发展、促进和谐建设、服务人民群众的实践中建功立业。公路基础设施建设领域，在开展好文明施工、安全生产、文明样板路和优质廉政示范工程等活动基础上，要开展技能比武立新功、创建品牌树丰碑等活动，使安全优质品牌工程不断涌现。公路服务领域，在开展文明示范窗口、活动基础上，大力培树先进典型，创新服务品牌，发挥示范导向作用，向社会展示公路文明的亮丽风景。公路路政执法领域，在开展好依法治路、文明规范执法等创建活动的基础上，要开展“阳光公正执法”、“文明执法示范岗”等活动，落实依法治路和规范执法的各项制度要求，推动路政执法部门严格自律，树立公开公平公正和文明规范执法的行业形象。

充分运用现代科技手段和信息网络技术，强化智能公路的新理念和新实践，积极推进电子政务工作，创新公共服务联网互通平台，加大政府信息公开力度。积极开展标准化服务、精细化服务、个性化服务、品牌化服务和自助式服务活动。完善公示制、承诺制、首问责任制等制度。改善服务环境，加强服务硬件建设，强化精神文明体验，提升服务品质和文化附加值。

3. 着力解决人民群众普遍关心的突出问题

以“服务人民，奉献社会”为根本宗旨，坚持以人为本，把人民群众的满意度作为检验公路行业文明创建活动成效的根本依据和评判标准，使群众成为文明创建活动最有力的参与者、最实际的受益者。

把文明创建与解决实际问题结合起来,在注重创建效果上体现为服务群众的质量和水平。认真对待群众投诉和来信来访,做好调查处理、说服教育、化解矛盾的工作。针对群众普遍关心的廉政建设、工程质量、公路收费、窗口服务等方面存在的突出问题,要实事求是,敢于面对,建立和完善体制机制,采取切实措施,下大力气解决好,让人民群众看到实实在在的变化和成效,使公路行业文明建设成果惠及广大人民群众。

4. 进一步完善文明创建活动的工作机制

进一步健全完善创建活动的领导体制、工作机制和物质保障机制等体制机制,及时总结创建活动的新鲜经验,以更加开放的视野,不断完善文明创建的长效机制建设,使创建工作水平和公路行业发展水平协调同步。

加强创建活动组织领导,充分发挥各部门各单位参与创建的主动性和创造性,统筹安排创建活动,集聚创建合力,提升创建的整体水平。消除文明创建活动的盲点,使创建工作由点向线、向面延伸,从窗口单位向行业系统延伸,从重点部门向偏远基层单位和流动服务站点延伸,最广泛地发动和吸引职工群众参与,形成全行业齐创共建的生动局面。在全省公路系统继续开展文明单位、文明示范窗口等各类创建活动的基础上,配合省文明委、省总工会、团省委等部门组织的文明单位和文明示范窗口、全省文明单位、道德模范、工人先锋号、青年文明号等创建活动。

创建活动要与行业管理工作紧密结合,突出科学性规范性要求,增强针对性和实效性。要把创建活动纳入到各部门各单位日常工作中去,和其他工作一起研究、一起部署、一起落实、一起考核。要系统总结创建活动与管理工作紧密结合的经验,科学制定创建规划,健全完善目标责任机制、检查考评机制、表彰激励机制、责任追究机制和物质保障机制,克服创建活动的随意性和粗放性。

(四)加强公路行业风气建设

坚持管行业必须管行风,大力营造公开、公平、公正、文明、便捷、高效、安全、智能、环保的公路市场环境,促进公路业快速发展、高效发展、绿色发展。

1. 加强法治公路建设,全面推进依法管理

坚持依法治路,进一步规范自由裁量权,扩大和完善网上行政许可,完善公示制、承诺制,实行责任追究制,积极推进文明规范执法,改进路政执法方式。加强文明执法示范窗口单位和公路路政服务窗口建设,不断改善窗口单位的服务条件,努力实现管理和服务的科学化、制度化、规范化。

加强路政执法队伍建设,健全完善执法岗位行为规范、考核奖惩机制、监督制约机制和违纪清退机制,提高公路执法人员准入门槛,加强路政执法人员的培训,落实执法岗位职责,做到服务高标准、办事讲诚信、执法重公正。严肃查处乱执法、乱罚款、乱作

为等违法违纪行为,坚决杜绝多头执法、粗暴执法、随意执法、以权谋私等问题。积极推进"六五"普法工作,着力增强全行业干部职工,特别是各级领导干部和各类路政执法人员的法制意识。

2. 加强诚信公路建设,全面提升行业公信力

大力推进服务型部门的职业道德建设和诚信建设,认真履行社会管理和公共服务职能,进一步强化公路职工的诚信意识,提升职工队伍职业道德水准,规范行业服务行为,不断提高公路行业的社会满意度。

坚持开展荣辱观教育,大力倡导爱国、敬业、诚信、友善等社会主义道德规范,加强职工队伍的社会公德、职业道德、家庭美德、个人品德建设,继续深化精神文明主题教育实践活动。

努力提高公路行业诚信服务的监管水平。利用信息化手段,加强诚信监督,建立公路行业诚信信息库,强化公路诚信制度、失信惩戒机制建设。建立公路企业诚信档案、信用信息系统以及诚信信息平台,以促进公路企业和从业人员遵守职业道德和社会公德,营造公平、公正、有序的公路市场。重点解决建设领域中的商业欺诈、转借资质、随意违约、弄虚作假等严重失信和违规违纪违法问题,打造诚信、和谐的公路建设市场。

3. 促进阳光公路建设,全面推行政务公开

加强公路部门公共服务能力建设。以"为民、务实、清廉"为目标,以"公开、公平、公正"为标准,大力实施"阳光行政"和"廉政工程",完善信息公开机制,全面推行政务公开,扩大公众、社会和新闻舆论的知情权和监督权,进一步扩大和畅通群众咨询、投诉渠道,提高行政效能,使公路部门公共服务更公正、更透明、更高效。

注重解决社会反映强烈的突出问题。建立治理公路"三乱"的长效机制、行风举报投诉快速反应机制。加强对行业不正之风的明察暗访和监督治理,为现代公路事业的发展提供风清气正的内外部环境。

切实加强反腐倡廉工作。建立完善教育、制度、监督并重的行业廉政惩防体系,全面提高公路行业制度防腐能力。坚持自律与他律并重,强化党员干部队伍的教育和管理,建立健全权力公开透明运行的制约监督机制,充分发挥内部监督与社会监督的作用。继续开展工程建设领域突出问题专项治理工作,规范公路重点工程建设项目的招投标,强化公路基础设施建设全过程联合监督,开展优质廉政工程创建活动,确保工程优质、干部优秀、资金安全。积极开展社会群众民主评议行风活动,不断提高行业风气在群众民主评议和专业部门测评中的综合满意率。

(五)加强公路新闻宣传工作

高度重视新闻宣传工作,牢牢把握正确的舆论导向,不断提高舆论引导能力,善

用、善待媒体，为公路改革发展稳定营造良好的舆论环境。

1. 坚持正面宣传导向

坚持团结稳定鼓劲、正面宣传为主，充分发挥新闻媒体作用，大力宣传公路发展的最新成就和先进典型事迹，大力宣传公路改革开放成果，大力宣传资源节约环境友好的低碳绿色公路成效，大力宣传高速公路、国省道建设在国民经济和社会发展中的地位作用，大力宣传农村公路建设和农村公路发展在推进城乡一体化、社会服务均等化方面的作用，大力宣传公路公共服务保障等重大战略举措，全方位宣传展示公路人昂扬向上的精神面貌，以弘扬行业正气，传播行业文化，引导舆论热点，疏导公众情绪，塑造公路形象，营造社会理解、支持公路发展的良好氛围。

2. 妥善应对突发事件

高度重视新闻宣传在突发事件处置中的地位和作用。根据交通运输部《交通运输突发事件新闻宣传应急预案》的要求，结合我省实际，完善我省公路系统突发事件新闻宣传的应急措施。创新应急宣传运作模式，加快形成统一指挥、反应灵敏、信息畅通、发布准确、运转高效的公路应急宣传体制机制。加强新闻媒体现场采访管理，坚持及时准确、公开透明、有序开放、有效管理、正确引导，做好对公路突发事件过程和处置情况的新闻报道，使公众了解事实真相，消除负面影响，化解相关矛盾，全面提升应对媒体、引导舆论的能力水平，维护行业和社会稳定大局。

3. 发挥新闻媒体作用

加强与新闻媒体的联系沟通，建立起互相信任、良性互动、稳定合作的关系。主动引导媒体，积极向媒体提供公路新闻信息和相关素材，强化关系公路发展的重要节点的宣传，抓好公路重大事件、重大项目、重大典型、重大成就的宣传。

五、保障措施

（一）加强对精神文明建设工作的领导

公路行业的各级领导必须高度重视精神文明建设工作，坚持与物质文明建设同规划、同部署、同落实，着力构建齐抓共管、良性互动的管理机制。充分发挥精神文明建设指导委员会和办事机构的作用，及时研究工作部署和制定相应措施，切实加强对宣传思想工作和文明创建活动的指导管理，确保精神文明建设各项工作目标任务落到实处。

（二）提升科学化管理水平

建立健全行业精神文明建设的制度体系，完善行业文明建设各类行为规范。完善考核标准和制定表彰奖励办法，建立行业评价与社会评价相结合、集中考评和日常考评相结合的综合考核评价体系，建立健全文明创建活动信息数据库，逐步实行表彰奖励网上申报、网上公示监督、网上统计管理。建立文明创建活动现场巡查制度，加强明察暗访。

充分发挥全省公路职工思想政治研究会的作用，针对精神文明建设的重点、难点和热点问题进行理论研究，探索新规律，研究新思路，科学总结行业文明创建的实践经验。

（三）抓好人才队伍建设

按照政治强、业务精、纪律严、作风正的要求，加强政工队伍建设，培养一批有能力、有激情、想干事、愿奉献的政工干部。分期分批组织政工干部参加公路行业政工专题研讨班，交流工作经验，提升理论素养。定期评选表彰公路行业优秀政工干部，激励政工干部为现代公路事业发展做贡献的积极性和创造性。

（四）加大精神文明建设物质保障

精神文明建设需要必要的资金物质保障。各级公路部门要把精神文明建设摆在重要位置，建立行业精神文明建设资金投入机制，对重点项目和重大活动要落实专项资金支持。重视对基层精神文明建设阵地的资金投入，不断改善基层职工文化生活环境。探索建立多渠道、多层次的资金投入保障体系，发挥全行业各层次推进精神文明建设发展的积极作用。

2012年广东省公路系统进一步加强和改进行业作风建设的意见

为深入贯彻落实全国及全省交通运输系统纠风工作会议精神及有关部署和要求，结合我省公路行业实际，制定2012年加强和改进行业作风建设的工作意见。

一、基本思路

高举中国特色社会主义伟大旗帜，以邓小平理论和"三个代表"重要思想为指导，以科学发展观为统领，全面贯彻落实党的十七届六中全会、十七届中央纪委七次全会、国务院和省政府第五次廉政工作会议、省第十一次党代会以及全国、全省交通运输系统廉政工作会议及纠风工作会议精神，坚持围绕中心、服务大局、纠建并举、标本兼治、统筹推进，继续着力解决公路行业中损害人民群众利益的突出问题，努力培育和树立以人为本、执纪为民、依法治路、服务至上的良好行风，为加快转型升级、建设幸福广东做出新的贡献。

二、主要任务

（一）进一步巩固和深化治理公路"三乱"成果

继续深化治理公路"三乱"工作，巩固治理成果。拓宽监督渠道，完善举报制度，充分发挥查处公路"三乱"快速反应机制作用，保持治理工作的高压态势。坚持领导干部带队上路明察暗访，严肃查处乱收费、乱罚款、以罚代纠等违规违纪行为和利用行政执法权以权谋私行为。继续加强收费公路专项清理，坚决按照国家发改委等5部委《关于开展收费公路专项清理工作的通知》要求和省政府的最终清理方案，积极开展收费公路专项清理工作，妥善做好公路收费站的撤并和收费管理人员的安置工作。继续推进治超检测站点规范化建设，不断完善全省治超监控网络。巩固车辆治超成果，强化源头监管，建立健全责任倒查制度，健全和完善治超长效工作机制。

（二）进一步落实和完善"绿色通道"政策

认真贯彻落实交通运输部、国家发展改革委、财政部《关于进一步完善鲜活农产品运输绿色通道政策的紧急通知》（交公路发〔2010〕715号）精神，继续落实对整车合法运输鲜活农产品的车辆免收车辆通行费的政策。利用科技等多种有效手段，进一步规范和加强鲜活农产品运输车辆检测管理，全面提高检测和通行效率。加强对收费人员的培训，进一步提高一线收费员对"绿色通道"政策的认知和执行能力。进一步完善“绿色通道”专用指路标志和政策公示牌，向社会公布“绿色通道”的有关政策规定和监督电话。对贯彻落实过程中出现的新情况、新问题，加强调查研究，采取有力措施，确保“绿色通道”高效畅通和免费政策执行到位。

（三）进一步严格规范路政执法行为

加强对路政执法人员的教育、培训和管理，加强执法证件管理，提高执法人员综合素质和执法水平，促进文明执法、依法行政。规范涉路涉车执法行为，严格纠正和查处乱收滥罚、以罚代管、下达或变相下达罚款指标等群众反映强烈的问题。建立健全内外部监督机制，严格落实行政执法责任制、行政执法监督检查制度和行政执法过错追究制度。深入开展治理野蛮执法专项行动，加大对执法情况的组织考核。加强巡查，着力整治公路环境，检查制止公路两侧乱挖乱埋、乱搭乱建现象，加强公路安全管理，规范干线公路标志标线的设置，提高公路服务水平。

（四）进一步加强公路建设市场监管

加大对公路建设市场监管力度，加强对工程建设项目招投标、合同履约、设计变更、材料采购、工程款拨付等重点环节的监督检查。按照全省“三打两建”的工作部署，进一步推进公路工程建设领域商业贿赂专项治理。加强对建设资金管理和使用情况的监督，积极推行重点建设项目跟踪审计制度。加强对基本建设和大宗物资采购活动的监督，强化资金监管，坚决纠正和查处截留、挤占、挪用、骗取建设资金的问题。积极借鉴并推广韶赣高速公路项目在实现农民工工资“零拖欠”记录中所取得的经验，加强对公路建设领域农民工工资支付情况的监督检查，保证农民工工资按时足额发放，防止发生新的拖欠农民工工资行为。严格执行征地拆迁补偿的法律规定，加强对征拆行为的监管，做到依法征收、公平补偿。加强对信息公开、搬迁安置等政策规定落实情况的监督检查。积极推进工程建设领域项目信息和信用信息“双信息”公开工作，按照《广东省公路管理局工程建设领域项目信息公开和诚信体系建设工作实施意见》，认真做好相关项目信息的收集、整理和录入工作，并及时发布相关信息，方便群众查询，自觉接受社会公众监督。

（五）进一步规范行政审批行为

认真贯彻落实《行政许可法》《行政处罚法》等法律法规，保证行政权力依法、公正、透明运行。积极配合省监察厅做好行政审批电子监察系统建设。加强对行政许可的监督检查，进一步强化路政许可工作，将法律、法规、规章规定的有关事项、依据、条件、数量、程序、期限，以及需要提交的全部材料的目录和示范文本在公众网发布，便于群众查询。行政审批流程在网上公示，增加透明度，坚持做到审批服务真正为民、便民。继续推进“广东省路政信息网”建设，推动路政许可网上审批的普遍应用，提高工作效率，为服务对象提供更便捷的办事途径。按照交通运输部“四个统一”的预期目标，积极推进统一全省路政执法场所外观、执法服装、证件、执法标志的准备工作，提升行业凝聚力和服务水平。

（六）进一步推进行业作风转变

一是认真落实中央和省委关于加强和创新社会管理的要求，加强行政机关和领导干部作风建设，加大作风整顿力度，坚决克服官僚主义、形式主义、弄虚作假、心浮气躁等不良风气，认真治理庸懒散等问题，严肃处理不作为、乱作为、慢作为等行为。二是继续执行省委省政府有关厉行节约、反对铺张浪费的规定，严格控制“三公”经费的支出和使用，积极推进“三公”经费公开工作。三是巩固深化清理和规范庆典、研讨会、论坛活动工作成果，严禁举办已经取消的活动。经批准举办的活动要严格控制规模，坚决制止和纠正挥霍财政资金、增加基层负担、形式重于内容的活动。活动举办和资金使用情况列入公开范围，自觉接受审计监督和社会监督。四是严格执行国家和省关于事业单位公开招聘的政策规定，进一步提高招聘工作透明度，加强全程监督，严明工作纪律，实施责任追究，确保招聘工作的公开、公平和公正。对违反招聘规程、弄虚作假、徇私舞弊、失职渎职等行为，要严肃查处。五是积极推进广东省公路系统“十二五”精神文明建设规划的落实，加强培育广东特色公路文化，继续做好文明样板路创建工作。六是积极开展政风行风民主评议工作，并将评议结果与年度考核等结合起来，切实发挥评议的积极作用，防止流于形式、走过场。

三、工作要求

按照全省交通运输系统纠风工作会议提出的“明确重点、综合治理、打造品牌、带好队伍”的基本要求，要实现我省公路系统行风建设的预定目标，各级公路部门必须始终坚持“管行业必须管行风”和“谁主管谁负责”的原则，认真做到：

一是要加强组织领导，狠抓工作落实。各级公路部门要把纠风工作纳入总体工作部署，融入公路业务工作这中。要认真落实纠风工作责任制，强化对纠风工作的领导。按照省交通运输厅的要求，各级公路部门要及时做好今年的纠风工作安排，结合各自实际，做好工作计划，分解任务目标，制定有效措施，层层抓好落实。要进一步完善考核制度，健全抓落实的领导体制和工作机制，进一步整合工作力量，明确工作职责。公路纪检监察部门要围绕纠风中心工作任务，重点做好调查研究、组织协调、监督检查和案件查处工作，做到不越位、不缺位、不错位。

二是要创新工作思路，加强源头治理。坚持把纠风工作同业务工作紧密结合，把解决不正之风问题与为群众办实事相结合，做到纠风工作和业务工作两手抓、两促进。

积极推进制度建设,坚持用制度管事、管权、管人。通过制度创新解决群众反映强烈的突出问题。坚持改革创新,深化体制机制改革,不断铲除不正之风滋生蔓延的土壤。要积极运用信息技术和科技手段,探索防治不正之风的更有效途径,进一步提高纠风工作科技含量,以不断提高纠风工作效率和水平。

三是要强化廉政风险防控,规范权力运行。各级公路部门要牢固树立行业风险、职业风险和岗位风险意识,遏制和防范行业内腐败案件和不正之风的发生。今年要全面推进廉政风险防控工作,以贯彻落实《党员领导干部廉洁从政若干准则》《关于进一步加强和改进领导干部监督工作的意见》为契机,以领导班子及其成员为重点,切实加强对领导干部的教育、管理和监督,强化权力运行公开透明,着力解决领导干部为政不廉的问题。建立和完善全省公路系统案件上报和分析制度,加强案情交流,发挥案件的警示作用。通过建立廉政风险防控体制机制,确保权力能够在制度的框架内规范运行。

四是要做好"省检"工作,提高路况水平。为总结全省公路养护管理的好经验好做法,不断提高全省公路养护管理水平,根据省交通运输厅的安排和要求,各级公路部门要进一步做好"省检"的各项工作,对"十一五"时期我省公路的路况及管理规范化进行检查。目前,《2012年广东省公路养护管理检查工作方案》已经印发。全省公路系统要按照工作安排,认真抓好各项工作的落实和执行,并以"省检"为契机,优化路网结构,提高路况水平,改善道路通行环境,以更好地满足社会经济发展和人民群众出行需求。

五是要拓宽监督渠道,加强案件查处。一是提供多种举报手段,包括信件、网络投诉、行风热线等方式和平台,进一步拓宽案件线索,选择群众投诉比较集中的地区、领域,以及带有普遍性、倾向性的问题,集中力量进行重点纠治;对社会影响较大的、新闻媒体曝光的、上级机关和领导督办的案件,要快速反应、从严查处。二是要紧紧围绕群众关注的热点难点问题,主动开展明察暗访,重点对服务窗口及其工作人员的服务水平、其他岗位干部职工的工作态度和作风等,加强查访,并对查访情况及时进行通报。三是建立责任追究制度。对不认真履行监督职责和不重视纠风工作,造成不正之风泛滥而长期得不到纠治的单位和部门,要实行重点督办,查清问题,严肃追究。

后　记

光阴似箭，日月如梭。美好的时光总让人感觉过得很快，就像我在省公路局担任党委书记的日子，不知不觉度过了八个春秋。迄今，按照组织安排，我告别了公路事业，但往事仍然在脑海中清晰浮现，同事们银铃般的笑声及亲切的问候时常在耳畔轻轻萦绕，使我深深地体会到了故园难舍、故人难忘、故土难离。在这八年中，我为公路事业的发展而努力、奔波，所有的付出都是心甘情愿、毫无怨言。回忆在公路局的日子，经历了处室正处级改革、公路行业体制改革、韶赣高速公路建设、养护资金审计等一系列重大事情，都会百感交集、心潮澎湃，因为这里面凝聚着我的一份辛劳。

我在公路局工作期间，一直高度重视公路文化建设工作。在省交通运输厅的关心、支持与指导下，省公路局联合长沙理工大学开展了《广东省公路行业文化建设实践研究》课题。课题组集中调研了省公路局机关、3 个下属单位，及韶关、肇庆、中山、惠州、梅州、河源、揭阳、湛江 8 个市公路局，在实地走访与问卷调查的基础上，吸取了外省的科学理念，并从物质文化、制度文化、行为文化、精神文化等层面，对广东省公路行业文化建设实践进行整体规划和设计，构建了“基础 + 主题”的公路文化建设模式，形成了一批理论研究成果。

虽然我研究公路文化的时间短暂、能力有限，不可能全面系统的总结。但我想把广东省公路文化建设实践成果和课题的研究理念综合在一起，以求能够提供对公路文化有兴趣的同志研究及其他行业的同志和领导参考，让公路文化不断延续，更加繁荣，这就是本书编写的初衷和目的。

在本书出版之际，我们要衷心地感谢广东省交通运输厅、广东省公路管理局、广东省各地市公路局对课题研究工作的关心和支持。同时，也感谢关心和指导编撰这本书的各级领导、专家顾问及引用文献的作者、社会同行。当然，我们把最崇高的谢意，献给一代又一代坚守在基层的公路职工。

编者

2015 年 7 月

参考文献

[1] 王成荣,周建波. 企业文化学[M]. 北京:经济管理出版社,2007.

[2] 俞思念. 社会主义文化建设的历史、理论与实践[M]. 北京:中国社会科学出版社,2008.

[3] 叶持跃,黄伟. 中国交通文化概说[M]. 北京:机械工业出版社,2012.

[4] 舒咏平,吴希艳. 品牌传播策略[M]. 北京大学出版社,2007.

[5] 郭明全. 传播力:企业传媒攻略[M]. 南京:南京大学出版社,2006.

[6] 刘志迎. 企业文化通论[M]. 合肥:合肥工业大学出版社,2004.

[7] 王忠义. 企业文化与企业宣传[M]. 北京:北京大学出版社,2008.

[8] 杨克明. 企业文化落地高效手册[M]. 北京:北京大学出版社,2012.

[9] 李配武. 广东公路百年回顾[M]. 北京:光明日报出版社,2013.

[10] 本丛书编写组. 21 世纪交通文化建设研究与实践[M]. 北京:人民交通出版社,2009.

[11] 中共中央宣传部理论局. 论党的群众工作——重要论述摘编[M]. 北京:学习出版社,2011.

[12] 本书编写组. 社会主义核心价值体系学习读本[M]. 北京:中共党史出版社,2007.

[13] 韩震. 社会主义核心价值观五讲[M]. 北京:人民出版社,2012.

[14] 王诚. 文化的功能[M]. 北京:电子工业出版社,2005.

[15] 马林诺夫斯基. 科学的文化理论[M]. 北京:商务印书馆,1944.

[16] 泰勒. 原始文化[M]. 杭州:浙江人民出版社,1988.

[17] 梁启超. 梁启超讲文化[M]. 天津:天津古籍出版社,2005.

[18] 钱穆. 中国文化史导论[M]. 北京:商务印书馆,2003.

[19] 梁漱溟. 中国文化要义[M]. 济南:山东人民出版社,1990.

[20] 王先进. 交通行业文化导论[M]. 北京:人民交通出版社,2012.

[21] 张国梁. 企业文化管理[M]. 北京:清华大学出版社,2010.

[22] 周秀红. 中国国有企业文化创新探究[M]. 北京:北京师范大学出版社,2011.

[23] 廖代月. 企业文化实践——从理念到行为习惯的操作工具[M]. 北京:北京理工大学出版社,2010.

[24] 卡尔·齐墨. 人类的道德自觉源于进化[N]. 参考消息,2004-04-19.

[25] 沈壮海. 创造中华文化新的辉煌[N]. 光明日报,2014-01-27.

[26] 李德顺. 什么是文化[N]. 光明日报,2012-03-26.

[27] 张明海. 交通企业文化整合困境及对策研究[J]. 交通企业管理,2008(06).

[28] 张明海. 公路行业文化整合的三个环节——贵州省公路局行业文化建设案例剖析[J]. 交通企业管理,2008(08).

[29] 郭莲. 文化的定义与综述[J]. 中共中央党校学报,2002(2).

[30] 刘海洲,唐秋生,刘帅. 论交通环境改善对区域文化的影响[J]. 重庆交通大学学报(社会科学版),2007(4).

[31] 李振福,孔百灵. 交通文化系统的多级模糊评价[J]. 交通建设与管理,2007(11).

[32] 桑业明. 论交通文化的本质[J]. 长安大学学报(社会科学版),2010(01).

[33] 傅新平. 论交通文化中的几个重要特征[J]. 武汉理工大学学报(社会科学版),2006(05).